Neandertal

Ralf W. Schmitz und Jürgen Thissen

Neandertal

Die Geschichte geht weiter

Spektrum Akademischer Verlag Heidelberg · Berlin

Die Deutsche Bibliothek – CIP-Einheitsaufnahme

Schmitz, Ralf W.:
Neandertal : die Geschichte geht weiter / Ralf W. Schmitz ; Jürgen Thissen. –
Heidelberg ; Berlin : Spektrum, Akad. Verl., 2000
ISBN 3-8274-0165-8

Lektorat: Frank Wigger, Bettina Saglio/Martina Mechler (Ass.)
Redaktion: Hans-Peter und Anke Krull
Produktion: Katrin Frohberg
Umschlaggestaltung: WSP Design, Heidelberg
Satz: Graphik & Text Studio, Barbing
Druck und Verarbeitung: Franz Spiegel Buch GmbH, Ulm

Meinen Eltern und Susanne gewidmet (RWS)

Ich widme dieses Buch meiner Frau Inge: Mit ihr kamen Harmonie und eine gelassene Heiterkeit in mein Leben (JT)

Inhalt

Vorwort von Chris Stringer

Der folgenschweren Entdeckung des Neandertalerskeletts im Jahre 1856 – Typusexemplar des *Homo neanderthalensis* (King 1864)* – folgte nur drei Jahre später die Veröffentlichung von Darwins *Origin of Species.* Diese Kombination der Ereignisse markierte nicht nur den Beginn der Paläoanthropologie, sondern löste auch eine intensive Debatte über die Verwandtschaft jener ausgestorbenen Menschen mit den lebenden Vertretern, insbesondere denen europäischer Herkunft, aus. Einige zeitgenössische Forscher hielten die speziellen Aspekte der Neandertalermorphologie für eine Folge degenerativer Skeletterkrankungen, aber weitere Funde in Belgien, Frankreich und Gibraltar machten es zunehmend klarer, dass diese fossilen Überreste von einer Population archaischer Menschen stammten, die Europa während der frühen Phase der letzten Eiszeit bewohnt hatten. Spätere Funde belegten zudem, dass sich der Siedlungsraum der Neandertaler bis ins westliche Asien – bis nach Israel und Usbekistan – erstreckte. Dagegen sind sie weder aus Afrika noch aus dem Fernen Osten bekannt. Wir wissen heute, dass die Neandertaler ihren Ursprung vor über 200 000 Jahren in Europa genommen haben und dass sie vor etwa 30 000 Jahren verschwunden sind; die Frage jedoch, ob sie zu unseren Vorfahren zählen, ist unter Fachleuten heftigst umstritten.

Der Wert des fossilen Materials aus dem Neandertal für diese Debatten schien vor allem in seiner historischen Bedeutung zu liegen, denn die Knochenreste waren schlecht datiert, und der ursprüngliche Fundkontext einschließlich der begleitenden Archäologie und Fauna schien vor fast 150 Jahren völlig zerstört worden zu sein. In den letzten Jahren jedoch haben zwei erstaunliche Ent-

* In diesem Buch wird im Normalfall die Schreibweise „Neandertal(er)" benutzt, die durch die Zweite Orthographische Konferenz von 1901 verbindlich wurde. In Zitaten aus historischen Quellen ist aber die klassische Bezeichnung „Neanderthal(er)" beibehalten, die heute ebenfalls noch verschiedentlich verwendet wird. Das „h" findet sich auch in der systematischen Bezeichnung *Homo (sapiens) neanderthalensis* sowie im englischen *Neanderthal* wieder.

wicklungen den Fund vom Neandertal wieder zurück in den Blickpunkt der aktuellen Neandertalerforschung und der Diskussion um ihre Stellung in der Evolution des Menschen gerückt.

1997 veröffentlichte ein internationales Forscherteam die Ergebnisse einer molekularen Analyse, die neue Informationen über die Neandertaler erbrachte. Diese bemerkenswerte Untersuchung gewährte einen ersten Einblick in die genetische Ausstattung einer ausgestorbenen Menschenform. Doch damit nicht genug: Tatsächlich war die untersuchte Sequenz mitochondrialer DNA direkt aus dem Oberarmknochen des ursprünglichen Skeletts aus dem Neandertal gewonnen worden. Die Analyse der DNA und Vergleiche mit Proben von modernen Menschen und Schimpansen legten nahe, dass die evolutionäre Auseinanderentwicklung von modernen Menschen und Neandertalern vor etwa einer halben Million Jahre begonnen haben könnte. Die aus der mitochondrialen DNA abgeleiteten neuen Befunde widersprachen auch jeglicher besonders enger Verwandtschaft zwischen den jetzt lebenden Europäern und den Neandertalern, denn die moderne europäische DNA unterschied sich nicht weniger deutlich von der Neandertalersequenz als die DNA von Afrikanern, Australiern und Asiaten.

Etwa zur selben Zeit machte sich ein Team unter der Leitung von Ralf Schmitz und Jürgen Thissen nach jahrelangem sorgfältigen Quellenstudium an eine vergleichbar kühne Neuuntersuchung der Entdeckung im Neandertal, nämlich an den Versuch, die Originalsedimente zu finden, die 1856 im Rahmen der Steinbrucharbeiten aus der Kleinen Feldhofer Grotte geschafft worden waren! Erstaunlicherweise war auch dieses Projekt erfolgreich, und wie das vorliegende Buch beschreibt, trägt das geborgene Material bereits dazu bei, unser Wissen von der ursprünglichen Fundstätte und dem Alter des Neandertal-Skeletts zu erweitern – und viele Untersuchungen stehen noch aus. Insbesondere zeigen diese neuen Studien auch, dass die sorgfältige, traditionelle Erkundung alter Archive den wissenschaftlichen Fortschritt manchmal ebenso befördern kann wie der Einsatz neuester Untersuchungstechniken. Die kommenden Jahre werden der Neandertalerforschung viele aufregende Entwicklungen bringen, und es ist befriedigend zu wissen, dass das Skelett aus dem Neandertal in den nächsten 150 Jahren so wichtig und relevant bleiben wird wie in den vergangenen anderthalb Jahrhunderten!

Chris Stringer
Leiter des Bereichs „Ursprung des Menschen“
Abteilung für Paläontologie
Natural History Museum, London

Vorwort von Gerd-Christian Weniger

Die Entdeckung des Neandertalers markierte den endgültigen Aufbruch Europas in das wissenschaftliche Zeitalter und liegt noch keine einhundertfünfzig Jahre zurück. Die 16 Knochenreste schufen die Grundlage, damit Menschen zu Anthropologen wurden, die auf ihren eigenen Spuren zurückzuwandeln begannen, um die Anfänge ihres Menschseins zu erkunden. Durch die kolonialen Erfahrungen der Europäer im 18. und 19. Jahrhundert auf anderen Kontinenten und mit fremden Völkern war bereits eine erste Ahnung entstanden von den verschiedenen Formen des Menschseins – fernab der traditionellen Vorstellungen eines durchschnittlichen Abendländers. Mit der Formulierung der Evolutionstheorie durch Charles Darwin, die nur drei Jahre nach dem Zufallsfund aus dem Neandertal der Öffentlichkeit präsentiert wurde, war schlagartig klar, dass Menschen eine Geschichte haben, die weit über die Vorstellungen des biblischen Schöpfungsmythos hinausreicht. Die Zeit wurde aus dem geschlossenen göttlichen System befreit und zu einem Geschoss, das immer tiefer in die Vergangenheit eindrang und alle chronologischen Vorstellungen sprengte. Der Neandertaler war der erste fossile Beleg für die Abgründe der Zeit und für die Wandelbarkeit der Menschen. Der Mensch als Anthropologe und Archäologe hatte neue Objekte der Begierde entdeckt. Im wissenschaftlichen Zeitalter sind es nicht mehr die Gebeine der „Heiligen Drei Könige", sondern die seltenen Knochen fossiler Menschen, die sinnstiftend unseren Ursprung erklären und als Belege für die Deutung unserer Herkunft dienen. Der Neandertaler wurde zu einer Ikone – ein Topos für Vorzeit und Wildheit. Sein populäres Image eines Schlagetots mit Keule ist nur schwer zu korrigieren. Der Gegenentwurf zum Selbstverständnis des modernen Menschen ist zu plausibel und griffig. So war dem Neandertaler aus dem kleinen Tal zwischen Mettmann und Erkrath von Beginn an keine besonders schmeichelhafte Rolle in der Dramaturgie der menschlichen Entwicklungsgeschichte beschieden. Heute wird er zwar nicht mehr als blutrünstige Bestie verstanden – sogar die Fähigkeit zur

Sprache wird ihm nicht mehr abgesprochen –, aber Kannibalismus wird ihm sofort zugetraut, wie erst jüngst in einer der großen naturwissenschaftlichen Fachzeitschriften geschehen. Die Medien greifen diese schaurig-schönen Geschichten aus der Wissenschaft gerne auf. Die modernen Alltagsmärchen handeln nicht mehr von Königskindern, Riesen und Hexen, sondern von unseren fossilen Vorfahren.

Richtig brisant wird die Situation durch den Wissenschaftskrieg, der in den letzten Jahren in der Paläoanthropologie entbrannt ist und in dem mit allen Mitteln über die verwandtschaftlichen Beziehungen der Neandertaler zu uns modernen Menschen gestritten wird. Dieses Ringen ist Teil der schwierigen Auseinandersetzung mit der eigenen Vergangenheit und der Selbsteinschätzung unserer Spezies. Entlassen aus der göttlichen Obhut will uns die Übernahme des vakanten Platzes an der Spitze der Weltgemeinschaft nicht so recht gelingen. Selbstzweifel über die eigenen Fähigkeiten wechseln mit überschäumendem Tatendrang. Kein anderes Lebewesen auf diesem Planeten hat die Fähigkeiten der Selbstbeschauung so weit perfektioniert wie wir Menschen. Von dem göttlichen Glanz, der Idee, als Gottes Ebenbild in die Welt gesetzt worden zu sein, lässt die Evolutionstheorie nichts mehr übrig. Dieser Verlust schmerzt, und viele suchen nach Linderung in unserer Geschichte. Da kommt die seit Jahrzehnten andauernde Auseinandersetzung um den Neandertaler und unsere verwandtschaftlichen Beziehungen gelegen. Drei Disziplinen leisten Beiträge zum Verständnis der frühen Menschheitsgeschichte: die Archäologie, die Paläoanthropologie und die Paläogenetik.

Die kleinsten Bausteine der Vergangenheit wurden erst vor wenigen Jahren entdeckt und sorgten für den größten Aufruhr. Nachdem die Morphometrik an eine Erkenntnisgrenze gestoßen war und sich auf die Beschreibung und Archivierung der neu entdeckten Fossilien beschränkte, ohne plausible Interpretationen über die hochkomplexe Populationsdynamik der späten eiszeitlichen Menschenformen anbieten zu können, öffneten die molekulargenetischen Untersuchungen und Berechnungen eine hoffnungsvolle Perspektive. Und dass diese wissenschaftliche Glanzleistung ausgerechnet an dem namengebenden Fossil aus dem Neandertal gelang, erscheint fast wie ein groß angelegter Coup der Geschichte. Für einige Paläoanthropologen waren die Fragen zum Verwandtschaftsverhältnis zwischen Neandertaler und modernem Menschen danach klar. Die Unterschiede zwischen der mtDNA des Neandertalers und der moderner Menschen wurden als Ausschlusskriterium gedeutet: Eine Verwandtschaft beider liegt nicht vor. Eine Fülle archäologischer Daten belegt inzwischen allerdings ein kulturelles Kontinuum zwischen Neandertalern und modernen Menschen in Europa und im Vorderen Orient und widerspricht der paläogenetischen Interpretation. Der Dissens zwischen den verschiedenen Disziplinen, die sich mit der Erforschung der eiszeitlichen Geschichte des Menschen beschäftigen, ist offen erkennbar. Nun haben jüngste Studien an Schimpansen-DNA gezeigt, dass Untersuchungen an mtDNA und an Zellkern-DNA zu sehr unterschiedlichen Ergebnissen bei der Verwandtschaftsanalyse führen. Damit gerät die mtDNA als Untersuchungsgegenstand der menschlichen Stammesgeschichte erneut in die Kritik. Liegt mit ihr überhaupt eine verlässliche Quelle vor? Angeheizt wurden die Diskussionen in der Paläoanthropologie durch einen neuen Skelettfund aus Lagar Velho in Portugal. Das etwa 25 000 Jahre alte Skelett eines etwa vier Jahre alten Jungen wird als Neandertaler-Sapiens-Hybride interpretiert. Ist das aus paläogenetischer Perspektive Undenkbare doch geschehen? Der Streit in der *scientific community* schlägt hohe Wellen und kann inzwischen mit Stellungnahmen und Gegendarstellungen sogar im Internet verfolgt werden. Die Situation ist verfahren, die Übersicht geht verloren und die Sachlichkeit bleibt auf der Strecke.

Hinzu kommen die archäologischen Daten mit einer im Vergleich zur Paläoanthropologie hohen Informationsdichte und gänzlich anderen Perspektiven. Eine verbindliche wissenschaftliche Erklärung der urgeschichtlichen Vorgänge in der letzten Eiszeit fehlt bis heute. Ganz sicher muss die Paläogenetik erst noch den Beweis antreten, dass ihre ins Feld geführten biologischen Unterschiede tatsächlich kulturelle Relevanz hatten. Eines gerät angesichts der analytischen Pioniertat an den Knochen des Neandertalers ohnehin gerne in Vergessenheit: Fossile Daten bleiben, auch wenn sie mit Hightech gewonnen wurden, immer deutungsbedürftig. Die Radiokarbonmethode zur Datierung fossilen Kohlenstoffs in organischen Materialien hat inzwischen über 50 Jahre Erfahrungen im archäologischen und geologischen Kontext hinter sich. Zehntausende von Daten sind gemessen worden. Es hat dieser vielen Versuche bedurft, um sie zu einem wissenschaftlichen Werkzeug zu formen, dessen Methodik inzwischen weitgehend verstanden wird und das verlässlich arbeitet. Aber auch heute treten immer wieder Fehler und Abweichungen auf, die keiner eindeutigen Erklärung folgen. Fossiles Probenmaterial folgt eigenen Gesetzmäßigkeiten, die erst über mühsame Tests erkannt werden können. Unser paläogenetisches Wissen stützt sich bisher gerade auf einen Fund. Vorsicht ist geboten: Nur weil wir uns für die Zukunft viel von der Molekulargenetik erhoffen, sollten wir heute nicht bereit sein, alles zu glauben, was sie uns von der Vergangenheit erzählt. Die widersprüchliche Informationslage und die hitzige Diskussion machen eines deutlich: Unsere eigene Geschichte zu entziffern ist auch im wissenschaftlichen Zeitalter ein schwieriges Unterfangen – ein Stoff, aus dem neue Mythen entstehen. Es geht nicht nur um wissenschaftliche Daten und ihre Lesart, sondern vor allem um unser Selbstbildnis und um Sinnstiftung. Der Fund aus dem Neandertal symbolisiert wie kein anderer diese anthropogene Selbstreflexion und sein Fundort ist ein Tatort der Geschichte, an den wir immer wieder zurückkehren, um uns unserer Geschichte zu versichern und zu fragen, wer wir sind.

Gerd-Christian Weniger
Direktor des Neanderthal Museums
Mettmann

Danksagung

An erster Stelle gebührt unser ganz besonderer Dank Herrn Dr. Harald Koschik, dem Direktor des Rheinischen Amtes für Bodendenkmalpflege in Bonn, und Herrn Peter Küpper von den Rheinisch-Westfälischen Kalkwerken in Dornap, ohne die unsere Grabung 1997 nicht stattgefunden hätte. Unser Dank geht ebenfalls an Herrn Prof. Frank Günter Zehnder und Herrn Prof. Hans-Eckart Joachim vom Rheinischen Landesmuseum Bonn für die Unterstützung im Zusammenhang mit dem Projekt zur Neuuntersuchung des Neandertalerfundes.

Herrn Prof. Rainer Lösch und seinen Mitarbeitern von der Abteilung Geobotanik der Universität Düsseldorf und Herrn Fuhrhalter Elmar Stertenbrink aus Erkrath danken wir für ihre Geduld trotz Behinderung durch die Grabungsarbeiten. Rosa und Heinrich Meyer aus Hochdahl gilt unser Dank für die uns erwiesene Gastfreundschaft auf dem Feldhof während der Grabung und der NVV AG Mönchengladbach für das kostenfreie Schlämmwasser. Dr. Johann Tinnes aus Köln danken wir für die Bereitstellung seiner Grabungsunterlagen, so wie wir allen Kollegen, Institutionen und Privatpersonen danken möchten, die uns Bild- oder Kartenmaterial zur Verfügung gestellt haben.

Gerne erwähnen wir die engagierten Mitarbeiter unseres Teams, die zum Gelingen des Projekts beitrugen: Günter Brücken, Hans-Willi Bungartz, Inge Denner, Manfred Etzweiler, Susanne Feine, Julia Geurts, Dirk Halfmann, Heike Krainitzki, Petra Krebs, Karin Lieske, Götz Ossendorf, Manfred Schlösser, Arne Schmidt und Stefanie Wefers.

Last, but not least möchten wir den Mitarbeitern des Spektrum-Verlags, insbesondere Dr. Michael Weller, Frank Wigger, Bettina Saglio, Martina Mechler, Katrin Frohberg und Detlef Büttner, für die hervorragende Zusammenarbeit danken, ebenso Hans-Peter und Anke Krull aus Kaarst, die als Außenlektoren die schwierige Aufgabe des „ersten Lesers“ wahrnahmen.

Ralf W. Schmitz — Jürgen Thissen

Prolog

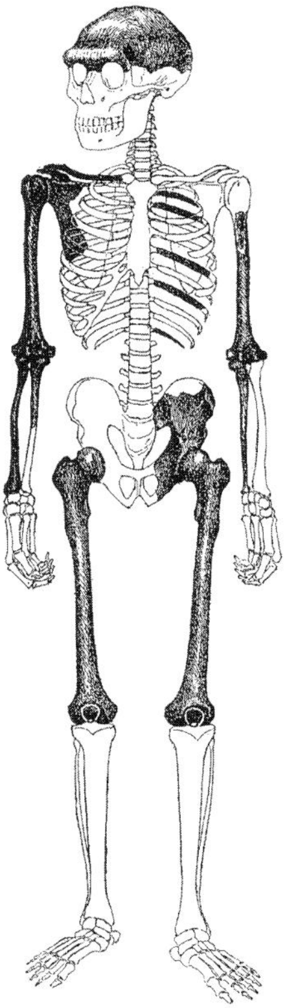

Im Jahre 1856 wurde mit der Entdeckung eines menschlichen Skeletts in der Kleinen Feldhofer Grotte im Neandertal eine neue Runde in einer Diskussion eingeläutet, deren Wurzeln bis in die Zeit der Aufklärung des 17. und vor allem des 18. Jahrhunderts zurückreichen. In einer Schrift von Immanuel Kant aus dem Jahre 1784 heißt es:

> »Habe Mut, dich deines eigenen Verstandes zu bedienen!«

Jene Epoche war beseelt von der Vorstellung, das Wissen um die ersten und letzten Dinge dieser Welt durch Forschung und logisches Denken zu mehren.

Im 19. Jahrhundert trat die naturwissenschaftliche Forschung in eine entscheidende Phase. Sie griff nun viele der zuvor gestellten Fragen mit dem neu zur Verfügung stehenden wissenschaftlichen Rüstzeug wieder auf. Die Frage nach der Entwicklung der Organismen in der belebten Welt war eine dieser neuen großen Herausforderungen. Sie schloss – kaum ausgesprochen, doch stets gegenwärtig – auch den Menschen mit ein. So schrieb denn ein Jahr vor der Entdeckung des Neandertalers der Tübinger Paläontologe Friedrich August Quenstedt:

> »Nur wenn man nachweisen könnte, daß auch der Mensch schon in einer der frühern Säugethierperioden auf den Schauplatz getreten wäre, so müßte das den Gesichtskreis bedeutend erweitern. ... Ja wer vertraut ist mit den Zufällen, durch welche der größte Theil der Erdfunde den Kennern unter Augen zu kommen pflegt, der darf noch lange die Hoffnung nicht aufgeben. Was im ersten Jahrhundert des Sammelns nicht gefunden ist, kann das zweite oder dritte gar leicht noch aufdecken und zur Gewißheit bringen.«

Der Fund aus dem Neandertal fiel nun auf den fruchtbaren Boden, den der wissenschaftliche Diskurs vorbereitet hatte. Die von Charles Darwin drei Jahre später veröffentlichte Evolutionstheorie sollte diesen neuen Ansatz deutlicher als je zuvor formulieren. Zwar widmete Darwin dem Menschen in seinem ersten Werk lediglich wenige Zeilen, darunter den Satz:

»Licht wird auch fallen auf den Menschen und seine Geschichte.«[1]

Doch standen dahinter eben jene Überlegungen auch anderer Gelehrter, dass der Mensch kein Abbild Gottes sei, sondern vielmehr ein durch Entwicklung und natürliche Auslese entstandenes, aufrecht gehendes Säugetier. Dies war nicht nur wissenschaftlicher, sondern auch gesellschaftspolitischer und religionsphilosophischer Sprengstoff sondergleichen.

Das Skelett aus der Kleinen Feldhofer Grotte avancierte vor diesem Hintergrund zum Kristallisationspunkt einer teils erbittert geführten Kontroverse um die Existenz fossiler Menschen und geriet zum Prüfstein des in den Jahrzehnten zuvor Entwickelten. Hierüber erlangte der Neandertaler Weltruhm, der zwar auf das Tal zurückstrahlte, dort jedoch über lange Zeit keinerlei Umsetzung erfuhr. So versank der eigentliche Ort der Entdeckung zunehmend im Dunkel des Vergessens, ohne seine weiteren Geheimnisse preisgegeben zu haben. Viele ungeklärte Fragen schienen somit auf immer offen bleiben zu müssen.

Doch nun sind neue, überraschende Antworten möglich geworden. Die wichtigsten liefert dieses Buch ...

Als Hilfe für den Leser sind etliche Fachbegriffe aus der Paläoanthropologie, der Urgeschichtsforschung und angrenzenden Feldern im Glossar am Ende des Buches erläutert.

1. Ein kleines Tal macht Furore

Tête-à-Tête mit dem Neandertaler

Ein Schlüssel drehte sich im Schloss, schwere Riegel bewegten sich. Die Stahltür des alten Tresors öffnete sich mit einem saugenden Geräusch.

Hans-Eckart Joachim, der zuständige Kurator des Rheinischen Landesmuseums in Bonn, lächelte. Offensichtlich hatte er unsere Anspannung bemerkt. Obwohl ich die beinahe andächtige Prozedur des Tresoröffnens schon häufiger miterlebt hatte, faszinierte es mich stets aufs Neue, wenn „der Neandertaler“ für weitere Untersuchungen ans Tageslicht geholt wurde. Für meinen Kollegen Jürgen Thissen, mit dem ich einige Details am Skelett diskutieren wollte, war es der erste längere Besuch bei einem der berühmtesten Fossilien der Welt.

Joachim nahm den glänzenden Aluminiumkoffer aus dem Panzerschrank und stellte ihn auf den alten, hölzernen Arbeitstisch. Wieder schnappten Schlösser auf. In zwei Etagen lagen die Knochen in ihren passend aus Schaumstoffplatten herausgeschnittenen Aussparungen, sorgfältig in säurefreies Papier eingehüllt. Behutsam packten unsere in weiße Baumwollhandschuhe gekleideten Hände jedes Stück aus und legten es auf den Tisch; das Schädeldach mit seinem mächtigen Überaugenwulst bildete den krönenden Abschluss. Normalerweise war dieses prägnanteste Teilstück des Neandertalers in der Ausstellung des Museums zu sehen, heute jedoch war es für die Wissenschaft reserviert (Farbtafel 1).

Seit ich vor einigen Jahren im Rahmen meiner Doktorarbeit am Fund gearbeitet hatte, war ich immer wieder hierher zu-

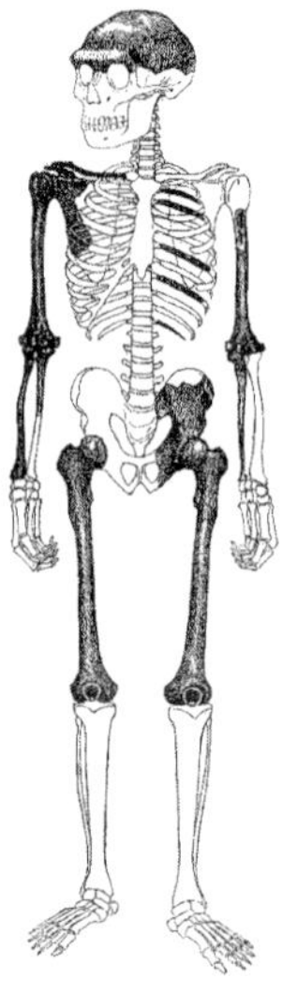

Skelettschema mit den 1856 geborgenen Knochen des Neandertalers (schwarz).

rückgekehrt und hatte auch Kollegen unterschiedlichster Wissenschaften mit hinzugezogen. Inzwischen war daraus ein interdisziplinäres Projekt entstanden, das den 1856 im Neandertal entdeckten Knochen mit modernsten Methoden immer neue Informationen entlockte.[2]

Jürgen und ich diskutierten einige Details und wir sprachen darüber, warum wohl vom Skelett nur vergleichsweise wenige Teile in das Museum gelangt waren: das Schädeldach, je ein Schulterblatt und Schlüsselbein, fünf Rippenstücke, beide Oberarmknochen, beide Ellen und die rechte Speiche, beide Oberschenkelknochen sowie die linke Hälfte des Beckens – das war alles. Der größte Teil des Skeletts, über 200 Knochen verschiedenster Größe, fehlte also!

Bei einem schlechten Erhaltungszustand der vorhandenen Knochen hätte man vermuten können, der Rest wäre im Laufe der Jahrtausende zerfallen. Eine solche Erklärung schied jedoch aus: Wohlerhalten und kompakt lagen die 16 Teile des Neandertalers vor uns. Doch die Oberflächen der Knochen zeigten verräterische Spuren in Form von Kerben, Rissen, kleinen Löchern und Brüchen, die allesamt einen frischen Eindruck machten.

Das Gespräch drehte sich immer wieder um die Frage, ob die fehlenden Knochen bei der Bergung des Fundes übersehen worden waren, denn schließlich war das Skelett von Steinbrucharbeitern mit entsprechenden Werkzeugen der Erde entrissen worden. Hatten jene Männer diese Knochen tatsächlich übersehen, dann läge der größte Teil dieses archäologischen Schatzes seit mehr als 140 Jahren ungehoben im Steinbruchschutt des Neandertals. Auf alle Fälle aber sollten die damals abgebrochenen Knochenstücke noch dort sein.

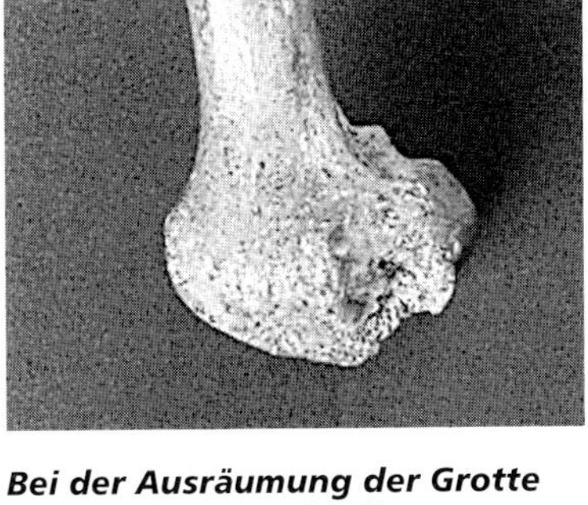

Bei der Ausräumung der Grotte entstandene Beschädigung am linken Oberschenkelknochen (Kniegelenk).

An diesem Abend saßen Jürgen und ich noch lange beim Bier zusammen; wir vertieften uns in alte Abbildungen des Neandertals und ließen die Geschichte einer Entdeckung Revue passieren, die ein Weltbild zum Einsturz brachte. (RWS)

Talromantik

Das Neandertal liegt 13 Kilometer östlich von Düsseldorf. Zwischen Mettmann und Erkrath hatte die Düssel eine enge Schlucht in den Kalkfels geschnitten (Farbtafel 2). Diese war zunächst ihres natürlichen Charmes wegen beliebt – heute würde man sagen, es war ein Naherholungsgebiet für Düsseldorf und Umgebung. Das sich in West-Ost-Richtung erstreckende Tal wies zahlreiche Klüfte und Höhlungen auf, die dadurch entstanden waren, dass Niederschlagswässer das Felsgestein aufgelöst hatten. Bekannt waren insbesondere einige größere Höhlen, die sich am südlichen und nördlichen Ufer jeweils gegenüberlagen, so im Osten der Schlucht die Teufels- und die Engelskammer, in der Mitte die Feldhofer Grotten und die Neanderhöhle mit anschließendem Felsenbogen, der sogenannten Leuchtburg, und schließlich im Westen der Pferdestall und die Löwengrube. Wurden die Höhlensysteme durch zirkulierendes Wasser instabil, so konnten sie einstürzen. So war zum Beispiel die Wolfsgrube, eine tiefe, mit Bäumen bestandene Einsenkung östlich der Neanderhöhle, entstanden.[3]

Im 17. Jahrhundert suchte der Rektor der Düsseldorfer Lateinschule, der reformierte Prediger und Kirchenlieddichter Joachim Neander, häufig die Ruhe und Abgeschiedenheit der Klamm auf, um sich hier seinen Kompositionen zu widmen (darunter etwa *Lobe den Herren, den mächtigen König ...*). Das Lied *Gott wie rühmen dich Berge, Fels und Klippen* verweist wohl direkt auf die Naturschönheiten, die ihn immer wieder in diese Landschaft zogen.[4] Erst ab der Mitte des 19. Jahrhunderts wurde die Schlucht Neander zu Ehren „Neanderthal“ genannt; die zuvor gebräuchlichen Bezeichnungen waren „Gesteins“ oder „Hundsklipp“.

Noch im vorigen Jahrhundert war das von der Düssel durchflossene und geformte Neandertal eine wildromantische Naturlandschaft, die mit der Via Mala, einer Hinterrheinschlucht im schweizerischen Graubünden, verglichen wurde. Die Künstler der berühmten Düsseldorfer Malerschule suchten das Tal häufig auf, um sich hier im Skizzieren und Malen zu üben. So stammen denn auch einige der wenigen Bilder vom unversehrten Neandertal von Künstlern dieser Akademie (Farbtafel 3).

Aber nicht nur die Düsseldorfer Malerschule war über das Rheinland hinaus bekannt, auch ihre Feste waren es. Schon um 1800 feierten die Düsseldorfer Künstler den Frühling im Kreise ihrer Familien und Freunde mit Ausflügen in die Wälder der näheren Umgebung. Zu Fuß, zu Pferde und zu Wagen zog man heran. Erst am Abend brachen die Ausflügler zu ihrer Rückkehr in die Stadt auf und wurden dabei von Musik und Fackeln begleitet. Auch fand im Neandertal ein aufwendig instrumentiertes Konzert statt. Ziel dieser Vergnügungen war in erster Linie die Pflege eines »geselligen Künstlerlebens« unter dem später niedergeschriebenen Motto »erst mach dein Sach, dann trink und lach«.[5] Besonders die Neanderhöhle am nördlichen Düsselufer war für solcherart Festlichkeiten gut geeignet und wurde oft aufgesucht. Diese Durchgangshöhle war mit einer Länge von 27 Metern die größte im Tal; das Höhlenportal maß beachtliche 7,5 mal 3 Meter.

1841 fand in der Neanderhöhle eines der letzten großen Künstlerfeste statt, getragen von der »Neigung, so viel als möglich sein Leben im Umgang mit anderen Menschen zu verbringen« und verbunden mit einem »leichten und für heitere Eindrücke empfänglichen Sinn«.[6] So vergnügte man sich bei Musik und Tanz und genoss im Umfeld dieser herrlichen Landschaft die Geselligkeit bei Wein, Bier und der ein oder anderen Pfeife guten Tabaks.

Das erste Künstlerfest im Neandertal im Jahr 1826 hielt Johann Wilhelm Schirmer in seinen *Jugenderinnerungen* fest:[7]

> »Die Neanderhöhle oder das sogenannte Gesteins war eine enge einsame Felsschlucht zwischen Erkrath und Mettmann. Der gewöhnliche Weg führte aus der früheren Chaussee nach Elberfeld bis vor Mettmann; hier mußte ein Seitenweg eingeschlagen werden, der aber etwas schwer zu finden war. Man brauchte gute zwei Stunden, um von Düsseldorf mit dem Wagen an einen

Neanderhöhle und Leuchtburg von Norden gesehen.

oberhalb des Tales gelegenen Bauernhof bei Geuffernbruch, wie sich der Bauer nannte, zu gelangen. Hier mußte man aussteigen und einen Führer nehmen; denn für Unkundige war die Partie unmöglich zu machen; die Wege ober- und unterhalb der Höhlen (aus Kalk mit Tropfsteinbildung) waren so verwachsen, die Pfade am Wasser (Düsselbach) so eng und abschüssig, daß man sich damals schwerlich würde zurecht gefunden haben. – Ich hatte schon im vorigen Sommer, als mich mein Bruder Gottlieb von Elberfeld aus auf einige Tage besucht hatte, denselben bis Mettmann begleitend, diese Tour zu Fuß an einem Tag hin und zurück gemacht; da wir jedoch um 12 Uhr nachts aufgebrochen und den ganzen Vormittag herumgeirrt waren, bis wir einen Führer bekamen, der uns gegen Mittag vollständig ermüdet an die Neanderhöhle brachte, so hatte ich zwar einen günstigen Eindruck von diesem reizenden Tälchen für die Erinnerung empfangen, die damalige anstrengende Entdeckungsreise konnte indeß nichts weniger als eine Vergnügungstour genannt werden.

Doch heute sollte das Vergnügen reichlich genossen werden. Sämtliche Professoren nebst einigen Gästen hatten Teil genommen und gegen elf Uhr setzte sich der Zug vom Akademiehof aus in Bewegung. Die damals bei uns allgemein beliebte deutsche Burschentracht, der herrliche Sommertag, die heiteren Gesichter, heute einmal sorgenfrei, verhießen uns ein außergewöhnliches Vergnügen; so saß ich denn auch in einem Kabriolet, an jeder Seite einen unserer Zwerge, Preyer und Lehnen, auf dem

Bock Maler Kummer, der, ohne je einen Zügel in der Hand gehalten zu haben, das Fahrzeug auf gut Glück kutschierte. Ohne Unfall kamen wir nach ein Uhr an. – Ein Fäßchen Wein nebst kalter Küche wurde mittels Schiebkarren in die größte der Höhlen, die Neanderhöhle, gebracht. Währenddem besichtigte die bunte Gesellschaft die einsame Waldschlucht und belebte sie mit jauchzendem Gesang.

Es ging die Sage, daß vor etwa zweihundert Jahren der zu Düsseldorf an der reformierten Kirche fungierende Prediger und geistliche Liederdichter Joachim Neander wegen ernster Differenzen mit dem Presbyterium seine Stelle habe aufgeben und sich einige Zeit in dieser Einsamkeit aufhalten müssen. Die Benennung einzelner Punkte schien dies auch zu bestätigen. Der Führer geleitete uns in die, der Haupthöhle gegenüber jenseits des Baches gelegene, Neanderkirche, sowie unter anderem auch auf die Neanderkanzel, von der man einen Überblick über das ganze Tal erhielt. Dann fehlte es auch nicht an einer Teufelshöhle und an einem Rabenstein mit den daran sich knüpfenden Sagen. ... Nachdem wir uns nun einige Stunden mit Jubel, Sang und Klang umhergetrieben, erschallte das Signal zum fröhlichen Tun in der großen Höhle. Das bekränzte Faß war geschickt in der Mitte der Höhle angebracht, und nachdem wir uns in die verschiedenen Rollen der Gebenden, Nehmenden und Genießenden sortiert, begann der Schmaus.

Es konnte bei der Künstlernatur nicht fehlen, daß der alles belebende Frohsinn bei jung und alt bald eine Stimmung erzeugte, in der die Schranken des Alltagsverkehrs verschwanden. Professoren und Schüler umarmten einander mit den Versicherungen unwandelbarer Treue und Freundschaft, und als in gesteigertem Jubel das Glück den höchsten Grad erreicht hatte, machte sich das übersprudelnde Herz endlich Luft durch die Anstimmung des Schenkendorffschen schönen Liedes vom Rhein: »Es klingt ein hoher Klang etc«. Bald jedoch erhielten wir ein Accompagnement und eine Illumination, die uns daran erinnerte, daß uns noch ein Naß beschieden sein könnte, das aber von dem bisher genossenen himmelweit verschieden war. Große Tropfen fielen bereits und ließen uns merken, daß sich plötzlich ein Gewitter über unseren Köpfen zusammengezogen hatte, das jeden Augenblick losbrechen konnte. Der Wein im Faß war schon lange versiegt, und wir mußten uns darein fügen, daß alles in der Welt, also auch unsere Gesteinspartie dem Wechsel unterworfen sei. Alles eilte zu Wagen und Pferden und suchte in der Dunkelheit, in dem Wirrwarr von Blitz und

Donner, von Staub und Regen davon zu kommen. Bis heute bleibt mir's unbegreiflich, wie wir im tollsten Durcheinander einen schlechten Feldweg dahinjagend, ohne irgendeinen Unfall zu erleben, die Chaussee erreichten; denn wir waren fast alle unfähig, die Situation zu würdigen, und mußten alles den Pferden überlassen, die uns denn auch bald durch das furchtbarste Gewitter glücklich auf besseren Weg brachten. – In Düsseldorf angekommen, war es uns unmöglich schon auszusteigen; mit dem fortgesetzten Fahren und Singen verlängerten wir ja die Freuden des Festes, und so kutschierten wir noch über eine Stunde, bis wir endlich die todmüden Pferde samt Wagen dem Mietkutscher zurückbrachten, der uns mit sehr bedenklichem Gesicht keine gute Nacht wünschte, obwohl wir mit nicht ganz ruhigem Gewissen außerordentlich höflich gegen ihn waren.

Das erste Künstlerfest lag hinter uns, aber die Erinnerung daran lebte fort, und bald erhielt jeder Teilnehmer den Abdruck einer lithographierten Darstellung desselben, welche durch Sonderland damals auf der lithographischen Anstalt von Arnz und Comp. rasch entworfen worden war. Das Hauptbild des Höhlenfestes war, etwas karrikiert, in Sonderlandscher Weise, mit Rand-Episoden umgeben, so daß die Hauptmomente des unvergeßlichen Tages für uns nun verewigt blieben.«

Der Künstler Johann Baptist Sonderland hat das erste Fest der Professoren und Studenten der Malerakademie in der Neanderhöhle im Bild festgehalten. Das von ihm signierte Bild ist auf das Jahr 1826 datiert. Oberhalb des Eingangsgewölbes der Neanderhöhle sehen wir in kleinen Skizzen die Teilnehmer der Landpartie zu Pferd und oben links im offenen Kabriolet. Im Vordergrund steht der Schiebkarren, mit dem das bekränzte Fässchen nebst kalter Küche zur Neanderhöhle geschafft wurde. Sonderland notierte eigenhändig zur Kennzeichnung der Personen im linken Vordergrund: »Prof. Mosler. Prof. Schäffer. Prof. Kolbe. Sonderland. Fest im Neanderthal zu Ehren des Prof. Kolbe aus Opposition gegen Schadow und dessen Schüler, die bevorzugt wurden vom neuen Direktor.« Darunter steht in einer anderen Handschrift: »das stimmt nicht! K.« Vermutlich handelt es sich bei K. um Professor Kolbe, der vom neuen Direktor Schadow aufgrund starker Differenzen 1831/32 beurlaubt und 1835 pensioniert wurde.

Künstlerfest in der Neanderhöhle. Lithographie von Sonderland 1826.

Es ist weiterhin belegt, dass die aus dem Rheinland stammenden Schüler sich bei der Vergabe von Malaufträgen gegenüber den „ostdeutschen" benachteiligt fühlten. Diese Meisterschüler hatte Schadow, der sein Amt im November 1826 angetreten hatte, aus Berlin mitgebracht.

Im Jahre 1848 schließlich gründete sich der Düsseldorfer Künstler-Verein „Malkasten". Er erwarb ein Haus samt historischer Gartenanlage und durchfließendem Düsselbach im Bereich des Düsseldorfer Hofgartens, welches dem Philosophen Friedrich Heinrich Jacobi seit 1790 als Wohnsitz gedient hatte. Seit 1858, dem vorletzten Jahr der Direktorenschaft von Wilhelm von Schadow in der Künstlerakademie,[8] verlegte man die Feste, die weiterhin jedes Jahr ausgerichtet wurden, häufig in die weitläufige Gartenanlage des Malkastens. Das Neandertal kam zu der Zeit als Austragungsort solcher Feste nicht mehr in Frage, weil die Zerstörung durch den Kalkabbau damals bereits fortgeschritten war.

Die Entdeckung des Neandertalers von 1856 lebte auch später noch in der Erinnerung der Künstler der Akademie fort. So tauchte das Thema „Neandertaler" bei späteren Künstlerfesten immer wieder auf. Auf einem Foto von Claire Wilbrand (ohne

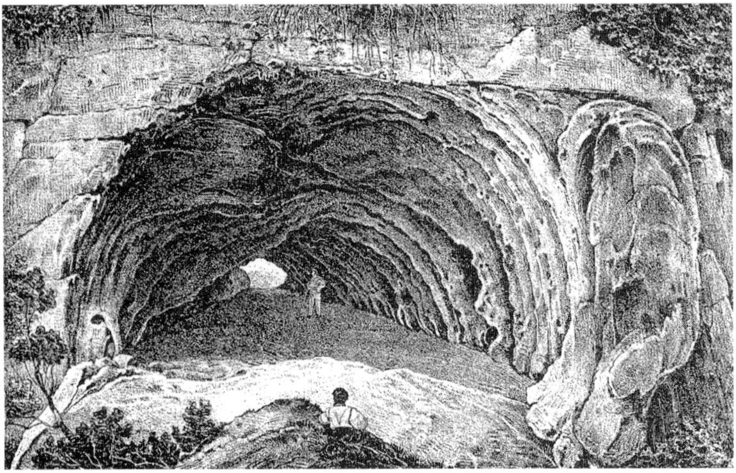

Der talseitige Eingang der Neanderhöhle (aus: Bongard 1835).

Abbildung) aus dem Jahre 1925 sieht man zum Beispiel eine verkleidete Gruppe von Leuten bei einem Festspiel „vor der Höhle im Neandertal"; im hinteren Teil des Jacobischen Gartens waren hierzu künstliche Felsen mit „Neanderhöhlen" errichtet worden. Aus dem gleichen Jahr stammt auch ein Aquarell von Walter Draesner zum Thema Neandertaler mit folgender Beschreibung:[9]

> »Von einer Wanderung zurückkommend, ziehen die Neandertalmenschen zu ihrer alten Höhle. Sie errichten vor der Höhle Zelte und begeben sich an ihre Arbeit, dann spielen und tanzen sie. Ein Zauberer tanzt den Tanz der Sehnsucht nach dem Feuer.«

Eindrucksvolle Zeichnungen vom Tal finden sich auch in dem 1835 erschienenen Bändchen *Wanderung zur Neandershöhle*[10] des Erkrather Arztes und Hofrates Johann Heinrich Bongard. Besonders anschaulich ist die Zeichnung vom östlichen Bereich des „Gesteins". Man sieht vom sogenannten Neanderstuhl aus nach Osten in die enge Schlucht. Im Grund (unten links) schimmert die Düssel, und direkt gegenüber vom Neanderstuhl, unterhalb dessen sich auch die Neanderhöhle befindet, öffnet sich nach Westen portalartig der Eingang zur Feldhofer Kirche. Nur wenige

Neanderstuhl (im Vordergrund) und Feldhofer Kirche (aus: Bongard 1835).

Meter von der Feldhofer Kirche entfernt lag die Kleine Feldhofer Grotte (rechts außerhalb des Bildes), deren niedrige Öffnung zu dieser Zeit vermutlich von Gestrüpp verdeckt und nicht sichtbar war.

Schon damals machte man sich Gedanken, ob in diesen Höhlen vielleicht fossile Reste aus vergangenen Zeitaltern zu finden wären. Im Herbst 1852 besuchte der bekannte Bonner Geologe Johann Jakob Noeggerath das Neandertal. Über diesen Besuch, zu dem auch eine Besichtigung der Neanderhöhle gehörte, berichtete die Kölnische Zeitung:

> »Der Boden der Höhle besteht aus Lehm. Der Lehm der Höhle, welcher gewiß in der wissenschaftlich so genannten Diluvialperiode der Erde gebildet worden ist, scheint noch nicht durchsucht zu sein. Nach der Analogie eines solchen Vorkommens in anderen Kalksteinhöhlen ist es nicht unwahrscheinlich, dass man in denselben urweltliche Thierknochen von Höhlenbären, Hyänen, Vielfraß u. dgl. finden könnte. Dieses lässt daher die Nachgrabung in diesem Lehme sehr geraten erscheinen, vielleicht ließen sich mit einem glücklichen Funde naturhistorische Sammlungen bereichern.«

Ein Jahrhundert der Veränderungen

Die Industrialisierung des 19. Jahrhunderts war in jeder Beziehung eine Triebfeder des Fortschritts – und eng mit den Wissenschaften verknüpft. Die menschliche Wahrnehmung wurde erweitert, der Entdeckungsgeist geweckt oder gefördert, so dass man auf allen Gebieten „Neuland" suchte und jede Grenze als vorläufig galt. Den Naturwissenschaftlern des 19. Jahrhunderts haben wir viele grundlegende Entdeckungen und Erkenntnisse für Wissenschaft und Technik unserer Zeit zu verdanken. Der Neandertalerfund von 1856 und die Debatte um diese Fossilien sind fest in den damaligen Kontext des wissenschaftlich-technischen Fortschritts eingebettet.

Die Wissenschaften

Viele berühmte Namen reihen sich in die Liste der geistigen Größen jener Epoche ein, etwa Thomas Alva Edison, der unter anderem die Glühbirne und den Phonographen erfunden hat, oder Michael Faraday, der 1831 die elektromagnetische Induktion ergründete. Generell wurde die Erforschung der Elektrizität im gesamten 19. Jahrhundert intensiv vorangetrieben. 1835–37 schuf der Amerikaner Samuel Morse den Schreibtelegrafen, 1862 entwickelte Philipp Reis das erste Telefon, das unabhängig davon 1876 von Alexander Graham Bell und Edison technisch perfektioniert wurde. Edison baute schließlich 1882 in New York das erste Elektrizitätswerk, an das 85 Häuser angeschlossen waren. Der Lebensrhythmus der Menschen veränderte sich, die Dimensionen von Zeit und Raum erschienen kleiner und überschaubarer.[11]

In der ersten Hälfte des 19. Jahrhunderts liegen auch die Wurzeln der Altsteinzeitforschung – der Erforschung des Paläolithikums. Damals war völlig offen und ungeklärt, ob prähistorische Menschen bereits im Diluvium gelebt hatten. Im Jahr 1812 erklärte der französische Geologe und Paläontologe Georges Baron de Cuvier, dass es für die Existenz eines fossilen Menschen keinerlei Belege gebe.[12] Diese Aussage wurde im Verlauf des 19. Jahrhunderts zunehmend fragwürdiger. Zum einen fanden sich fossile menschliche Skelettreste, zum anderen steinerne Gerätschaften, die man in solchen fossilen Schichten entdeckte.

Der Franzose Jacques Boucher de Crèvecœur, der sich später Boucher de Perthes nannte, leistete Bahnbrechendes auf dem Gebiet der Stratigraphie und bei der Ansprache altsteinzeitlicher Geräte. Er durchstreifte häufig die Kiesgruben im Sommetal seiner Heimat bei Abbeville und entdeckte regelmäßig behauene Steine, die von den Arbeitern „Katzenzungen“ genannt wurden. Es handelte sich um Faustkeile, die, wie er erkannte, in ungestörten Kiesschichten zusammen mit Knochen ausgestorbener Elefanten und Nashörner lagen und somit nach seiner Meinung „vorsintflutlich“ sein mussten. Er sagte:[13]

> »Die horizontal übereinander liegenden Lager, die verschieden gefärbten und aus verschiedenartigen Stoffen gebildeten Schich-

ten zeigen uns in grandiosen Schriftzügen die Geschichte der Vergangenheit. Die großen Erdkrisen scheinen daselbst von Gottes Hand verzeichnet zu sein. Hier fangen die Beweise an. Sie sind unwiderleglich, wenn es sich ergibt, dass das Werk des Menschen, das wir suchen, dieses Kunstprodukt, von dem ich behaupte, dass es dort liegt, sich eben daselbst schon seit der Ablagerung der Schichten befindet. Ebenso ungestört wie die Schicht, in der es gefunden wird, blieb es liegen, seitdem es abgelagert wurde, und weil es zur Bildung dieser Schicht beigetragen hat, existierte es vor ihr.«

Als Boucher de Perthes dies im Jahre 1839 in der Pariser Akademie vortrug, wurde er verlacht. 1859 besuchte ihn dann der berühmte englische Geologe Charles Lyell, der die Kiesgruben des Sommetales eingehend untersuchte und dabei zu folgendem Ergebnis kam:[14]

»Manche der Keile haben eine ockergelbe Farbe, wenn sie im gelben Kies lagen, andere sind mehr weiß oder braun, je nach dem Muttergestein, welches sie einschloss. Diese Übereinstimmung der Färbung der Werkzeuge mit dem Charakter ihrer Lagerstätte beweist nicht bloß eine wirkliche Herkunft aus diesen Schichten, sondern auch einen Aufenthalt in denselben von ebensolcher Dauer, wie derjenige der natürlich zerbrochenen Feuersteine in denselben Lagen. ... Die notwendige Schlussfolgerung aus allem ist die, dass die Steinwerkzeuge und ihre Verfertiger gleichzeitig mit den ausgestorbenen und in denselben Erdschichten begrabenen Säugetieren existiert haben mussten.«

Die Ergebnisse von Boucher de Perthes wurden noch im Herbst 1859 von der Wissenschaftlichen Gesellschaft in London und von der Pariser Akademie anerkannt. Zuvor hatte man bei den auf Tierknochen ausgerichteten Höhlengrabungen altsteinzeitliche Gerätschaften generell nicht als Werkzeuge wahrgenommen!

Griff man zunächst ausschließlich auf geologische Leitfossilien zurück, um paläolithische Geräte ansprechen oder datieren zu können, so entwickelte der französische Geologe und Archäologe Edouard Lartet Mitte des 19. Jahrhunderts die stratigraphische Methode. Dabei gliederte er 1852 die Vorzeit in eine ältere Phase, die Mammutzeit, und einen jüngeren Abschnitt, die Rentierzeit. In der Höhle von Aurignac in Südwestfrankreich grub er später verschiedene Kulturschichten aus und erkannte, dass die Epoche mit „geschliffenen Steinen" über einer solchen mit nur „geschlagenen Steingeräten" lag. Offensichtlich befand sich also eine Schicht mit Funden aus der „älteren" Steinzeit unterhalb einer Schicht mit Artefakten aus der „jüngeren" Steinzeit. Lartet hatte damit erstmals eine Art „archäologischer Leitfossilien" definiert. Sein Landsmann Gabriel de Mortillet schuf ab 1869 ein auf stratigraphischen Beobachtungen beruhendes System der relativen Chronologie und definierte die nach bekannten französischen Fundplätzen benannten Kulturstufen *Acheuléen*, *Moustérien*, *Solutréen* und *Magdalénien.*

Aber auch auf anderen wissenschaftlichen Gebieten waren Fortschritte zu verzeichnen. In der Biologie machte sich der im Kloster zu Brünn im Verborgenen arbeitende Augustinermönch Johann Gregor Mendel einen Namen. Weil er sein Examen nicht bestanden hatte, durfte er zwar nicht als Biologielehrer arbeiten, doch hielt ihn dies nicht davon ab, sich weiterhin intensiv mit biologischen Fragen zu beschäftigen. In zahlreichen Versuchsreihen entschlüsselte er an verschiedenen Pflanzen die Gesetze der Vererbung und stellte später die nach ihm benannten Regeln auf. 1865 präsentierte Mendel seine Ergebnisse der Fachwelt und – wurde von ihr ignoriert. Erst im Jahre 1900, 16 Jahre nach seinem Tod, erkannte die Fachwelt die Bedeutung seiner Forschungen zu den Grundlagen der Vererbung.[15]

Kein Naturwissenschaftler jener Zeit war jedoch revolutionärer in seinen Hypothesen als ein englischer Naturforscher, dessen Überlegungen entscheidend von den Erlebnissen einer mehrjährigen Seereise geprägt wurden: Charles Darwin.

Mehr als zwei Monate lang hatten schlechtes Wetter und drehende, kräftige Winde die Brigg „HMS Beagle", die in Plymouth an der englischen Kanalküste vor Anker lag, am Auslaufen gehindert. Als die Wetterlage zum Jahresende umschlug, mussten die meist jungen Mitglieder der Mannschaft erst zusammengesucht werden. Die Seeleute hatten sich nämlich in den zahlreichen Hafenkneipen vergnügt, so dass man sie teilweise betrunken auf das Schiff schaffen musste. Kapitän FitzRoy sorgte dafür, dass die Männer in Ketten gelegt wurden; einige Ungehorsame erhielten sogar reichlich Peitschenhiebe. Doch schließlich stach der Dreimaster am Nachmittag des 27. Dezember 1831 in Richtung Südwest in See. Das große Abenteuer begann.

Eine fünfjährige Reise lag vor der Crew – eine Fahrt, die letztlich das herrschende Weltbild erschüttern sollte. Mit an Bord war der junge Naturforscher Charles Darwin . Sein Vorbild war Alexander von Humboldt, dessen mehrbändige Arbeit *Reise in die Aequinoctialgegenden des Neuen Continents in den Jahren 1799–1804* er mit glühendem Eifer gelesen hatte. Dieses und das Werk *Prinzipien der Geologie* von Charles Lyell, das 1830–1833 veröffentlicht wurde, sollten ihn auf der Forschungsreise um die Welt begleiten; die Bibliothek der „Beagle" umfasste insgesamt 245 Bände, und auch sonst war die Brigg für eine Forschungsreise bestens ausgestattet.[16] Man segelte zunächst entlang der Ostküste Südamerikas bis Feuerland und dann an Chile und Peru vorbei zum Galapagos-Archipel, wo das Schiff am 17. September 1835 Anker legte. Wo auch immer der junge Forscher zu Fuß oder zu Pferd an Land ging, sammelte und beobachtete er alles, was an Fauna und Flora zu entdecken war; auch die geologischen Formationen waren für ihn von größtem Interesse. Mit einer Pistole im Gürtel und dem Geologenhammer in der Hand drang er in exotische und völlig unbekannte Welten vor, um diese zu erforschen und für das ferne Europa zu dokumentieren.

Charles saß auf dem Achterdeck der „Beagle" und blinzelte in die Sonne, die sich langsam dem Horizont näherte. Er war immer noch seekrank, und auch das Heimweh machte ihm sehr zu schaffen. Hinter ihm lag wieder ein anstrengender Tagesmarsch. Sie hatten vor wenigen Wochen die Galapagos-Inseln erreicht. Täglich drang er in das Landesinnere einer Insel vor, um die verschiedensten Lebensräume und Landschaften zu erkunden. Dabei sammelte er Musterexemplare von Vögeln, Insekten, Reptilien, Fischen und Säugetieren, auch die verschiedensten Arten von Pflanzen, einfach alles, was er in die Hände bekam. Immer wieder war er verblüfft, wie viele Finkenvarietäten es allein auf Galapagos gab. Und dann diese urzeitlichen Leguane und Schildkröten, die aus einer längst vergangenen Welt zu stammen schienen. All

Der englische Naturforscher Charles Darwin als junger Mann.

dies entschädigte ihn für die ganzen Entbehrungen und Kümmernisse.

Er ging wieder unter Deck; es war viel Arbeit, die ganzen Proben zu beschreiben, sie zu bestimmen, mit anderen Arten zu vergleichen oder zu sezieren. Wenn er sich den Artenreichtum von Fauna und Flora ansah und bedachte, wie jede Insel wieder andere Arten beherbergte, so konnte er nicht glauben, dass dies alles schon von Anbeginn der Welt so gewesen sein sollte. Weil er häufig in sich gekehrt war und entweder Tagebuch schrieb, las oder seine Proben katalogisierte, nannten sie ihn an Bord schon bald „den Philosophen".

„Wie konnte selbst der große Linné, der so hervorragende Forschungen zur Systematik von Pflanzen- und Tierarten angestellt hatte, nur denken, die Arten seien unveränderlich?" dachte Darwin. „Alle Arten müssen doch einer kontinuierlichen Veränderung unterworfen sein. Nur so können sie sich dem Wandel der Lebensräume anpassen. Und Veränderungen finden immerzu statt, entweder durch geologische Prozesse oder durch klimatische Wechsel. Doch sind diese so langsam, dass man sie nicht beobachten kann. Und was der Mensch nicht sehen kann, dass will er auch nicht erkennen, nicht begreifen. Dabei gibt es so viele Indizien!" Er schüttelte den Kopf. „Und Cuvier mit dieser absurden Katastrophentheorie", ging es ihm durch den Sinn, „die belebte und die unbelebte Welt sollen erschaffen worden sein, um dann in großen mondialen Katastrophen zerstört und anschließend wiederum neu erschaffen zu werden; und dies immerzu fort. Bis zu siebenundzwanzig mal, so wollte man berechnet haben." Nein, nein, das hielt er für gänzlich abwegig. „Schrittweise Veränderungen, unglaublich lange Zeiträume, unablässige und gleichförmige Einwirkungen derselben Naturgewalten – das sind die Kräfte, welche die verschiedenen Organismen, aber auch die Oberflächengestalt der Landschaften und Kontinente während unvorstellbar langer Zeiträume bis heute gestaltet haben." In seinem Kopf bildete sich nach und nach eine Vorstellung von der Entstehung und Entwicklung der Pflanzen und Tiere, die schon vor Urzeiten die verschiedensten Lebensräume der Erde besiedelten.

Charles ging nochmals an Deck, um sich auf eine armdicke, sorgsam aufgerollte Trosse zu setzen. Hoffentlich gewöhnte er sich bald an das Rollen und Stampfen der Brigg, das ihm so zu schaffen machte. Gerade lief die „Beagle" ihren Ankerplatz in einer stillen Bucht an und der Bootsrumpf zog eine rotgoldene Kielspur in die inzwischen ruhige See. Schon morgen sollte es weitergehen – Richtung Tahiti, und dann nach Australien. Was für eine Zeit. Doch er war müde und zufrieden; die lange, inzwischen fast vierjährige Reise hatte ihm unglaublich viele neue Eindrücke vermittelt, die er schon bald niederschreiben wollte. Wie aber würde man das Werk in Europa aufnehmen? Und wie würde die Kirche reagieren? Für dieses Modell braucht es schließlich keinen Schöpfer mehr. Im Innersten regte sich so etwas wie Angst vor seinen eigenen Thesen. Die Sonne hatte soeben den Horizont berührt.

Am 2. Oktober 1836 kehrte die „Beagle" nach England zurück. Im Gepäck hatte Darwin als Ergebnis dieser Reise, neben unzähligen in Alkohol eingelegten oder getrockneten Objekten, die Niederschrift von 770 Seiten Tagebuch, dazu 1 383 Seiten mit geologischen und 368 Seiten mit biologischen Aufzeichnungen. Aber das Buch *On the Origin of Species by Means of Natural Selection or the Preservation of Favoured Races in the Struggle for Life* (*Über die Entstehung der Arten durch natürliche Zuchtwahl oder die Erhaltung überlegener Rassen im Kampf ums Dasein*) erschien erst im Jahre 1859. Darwin hatte bis zur Publikation lange gezaudert und seine Thesen wieder und wieder überprüft – bis er sich am Ende ganz sicher war. Doch mussten auch Freunde und Kollegen ihm gut zureden, ehe er sich schließlich getraute, mit seinen Vorstellungen an die Öffentlichkeit zu gehen. In der *Entstehung der Arten* sparte Darwin jedoch bewusst die Menschheitsentwicklung aus; der berühmte Satz »Licht wird auch fallen auf den Menschen und seine Geschichte« am Ende seines Werkes lässt aber vermuten, dass er hierzu bereits damals konkrete Vorstellungen hatte.

Da er auch schon früher Vorträge zu seinen Arbeiten über den Ursprung der Arten gehalten hatte, wartete man nur darauf, seine in Buchform zusammengefassten Ideen endlich in Händen halten zu können. Bereits am Erscheinungstag, Ende November 1859, war die gesamte erste Auflage des Bandes, 1 250 Stück, ausverkauft.

Die Reaktionen waren vernichtend, schließlich hatte Darwin die Geschichte der Schöpfung neu geschrieben. Der junge Charles lernte aber schon viel früher – während des Theologie- und Medizinstudiums – den häufig überholten Lehrmeinungen der Zeit die Stirn zu bieten. Seine Behauptung, »der Mensch bewege wie jeder andere Säuger vom Kopf nur den Unterkiefer«, führte dazu, dass er von der Royal Academy verwiesen wurde. Er brach das Studium ab. Über seine Kollegen schrieb er in einem Brief 1862: »[Manche sind] so gelehrt, dass ihre Weisheit ihrem Verstand keinen Raum gewährt.«[17] Der Kampf gegen die dominierende Ignoranz der Lehrer und Verfechter der „alten Schulen“ war auch später noch bestimmend für sein Forscherleben. In Opposition zur Lehrmeinung einiger Geologieprofessoren hatte er einmal zu Charles Lyell gesagt:[18]

> »Wie gut wäre es doch, wenn jeder Mann der Wissenschaft mit sechzig Jahren stürbe, da er später ganz sicher allen neuen Lehren widersprechen würde.«

Widerstand und Provokation waren ihm also nichts Neues. Doch er ging noch weiter: Im Jahre 1871 veröffentlichte er das Werk *The Descent of Man and Selection in Relation to Sex (Die Abstammung des Menschen und die geschlechtliche Zuchtwahl)*, in dem er zum einen erstmals die „Evolution“ als präzisen Begriff definierte und zum anderen behauptete, dass Affen und Menschen gemeinsame Vorfahren hätten. Dies war nun endgültig der Moment, wo

Charles Darwin als Affe karikiert.

er sich – ganz bewusst – dem Aufschrei der Fachwelt und des Klerus entgegenstellte.

Zwar hatte schon Alexander von Humboldt, der als physischer Geograph Anfang des 19. Jahrhunderts in Südamerika auf Forschungsreisen unterwegs gewesen war, mit „Schrecken“ erkannt, dass Affenschädel denen von Menschen sehr ähnlich sind. Cuvier war zu dieser Zeit noch von einer ursprünglichen Schöpfung ausgegangen und hatte für Mensch und Affe zwei unterschiedliche Ordnungen geschaffen. Lamarck hingegen definierte in seiner *Zoologischen Philosophie* 1809 den Menschen als zweihändigen Säuger und vermutete eine echte Verbindung zwischen Mensch und Affe. Er wollte sich jedoch nicht festlegen, und mit vielen „Wenns“ und „Abers“ relativierte er zuvor gemachte Aussagen – möglicherweise um einer Zensur zu entgehen. Charles Darwin sollte schließlich der erste sein, der die Primaten in die direkte Ahnenreihe der Menschen stellte und dies öffentlich machte.

Vor allem die Kirche verurteilte seine Arbeit auf das Schärfste. Der Bischof von Oxford, Samuel Wilberforce, warf ihm Ketzerei vor. Darwin hatte einen nachhaltigen Kampf der Geister entfacht. Er war es, der den Weg für die moderne Evolutionsbiologie ebnete und die Abstammung des Menschen vom Tier beschrieb. Doch traf ihn auch viel Spott und Häme; berühmt ist die Karikatur, in der er als Affe dargestellt ist. Darwin fand Anerkennung zunächst bei Lyell und Thomas Henry Huxley. Letzterer schrieb in seinem Buch *Zeugnisse für die Stellung des Menschen in der Natur* 1863:

> »... dass die anatomischen Verschiedenheiten, welche den Menschen vom Gorilla und Schimpansen scheiden, nicht so groß

> sind als die, welche den Gorilla von den niedrigen Affen trennen. ... Und so kommt denn der vorausblickende Scharfsinn des großen Gesetzgebers der systematischen Zoologie, Linné, zu seinem Rechte; ein Jahrhundert anatomischer Untersuchung bringt uns zu seiner Folgerung zurück, dass der Mensch ein Glied derselben Ordnung ist (für welche der Linnésche Name Primates beibehalten werden sollte) wie die Affen und Lemuren.«

In Deutschland waren es vor allem die Fachkollegen Ernst Haeckel und August Weismann, die den Theorien Darwins zum Durchbruch verhalfen.

Obwohl die Darwinsche Evolutionstheorie heute geradezu als Fundament des gesamten biologischen Gedankengebäudes gilt, ist sie doch immer wieder auch in Frage gestellt worden, insbesondere in den USA. Noch 1925 wurde in einem religiös motivierten Gerichtsverfahren in Dayton (Tennessee) der Biologielehrer John T. Scopes für „schuldig" befunden, die Abstammungslehre von Charles Darwin unterrichtet zu haben, und zu einer Geldstrafe verurteilt; allerdings hat man den Schuldspruch zwei Jahre später wieder aufgehoben.[19] Aber die Auseinandersetzung mit diesem Thema ist keineswegs eine Sache der Vergangenheit. Im August 1999 machte eine Nachricht aus dem US-Bundesstaat Kansas weltweit Furore. Dort strebten Konservative um den Fraktionsvorsitzenden der Republikaner im Repräsentantenhaus, Tom Delay, seit jeher an, die biblische Schöpfungslehre als authentische Beschreibung der Entstehung der Welt auf den Lehrplan zu setzen, um beispielsweise „Irrlehren" vom Urknall oder der Evolutionstheorie aus den Schulen zu verbannen. Und nun bekamen die Kreationisten allen Grund zum Feiern: Die Schulbehörde verfügte, dass die Evolutionstheorie Charles Darwins nicht mehr gelehrt werden müsse. Die Mehrheit der zuständigen Schulverwaltungsbeamten vertrat die Auffassung, Gott habe vor etwa 10 000 Jahren die Erde mit all ihren geologischen Formationen und allen Lebensformen geschaffen – einschließlich der zahlreichen Fossilien, die er sorgsam in die verschiedenen Sedimentschichten legte. Grundtenor der Argumentation der Kreationisten in den USA ist: »Niemand war bei der Entstehung des Lebens auf Erden anwesend. Deshalb sollte jede Aussage über den Ursprung des Lebens nur als Theorie, nicht als Tatsache bedacht werden.« – so die Warnung in einer Biologiefibel des Staates Alabama von 1995.[20]

Auch in Deutschland wird vereinzelt gegen die Evolutionstheorie Stellung bezogen. So äußerte sich etwa der deutsche Mutationsgenetiker Ekkehard Lönnig, tätig am Max-Planck-Institut für Züchtungsforschung in Köln, dass ein lückenloser Stammbaum des Menschen sich nicht nachweisen lasse. Der Mensch sei als Organismus und denkendes Wesen so kompliziert, dass er nicht durch zufällige Mutationen auf die Welt gekommen sein könne. »So etwas entsteht nur, wenn Intelligenz, Geist und Weisheit am Werk sind.« [21]

Industrie und Technik

Wegbereiter für die Wissenschaften war unter anderem auch die industrielle und technologische Entwicklung jener Zeit. Während die industrielle Revolution in England bereits in der zweiten Hälfte des 18. Jahrhunderts begann, setzte sie in Kontinentaleuropa erst in den ersten Jahrzehnten des 19. Jahrhunderts ein. Etwa ab 1840 nahm der technische Fortschritt an Fahrt zu, und es kam auch im Rheinland, besonders im Ruhrgebiet, zur Ansiedlung von Industrieanlagen, vor allem Steinkohlenbergwerken, Eisenhütten und Walzwerken. Die Firmen schlossen sich häufig zu gemischten Großbetrieben zusammen, so dass von der Gewinnung von Rohmaterialien bis zur Veredlung die verschiedenen Produktionsschritte in einem Werk verblieben und so die modernen Fertigungsmethoden entstanden.

Dieser industrielle Aufschwung war eng mit dem Ausbau leistungsfähiger Verkehrswege verknüpft. In Deutschland gab es bis dahin lediglich einzelne mit Steinen befestigte Landstraßen – vor allem aus napoleonischer Zeit –, die man meist zu militärischen Zwecken angelegt hatte. Das Hauptbeförderungsmittel war damals die Postkutsche, die aber, wie man sich vorstellen kann, den neuen Anforderungen in keiner Weise gewachsen war.[22]

Eine neue Erfindung sollte von nun an die riesigen Mengen an Rohstoffen und hochwertigen Fertigwaren transportieren: die Eisenbahn. 1814 hatte der Engländer George Stephenson die erste Lokomotive erprobt, und bereits 1830 wurde die erste Bahnlinie zwischen Liverpool und Manchester eröffnet. Die Lokomotive „Rocket" beschleunigte den Zug auf beachtliche 50 Stundenkilometer.[23]

Die ersten deutschen Eisenbahnlinien wurden etwas später, 1835 mit der Strecke Nürnberg-Fürth und 1839 mit der Strecke München-Augsburg, begründet. Der Ausbau des Streckennetzes schritt rasch voran und in der zweiten Hälfte des 19. Jahrhunderts bekam der Eisenbahnverkehr mit der Überwindung der großen Gebirge internationale Bedeutung. Die erste westdeutsche Eisenbahnlinie wurde 1841 fertiggestellt und verband nun die wichtigste Metropole des unteren Niederrheingebietes, Düsseldorf, mit Elberfeld bei Wuppertal im Bergischen Land.[24] An der steilsten Eisenbahnhauptstrecke Europas, zwischen Erkrath und Hochdahl, bekam die Lokomotive Unterstützung. Mit Hilfe einer talabwärts fahrenden Lok wurde der gesamte Zug mit einem Stahlseil, das in Hochdahl um eine Umlenkrolle gelegt war, bergauf gezogen. Ab 1927 wurden die Züge dann mit starken Loks den Berg hinaufgeschoben.

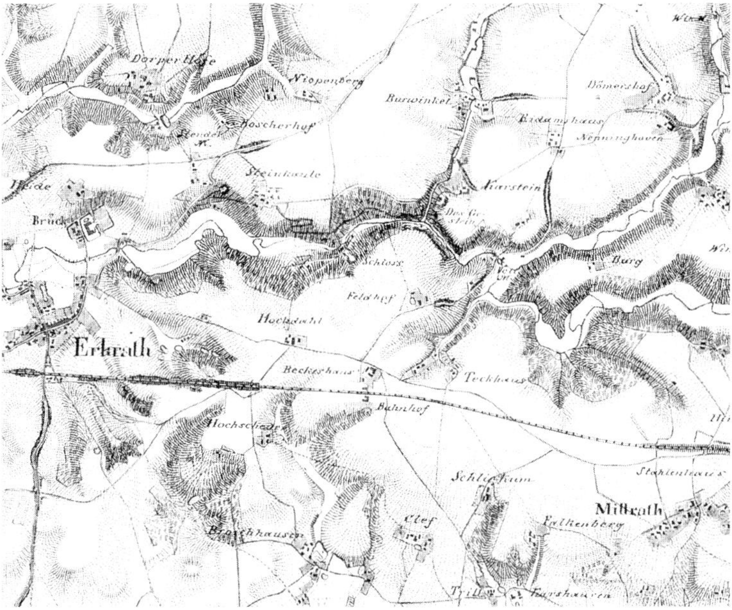

Karte der Umgebung des Neandertals (preußische Uraufnahme) von 1843/44 mit der Eisenbahnlinie Düsseldorf-Elberfeld.

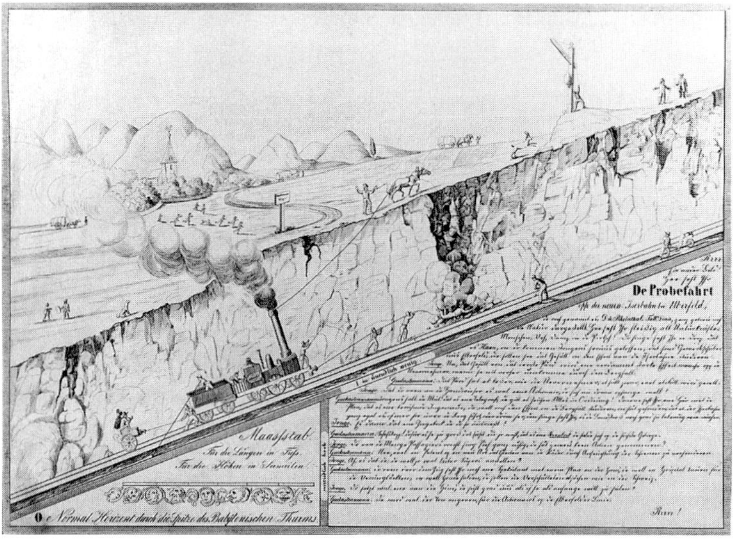

Die Probefahrt. Karikatur auf den Bau der Eisenbahnlinie Düsseldorf-Elberfeld 1838–41.

Bei der Anlage des Gleisbettes entdeckte man zwischen den Stationen Haan und Vohwinkel Erzlagerstätten. Dies zog in der Folgezeit die Eisen gewinnende Industrie an. Schon im Juni 1851 konnte der erste Hochofen eines Hüttenwerkes in der Nähe des Bahnhofes Hochdahl in Betrieb genommen werden. Mit einem Mal war auch Kalk in großen Mengen gefragt. Bis 1850 hatte der Kalksteinabbau im Neandertal lediglich lokale Bedeutung gehabt; Baukalk und später Düngekalk wurden seit etwa 1790 von kleinen Unternehmen abgebaut und im Tal gebrannt. Doch schon zum Bau des Hüttenwerkes brauchte man neben Ziegelsteinen reichliche Mengen an Kalkmörtel, und für den Verhüttungsprozess und die Roheisenproduktion selbst benötigte man zunehmend Kalk als Zuschlagstoff. Das in unmittelbarer Nähe gelegene Neandertal mit seinen schroff aufragenden Kalkfelsen rückte allmählich in den Blickpunkt der sich hier ansiedelnden Industrie.

Der Steinbruch von Beckershoff und Pieper

Als der Kaufmann Friedrich Wilhelm Pieper aus Elberfeld im Jahre 1838 die Tochter des Gutsbesitzers Birschel heiratete, brachte die junge Frau ein kaum erschlossenes, felsig-zerklüftetes Gelände mit steil zur Düssel abfallenden Felsen in die Ehe ein. Ganz in der Nähe richtete 1842 der aus Mettmann stammende Unternehmer Wilhelm Beckershoff eine Marmorschleiferei ein. Er mietete hierzu die gegenüber der Hundsklipp gelegene Walkmühle „In der Medtman“ an. Ein unterschlächtiges Wasserrad lieferte die nötige Energie für den Antrieb einer Marmorsäge. Jetzt begann der Kalkabbau im Neandertal in größerem Stil.[25]

Die benötigten Kalkplatten wurden im benachbarten Kalksteinbruch von Pieper gebrochen und in der Mühle zersägt und geschliffen. Die Mitte des 19. Jahrhunderts war eine prosperierende Zeit, und Beckershoff blieb als Unternehmer nicht lange allein. Mit seinem Kompagnon Diepgen – die Marmorschleiferei hatte sich längst amortisiert – kaufte er 1849 die Walkmühle. In den Gründungsstatuten der Schleiferei, im Amtsblatt zu Düsseldorf im November 1851 abgedruckt, wird als Wohnort von Beckershoff das „Neanderthal bei Mettmann“ genannt. Dies war das erste Mal, dass offiziell die Bezeichnung „Neanderthal“ gebraucht wurde. Um für einen vermehrten Kalkabbau entsprechende Geldmittel zu mobilisieren, gründeten Beckershoff und Pieper zusammen mit anderen Kaufleuten im Jahre 1854 die „Actiengesellschaft für Marmorindustrie Neanderthal“.

Diese Gesellschaft finanzierte in der Folgezeit den Straßenbau zwischen Mettmann und Hochdahl, so dass die industrielle Erschließung und Nutzung des bis dahin abgeschieden gelegenen Neandertales sich rasant beschleunigte. Im Steinbruchbetrieb von Beckershoff und Pieper wurde nun in industriellem Maßstab Kalk abgebaut, den man einerseits in der nahegelegen Marmorschleiferei zu Platten verarbeitete und der andererseits zunehmend als Branntkalk Verwendung fand. Zunächst baute man seit Mitte der fünfziger Jahre auf der linken Düsselseite den Kalk großzügig ab. Dabei wurden die Höhlen Teufelskammer, Feldhofer Kirche, Kleine Feldhofer Grotte und Pferdestall zerstört.

Die Walkmühle „In der Medtman" vor 1806.

Dickbankiger Kalkstein, der sich zu Platten verarbeiten ließ, war bald nicht mehr vorhanden, so dass schon in den sechziger Jahren des 19. Jahrhunderts die Marmorschleiferei ein Ende fand. Doch der Kalkabbau florierte weiterhin. Als Zuschlagmaterial für die Hochdahler Hütte, die erst 1912 ihre Hochöfen ausblies, war der Kalk aus dem Neandertal noch lange sehr begehrt.

Als auf der linken Düsselseite die Steinbruchwand bereits weit zurückverlegt worden war, begann man auch auf dem rechten Ufer den Kalkfelsen abzubauen; auf dieser Seite der Düssel ist die Neanderhöhle und rechts davon die Wolfsgrube zu erkennen.

Im Jahre 1867 entwickelte der schwedische Erfinder Alfred Nobel das Dynamit; diesen in Stangen gepressten Sprengstoff konnte man relativ sicher und in großen Mengen transportieren und lagern.[26] Mit seiner Hilfe erhielt auch der Kalkabbau im Neandertal eine bis dahin nicht gekannte Dimension. Zwischen 1892 und 1895 wurde schließlich die Neanderhöhle gesprengt, so dass nun auch die letzte der großartigen Höhlen aus dem Neandertal verschwunden war. Auf einem Ölbild des Malers Rocholl ist der Zustand des Tales in den neunziger Jahren des 19. Jahrhunderts festgehalten (Farbtafel 4).

Steinbruchlandschaft im Neandertal mit Neanderhöhle und Wolfsgrube um 1880.

Um 1900 war die einst enge und romantische Schlucht bereits gut 200 Meter breit und somit völlig zerstört. Erst kurz nach dem Zweiten Weltkrieg wurde der Kalkabbau eingestellt. Heute ist das Tal an manchen Stellen fast 350 Meter breit, und man kann sich kaum noch vergegenwärtigen, wie diese Schlucht dereinst ausgesehen hat. Lediglich ein Rest der Rabensteinklippen, der sogenannte Rabenstein als Relikt der ehemaligen Steilwand am rechten Düsselufer, lässt ahnen, wie beeindruckend die aufragenden Felsmassen ehemals waren.

Eine weltbewegende Entdeckung

In den fünfziger Jahren des 19. Jahrhunderts, also vor der massiven Landschaftsveränderung durch den Kalkabbau, ging es im Neandertal auf den ersten Blick noch recht beschaulich zu. Die Düssel hatte hier im Laufe der Jahrzehntausende eine enge, tiefe Klamm in den grauen Kalkfelsen geschnitten, so dass es sogar direkt am Ufer mit seiner dichten Auenbewaldung auch im Sommer schattig und angenehm kühl war (Farbtafel 5). Versetzen wir uns in das Jahr 1856 zurück.

Rest der Neanderhöhle und, zwischen den beiden Brücken, der Rabenstein um 1885. In der linken Bildhälfte ist das Gebäude im Bruch Beckershoff-Pieper zu sehen.

Vereinzelt fielen Lichtstrahlen durch das dichte Laubwerk und spielten auf einem umgestürzten Baumstamm mit moosgrünem Fell, der quer über der gurgelnden und plätschernden Düssel liegend die beiden Ufer verband. Rauschend stürzte der Laubach von einem haushohen Felsvorsprung in ein Kalksinterbecken.

Die Schlucht war noch vor zehn Jahren so eng gewesen, dass Wanderer sie nicht ohne Schwierigkeiten passieren konnten. Auf dem linken Düsselufer jedoch hatten Steinbrucharbeiten die ehemals so idyllische Landschaft bereits verändert. Während auf der anderen Düsselseite noch steile Felsen emporstiegen und sich 30 Meter über der Düssel die großartige Neanderhöhle mit kühlem Schlund öffnete, waren auf diesem Ufer bereits Teile des vormals wunderbaren Felsmassivs abgetragen und zum Kalkbrennen in Loren weggeschafft worden. Aber noch immer weitete sich schräg gegenüber der Einmündung des Laubaches in die Düssel der Fels zu einer etwa 30 Meter messenden Bucht. Der mit Gehölzen bestandene Grund war nass. Nach heftigen Niederschlägen, meist im Frühjahr oder Herbst, trat an dieser Stelle

Blick von Süden auf den Rest der Neanderhöhle um 1890.

die Düssel über die Ufer und schwemmte die lehmigen Ablagerungen des Vorjahres aus der Talweitung aus, um anschließend neuen Lehm anzulagern. Bisweilen tauchten an dieser Stelle im Tal Bereiche des felsigen Grundes auf, die durch die Tätigkeit des Flusses freigespült und glatt, wie poliert waren.

Alessandro, Luigi und einige andere Arbeiter schoben die letzten soeben geleerten Loren auf ihren Schienen in den Steinbruch zurück; die typischen Arbeitsgeräusche des Bruches – Eisen schlug auf Eisen, Felsen krachten hernieder und Männer schrien – mischten sich mit dem Rumpeln und Quietschen der eisernen Lorenräder. Es waren meist italienische Arbeiter, die hier beschäftigt waren.

Die beiden Italiener kletterten in die Felswand und setzten auf einem Felsplateau in schwindelnder Höhe mit Hämmern, Setzkeilen und Brechstangen den Abbau des klüftigen Kalksteines fort. Während Alessandro, der ältere von beiden,

Der Laubachfall auf dem nördlichen Düsselufer (aus: Bongard 1835).

ein eher hagerer, aufgeschossener Typ war, sah man in Luigi einen kleinen, etwas untersetzten, aber sehr kräftigen jungen Mann. Seit einigen Tagen arbeiteten sie in der größeren der beiden Feldhofer Grotten, auch Feldhofer Kirche genannt; dies war eine begehbare Höhle mit portalartigem Eingang. Die annähernd mannshohe Lehmfüllung, an der Oberfläche durch die Sommerhitze steinhart, teilweise auch versintert, wurde mit der Spitzhacke aufgebrochen und mit Schaufeln in die Schlucht geworfen. Beckershoff hatte angeordnet, den Lehm zu entfernen, da er den Kalk verunreinigt hätte.

Dies war mühsam, die beiden gingen fluchend ihrer schweißtreibenden Schufterei nach. Der Schweiß lief in Strömen, in kurzen Abständen fielen von Nasenspitze und Kinn dicke Schweißtropfen auf den staubtrockenen Lehm und hinterließen dort für kurze Zeit dunkle Flecken. Alessandro rief seinem Leidensgenossen zu: „He, Luigi mi amico, gib mir Wasser, mein Hals ist trocken.“ Luigi versuchte, eine orangerote Steingutflasche, die sie unter einen Strauch in den Schatten gestellt hatten, zu greifen. Doch er musste feststellen, dass ein Felsbrocken auf die Flasche gefallen war und sie zerbrochen hatte. Luigi wischte sich den Schweiß ab und murmelte etwas in den Dreitagebart; dann drehte er sich um:

Steinbrucharbeiter im Neandertal.

„Du musst neues Wasser holen. Sag dem Vorarbeiter Bescheid, unsere Flasche ist kaputt gegangen."

Mit der Zeit häufte sich unten auf Düsselniveau vor der Wand ein beachtlicher Kegel aus herausgeschaufeltem Kalkschutt und Höhlenlehm an. Einige Tage später, nachdem die größere Höhle ausgeräumt war, wandte man sich einer zweiten, wesentlich kleineren Grotte zu. Mit dieser verfuhren die Arbeiter genauso. Nach dem Erweitern des Loches, das man nicht als Eingang bezeichnen konnte, begannen die beiden auch hier mit dem Loshacken des Lehms. Dabei trafen ihre eisernen Werkzeuge in Knietiefe auf Knochen, die zum Teil unter der Wucht der Hiebe zerbrachen. Luigi hatte gerade einen der langen und sehr kräftigen Knochen an einem Gelenkende getroffen, so dass ein Stück abplatzte. Er hebelte diesen nun mit der Spitzhacke aus dem festen Lehm heraus, ohne dass er jedoch zerbrach. Alessandro und Luigi beachteten die Knochen nicht weiter und warfen sie mit dem Lehm in das Tal hinunter. Zufällig kam in diesem Moment Wilhelm Beckershoff, Mitbesitzer des Steinbruches, vorbei. Dieser betrachtete die Knochen und vermutete, dass es sich dabei um Bärenknochen handelte. Immer wieder fanden sich Tierknochen in solchen Höhlen.

Er ordnete an, alle gefundenen Stücke einzusammeln, ja sogar noch einmal den Schutthaufen zu durchwühlen, ob sich nicht noch weitere Stücke fänden. Dies taten die beiden Italiener mürrisch und mit Unwillen. „Was für eine unnütze Arbeit", dachte Alessandro. Sie gingen beide mit wenig Sorgfalt zu Werke. So wurden nur die größeren Knochen geborgen und landeten zuerst einmal in einer alten Holzkiste.

Neben der Schädelkalotte wurde ein Fragment des rechten Schulterblattes, das rechte Schlüsselbein, der rechte Oberarmknochen samt Speiche und Elle, der linke Oberarmknochen samt Elle, fünf Rippenfragmente, die linke Beckenhälfte sowie beide Oberschenkelknochen geborgen. Dass mit der Schädelkalotte das aussagekräftigste Stück ebenfalls noch aus dem Schutthaufen gerettet wurde, ist das Verdienst von Beckershoff.

Die „Höhlenbärenknochen" werden in Augenschein genommen

Der zweite Besitzer des Steinbruches, Friedrich Wilhelm Pieper, benachrichtigte alsbald den Lehrer und Naturforscher Johann Carl Fuhlrott aus dem benachbarten Elberfeld, der für sein Interesse an Fossilien bekannt war. Fuhlrott folgte Ende August 1856 der Einladung Piepers auf den Feldhof:

Johann Carl Fuhlrott.

Es war unerträglich heiß. Johann Carl Fuhlrott war dankbar, dass Pieper ihn mit der Kutsche am Bahnhof abholen ließ. Als diese die Toreinfahrt des Feldhofes passiert hatte, um dann im Schatten der mächtigen Kastanienbäume anzuhalten, atmete er auf.

Sein Blick richtete sich, am Hauptgebäude des Hofes vorbei, auf das nahegelegene Waldstück, wo die Felsen jäh in die Schlucht des Neandertals abstürzten. Dort befanden sich die beiden Grotten, die nach dem Anwesen, das er gerade betreten hatte, die „Feldhofer Grotten" genannt wurden. Die Tür des Hauses öffnete sich. Pieper, den er von einigen früheren Besuchen her kannte, begrüßte ihn herzlich. „Kommen Sie nur herein, drinnen im Haus ist es angenehm kühl. Für irgendetwas müssen diese dicken Wände ja gut sein, außer dass man sie im Winter nicht warm bekommt." Fuhlrott lachte, trat ein und folgte Pieper in dessen Arbeitszimmer. Auf einem der beiden großen lederbezogenen Sessel, die einen kleinen Teetisch mit polierter Kalksteinplatte einrahmten, nahm er Platz.

Nachdem beide sich gegenseitig des Wohlergehens auch ihrer Familien versichert hatten, gewann Fuhlrotts Neugier die Oberhand. „Diesmal haben Sie es aber wirklich spannend gestaltet, lieber Freund", äußerte er und zog den Brief seines Gegenübers aus der Tasche, um fortzufahren: „Sie entschuldigen doch, wenn ich gleich *in medias res* gehe?" „Aber ja doch Herr Dr. Fuhlrott, ich verstehe das schon. Ich habe diesmal ja nun wirklich mit Informationen gespart, um nicht schon vorher mein Pulver zu verschießen." Er beugte sich vor. „Nun – heute kann ich Ihnen zu den Zähnen vom letzten Jahr gleich den ganzen Bären liefern!" Fuhlrott sprang auf. „Wie bitte? Sagen Sie nicht, Sie haben...". „Einen beinahe vollständigen Höhlenbären gefunden, jawohl. Meine Arbeiter haben ihn bei der Bereinigung dieses kleinen Loches neben der Feldhofer Höhle gefunden." Fuhlrott räusperte sich und nahm einen großen Schluck Tee, den das Dienstmädchen gerade serviert hatte. Pieper klappte die auf dem Tisch stehende Zigarrenkiste auf. „Darf ich Ihnen ... ?" „Nein danke, im Augenblick nicht." Ihn zog es vielmehr zu der grob gezimmerten Holzkiste, die auf Piepers Schreibtisch am anderen Ende des Raumes stand. „Sie erlauben?", fragte Pieper eher rhetorisch, während er bereits dichte blaue Wolken ausstieß. Er hielt demonstrativ die Zigarre hoch und fuhr fort: „Der Grund, warum ich Sie nicht im Salon empfing. Zumindest hier in meinem Arbeitszimmer darf ich das." Er hustete heftig und steuerte seinen Schreibtisch an. Fuhlrott folgte ihm so schnell, dass die einladende Handbewegung seines Gastgebers zu spät kam.

Beim Nähertreten an den Tisch schaute ihn aus der geöffneten Kiste ein Schädeldach mit mächtigen Knochenbögen über den leeren Augenhöhlen an. Er nahm es heraus und drehte es prüfend hin und her. Schließlich legte er es zur Seite und ließ die Begutachtung weiterer Knochen folgen. An den Fundstücken hafteten getrocknete, harte Lehmreste. „Ein Hirnschädel, Fragmente von Rippen, einige Langknochen, ein Stück Becken – es ist ja wirklich einiges, was Sie mir zu bieten haben!" Er war begeistert. „Die Form des Schädels ist" ... „ungewöhnlich", hatte er sagen wollen, bevor er den linken Oberschenkelknochen aus der Kiste hob. Irritiert wendete er ihn hin und her und betrachtete ihn eingehend. Im Bereich des Kniegelenkes fehlten einige frisch abgeplatzte Splitter, deutlich war die gut erhaltene Knochenstruktur zu sehen. Pieper schaute Fuhlrott, der nun verblüfft auch den anderen Oberschenkelknochen betrachtete, fragend an. Fuhlrott holte tief Luft. „Herr Pieper ... das ist kein Bär. Jedenfalls diese beiden Oberschenkel nicht. Bei den anderen Stücken bin ich mir nicht sicher. Diese beiden hier", fuhr er fort und hielt sie Pieper entgegen, „sind unzweifelhaft menschlich." Sein Gastgeber wich einen Schritt zurück. „Ein Mensch – ja aber – wie das? In unserem Steinbruch?" „Zumindest diese beiden Knochen kann ich sicher ansprechen. Ich habe letzte Woche erst einige alte Oberschenkelknochen aus der Frankenzeit in meinen Händen gehabt. Und dieses Schädeldach ... es ist zwar etwas flach, könnte aber ebenfalls von einem Menschen stammen, wenn diese Knochenwülste über den Augen nicht wären ...".

Pieper schaute ihn entsetzt an. „Wie ist das möglich? Unsere Arbeiter haben das alles doch im Lehm der Höhle gefunden. Herr Beckershoff kann es bezeugen! Meinen Sie, man hat dort in heidnischer Zeit einen Menschen begraben? Oder was wäre, wenn in der Höhle das Opfer eines Mordes verscharrt wurde? Vielleicht ist der Mörder sogar noch in dieser Gegend unterwegs?" „Zumindest in diesem Punkt kann ich Sie beruhigen", warf Fuhlrott ein. „Die Knochen machen mir ganz und gar den Eindruck, dass sie Tausende von Jahren im Erdreich gelegen haben. Falls es hier überhaupt einen Mörder gab, so können Sie trotzdem beruhigt mit ihrer Familie in den Wald gehen." Er zuckte mit den Achseln. „Ansonsten bin ich ratlos." Ein uraltes menschliches Skelett in einer Höhle des Bergischen Landes? Er beschloss der Sache sofort nachzugehen. „Darf ich den Fund mitnehmen?" „Aber ja. Natürlich. Er gehört Ihnen. Ich kann ohnehin nichts damit anfangen. Meinen Sie, man sollte die Gendarmerie einschalten?" „Auf gar keinen Fall", betonte Fuhlrott. „Das gibt nur stundenlange Verhöre, und man würde auch alle Arbeiter umständlich befragen. Am Ende käme eine dicke Akte dabei heraus, und wir wüssten genauso viel wie zuvor. Außerdem: Glauben Sie mir, dieses Skelett ist so alt, das ist kein Fall für die Gendarmerie. Aber lassen Sie mich zunächst einmal überprüfen, ob ich mit meiner Meinung nicht fehlgehe. Noch heute werde ich Herrn Dr. Kuhn aufsuchen. Er ist Arzt und wird eine definitive Aussage treffen können, ob es ein Mensch ist oder am Ende doch nur irgendein Bär."

Während Fuhlrott die Knochen wieder in der Kiste verstaute, rief Pieper nach dem Burschen, er solle die Kutsche vorfahren.

Als Fuhlrott das Haus verließ, war es noch heißer geworden. Er bemerkte es kaum. Auf dem Weg zur Bahnstation öffnete er von innerer Unruhe getrieben die Kiste und betrachtete nochmals einzelne der Fundstücke. Sie glichen ohne jeden Zweifel den fossilen Knochen, die er aus anderen Höhlen kannte. Wenn es sich bei der Entdeckung wirklich um das Skelett eines Menschen handelte, dann wäre es wohl der älteste und urtümlichste Mensch, der jemals gefunden worden war. Er erschauderte und rief dem Kutscher zu, schneller zu fahren.

Fuhlrott vermutete später wohl mit Recht, dass er die Übereignung der Skelettreste nur der irrigen Annahme, es handele sich um Bärenknochen, zu verdanken hätte. So schrieb er denn auch:

> »Es ist dabei nicht uninteressant, dass man – bei der auffallend abnormen Beschaffenheit der Schädeldecke und in Rücksicht auf das bekannte Vorkommen thierischer Ueberreste in andern Höhlen – nicht menschliche, sondern Höhlenbären-Knochen aufgefunden zu haben glaubte, und dass ich diesem Irrthum wahrscheinlich die Acquisition des Neanderthaler Fundes zu verdanken habe.«[27]

Möglicherweise wäre Fuhlrott gar nicht erst benachrichtigt worden, wenn man früher erkannt hätte, dass es sich um Menschenknochen handelt. In diesem Fall wäre es allenfalls zu einer Behandlung durch die Gendarmerie und anschließender Beisetzung auf dem Gemeindefriedhof gekommen, wie es beispielsweise 1852 mit den paläolithischen Bestattungen aus der Höhle in Aurignac geschehen ist, die man nach der Entdeckung in aller Einfalt wieder „in geweihter Erde" bestattet hatte.[28] So aber hatte der Neandertaler nach der Rettung durch den Steinbruchbesitzer Beckershoff auch die zweite Hürde auf dem Weg zur wissenschaftlichen Bearbeitung genommen.

Anfang September wurde der Fund in nachstehendem Wortlaut durch die Zeitungen der Öffentlichkeit mitgeteilt:

> »Mettmann, den 4. Sept. Im benachbarten Neanderthale, dem sogenannten Gesteins, ist in den jüngsten Tagen ein überraschender Fund gemacht worden. Durch das Wegbrechen der Kalkfelsen, das freilich vom pittoresken Standpunkte nicht genug beklagt werden kann, gelangte man an eine Höhle, welche im Lauf der Jahrhunderte durch Thonschlamm gefüllt worden war. Bei dem Hinwegräumen dieses Thons fand man ein menschliches Gerippe, das zweifelsohne unberücksichtigt und verloren gegangen, wenn nicht glücklicherweise Dr. Fuhlrott von Elberfeld den Fund gesichert und untersucht hätte. Nach Untersuchung dieses Gerippes, namentlich des Schädels, gehörte das menschliche Wesen zu dem Geschlechte der Flachköpfe, deren noch heute im amerikanischen Westen wohnen, von denen man in den letzten Jahren noch mehrere Schädel an der obern Donau bei Sigmaringen gefunden hat. Vielleicht trägt dieser Fund zur Erörterung der Frage bei: ob diese Gerippe einem mitteleuropäischen Urvolke oder bloß einer (mit Attila?) streifenden Horde angehört haben.«

Offensichtlich durch den Abdruck der entsprechenden Meldung auch in der *Bonner Zeitung* auf die Entdeckung aufmerksam geworden, wandten sich die Bonner Anatomieprofessoren Hermann Schaaffhausen und Franz Josef Carl Mayer mit der Bitte an Fuhlrott, ihnen die Knochen zur Begutachtung zu schicken. Im Winter reiste Fuhlrott persönlich mit dem Fund nach Bonn.[29]

Bonner Zeitung.

Mit dem Bonner Wochenblatt verbunden.

№ 211. Dinstag den 9. September. Achtundvierzigster Jahrgang. 1856.

— (Mettmann, 4. September.) Im benachbarten Neanderthale, dem sogenannten Gesteins, ist in den jüngsten Tagen ein überraschender Fund gemacht worden. Durch das Wegbrechen der Kalkfelsen, das freilich vom pittoresken Standpunkte nicht genug beklagt werden kann, gelangte man an eine Höhle, welche im Lauf der Jahrhunderte durch Thonschlamm gefüllt worden war. Bei dem Hinwegräumen dieses Thons fand man ein menschliches Gerippe, das zweifelsohne unberücksichtigt und verloren gegangen, wenn nicht glücklicherweise Dr. Fuhlrott von Elberfeld den Fund gesichert und untersucht hätte. Nach Untersuchung dieses Gerippes, namentlich des Schädels, gehörte das menschliche Wesen zu dem Geschlechte der Flachköpfe, deren noch heute im amerikanischen Westen wohnen, von denen man in den letzten Jahren noch mehrere Schädel an der obern Donau bei Sigmaringen gefunden hat. Vielleicht trägt dieser Fund zur Erörterung der Frage bei: ob diese Gerippe einem mitteleuropäischen Urvolke oder bloß einer (mit Attila?) streifenden Horde angehört haben.

Zeitungsnotiz in der Bonner Zeitung vom 9. September 1856.

Hermann Schaaffhausen betritt die Bühne

Hermann Schaaffhausen wartete voller Spannung. Gleich nach der gut besuchten Vorlesung war er in sein Arbeitszimmer zurückgekehrt. Entgegen seinen sonstigen Gepflogenheiten hatte er sich keine Zeit mehr für die Fragen einzelner Studenten genommen, denn für heute war Dr. Fuhlrott aus Elberfeld angekündigt, um ihm die geheimnisvollen Menschenreste aus dem Neandertal vorzulegen. Sowohl sein Kollege Mayer als auch er selbst hatten bereits mehrfach in dieser Angelegenheit mit Fuhlrott korrespondiert; im Verlauf dieser Briefwechsel war die Spannung noch beträchtlich gesteigert worden, nicht zuletzt durch Fuhlrotts These, dass hier ein besonders altes menschliches Skelett vorläge.

Mit Unbehagen dachte er an Mayers sicherlich gut gemeinten Versuch, die Knochenreste von Fuhlrott für die anatomische Sammlung der Universität zu erhalten, und daran, dass dieser es daraufhin abgelehnt hatte, die Knochen zur Untersuchung nach Bonn zu schicken. Wahrscheinlich befürchtete er, den Fund nicht wieder zurückzubekommen. Vielleicht war die plötzliche Erkrankung Mayers am gestrigen Tage ja auch nur vorgeschoben, weil er über diese Reaktion verärgert war und den Lehrer nun nicht empfangen wollte. Sein Kollege hatte jedenfalls ihm die Begutachtung des Fundes überlassen, was ihm eigentlich sehr recht war.

Hermann Schaaffhausen.

Es klopfte an der Tür. „Ja bitte, herein", rief er. Der Sekretär des Institutes öffnete die Tür und geleitete den erwarteten Gast in das Zimmer. Die beiden Männer begrüßten sich freundlich; einer Vorstellung bedurfte es nicht, da sie einander bereits häufiger auf den Sitzungen des Naturhistorischen Vereines in Bonn begegnet waren.

„Ihr Secretarius teilte mir bereits mit, dass Herr Professor Mayer bettlägerig erkrankt ist", eröffnete Fuhlrott das Gespräch. „Ja, in der Tat. Es kam überraschend und er bedauert es sehr, Sie heute nicht empfangen zu können. Stattdessen bat er mich, die Begutachtung alleine vorzunehmen und Ihnen sein Bedauern und die besten Grüße zu übermitteln."

Fuhlrott nickte freundlich und stellte die mitgebrachte Holzkiste auf dem Schreibtisch seines Gastgebers ab. „Darf ich?" fragte dieser und deutete auf das Behältnis. „Nur zu. Ich kann es ehrlich gesagt kaum erwarten, ihr wertes Urteil hierzu zu hören." Während Fuhlrott die einzelnen Teile des Neandertal-Fundes bedächtig auspackte, begann Schaaffhausen damit, sie in anatomisch korrekter Anordnung auf dem Tisch zu platzieren. „Ohne Zweifel ein Mensch. Aber das wissen Sie ja schon seit längerem." Fuhlrott bejahte und erläuterte seinem Gegenüber kurz einige seiner Beobachtungen; dabei ging er insbesondere auf den kräftigen Überaugenwulst und die beiden unterschiedlich kräftigen Oberarmknochen ein. Schaaffhausen verfolgte seine Ausführungen mit Interesse; es war offensichtlich, dass sich sein Gast bereits intensiv mit dem Skelett auseinandergesetzt hatte. Noch während Fuhlrott sprach, richtete sich Schaaffhausens Augenmerk mehr und mehr auf das Schädeldach. Er nahm es hoch und betrachtete es eingehend. „Etwas Vergleichbares hat weder die anatomische Kollektion der Universität noch meine eigene Sammlung aufzuweisen", äußerte er mit nachdenklichem Gesichtsausdruck. „Es ist in der Tat der robusteste Menschenschädel, den ich jemals in meinen Händen hielt." Er machte sich auf den Weg zur vollständig mit Büchern bestandenen Wand gegenüber dem Fenster, hinter dem der eisige Wind mit einigen Schneeflocken spielte. „Ich erinnere mich, dass Dr. Spring aus Lüttich vor einigen Jahren über einen sehr groben Menschenschädel aus einer Höhle publizierte. Die Details sind mir allerdings entfallen." Er zog einige Bücher aus dem Regal und schlug sie auf. Der dritte Versuch brachte den gewünschten Erfolg.

„Aha. Da haben wir es ja. In der Höhle von Chauvaux, nahe Namur." Er hielt das Buch hoch. „Einen Augenblick, bitte." Er verließ den Raum; als er nach wenigen Minuten wiederkehrte, überreichte er Fuhlrott das Buch. „Es befindet sich ein zweites Exemplar in der Institutsbibliothek, so dass ich Ihnen das meine borgen kann. Wenn Springs Entdeckung wirklich eine Parallele zu der Ihren darstellt, so stünde das Neandertal-Skelett nicht so isoliert da und es könnte sich bei den Eigentümlichkeiten des Schädels vielleicht wirklich um die Merkmale einer urtümlichen Menschenrasse handeln."

Sein Gast bejahte begeistert, bedankte sich für die Schrift und begann vor der Bücherwand stehend in das Werk hineinzulesen, während Schaaffhausen sich wieder dem Fund zuwandte und sich intensiv mit den Armknochen des Skelettes beschäftigte. Nach einigen Minuten riss Fuhlrott sich los und kehrte ebenfalls zum Schreibtisch zurück. Er legte das Buch ab. „Nun ja. Das muss warten. Unsere Zeit ist limitiert."

Der Anatom führte aus: „Ihrer Vermutung gemäß könnte man auf den ersten Blick annehmen, dass die beiden Humeri nicht demselben Menschen zugehört haben." Er nahm den Oberarmknochen und die Elle des linken Armes vom Tisch. „Jedoch fällt auf, dass wir hier keinesfalls ein gesundes Ellenbogengelenk vor uns sehen." Er ließ die Gelenkenden der Knochen ineinandergreifen. „Es bedarf noch einer genaueren Untersuchung der Ursache, aber ich denke, dass dieser Mensch seinen linken Arm nur eingeschränkt gebrauchen konnte. Er ist zu einem gewissen Grade verkümmert, so dass sein Pendant fast alle Arbeit allein leisten musste und infolgedessen eine überdurchschnittliche Kräftigung erfuhr. Ich habe keinen Anhalt, hier die Knochen eines zweiten Menschen beteiligt zu sehen." Fuhlrott nickte erfreut. Es gefiel ihm gut, dass offensichtlich keine Vermischung unterschiedlicher Skelette, womöglich noch aus verschiedenen Epochen, vorlag.

Nach der Diskussion einiger weiterer Details richtete Schaaffhausen vorsichtig die überfällige Frage an Fuhlrott: „Wäre es denkbar, dass ich das Skelett für eine gewisse Zeit zur genaueren Diagnose hier behalten könnte?" Das Minenspiel Fuhlrotts richtig deutend, fügte er schnell hinzu: „Gegen Beleg, natürlich. Ich bürge persönlich für die pünktliche Rücküberstellung." Der so Gebetene willigte ein und betonte schließlich, eine genaue Begutachtung wäre letztlich auch in seinem Sinne.

Nachdem sich Fuhlrott wieder auf den Weg gemacht hatte, betrachtete Schaaffhausen das Skelett nochmals gründlich. Erneut fielen ihm einige Stellen auf, an denen ganz offensichtlich erst vor kurzer Zeit Stücke abgebrochen waren. Man konnte zwar nicht erwarten, dass ein solches Skelett unbedingt vollständig die Zeiten überdauerte, aber zumindest die frisch abgebrochenen Partien waren ehemals vorhanden gewesen. Bedauernd stellte er fest, dass es sich hierbei um durchaus wichtige Teile des Schädels, der Armknochen, des Schulterblattes und des Beckens gehandelt hatte, die durch die Unachtsamkeit der Steinbrucharbeiter verloren gegangen waren. „Immerhin", so resümierte er, „ist das Schädeldach gerettet worden."

Er beauftragte den Sekretär, einige Termine zu verlegen, und begann noch am selben Tag mit der exakten Vermessung der einzelnen Skeletteile.

Fuhlrott konnte sich glücklich schätzen, in Hermann Schaaffhausen einen mit gerade 40 Jahren vergleichsweise jungen und progressiven, international arbeitenden Wissenschaftler gefunden zu haben, der bereits drei Jahre vor der Entdeckung des Neandertalers einen Aufsatz mit dem Titel *Ueber Beständigkeit und Umwandlung der Arten* verfasst hatte.[30] Hierbei bezog er den Menschen ausdrücklich mit ein, hielt die Gleichzeitigkeit von Menschen mit dem ausgestorbenen Mammut für wahrscheinlich und folgerte, dass es auch fossile Menschenreste geben müsse.[31]

Charles Darwin kannte diesen Beitrag und hat ihn in seinem berühmten, 1859 nach langer Arbeit erschienenen Werk gewürdigt.[32] Dass gerade Schaaffhausen Bearbeiter des Fundes aus dem Neandertal wurde, ist vor dem geschilderten Hintergrund als äußerst vorteilhaft zu werten. Noch im selben Winter unterzog er die Knochen einer ersten gründlichen Untersuchung; sowohl er als auch Fuhlrott stellten den Neandertaler Menschenrest 1857 auf mehreren Sitzungen wissenschaftlicher Vereine der Fachwelt vor, wobei der „Entdecker" logischerweise seinen Schwerpunkt auf die Topographie des Neandertales und die Entdeckungsgeschichte legte.[33]

Die Arbeiten Springs über die Funde aus der Höhle von Chauvaux hatten Fuhlrott offensichtlich so sehr beeindruckt, dass er Spring noch im selben Jahr in Lüttich besuchte und auch dessen Schrift übersetzte.

Ein peinliches Verhör

Aus heutiger Sicht verwundert es, dass Fuhlrott die beiden an der Auffindung des Neandertalers beteiligten Steinbrucharbeiter erst zwei Jahre nach der Bergung befragte.[34] Denkbar wäre, dass die durch Pieper mitgeteilten Informationen ihm zunächst ausreichend erschienen, er sich jedoch in der Diskussion mit anderen Wissenschaftlern zunehmend mit Detailfragen konfrontiert sah und dabei stets einräumen musste, bei der Ausräumung der Grotte selbst nicht zugegen gewesen zu sein.

Alessandro hatte Angst, als er das Büro seines Herrn betrat. Nicht, dass der wieder einmal wegen einer seiner Verfehlungen mit einer Standpauke auf ihn wartete – nein, heute war alles ganz anders. Herr Beckershoff war sogar außergewöhnlich freundlich zu ihm gewesen, als er ihn im Bruch aufsuchte und ihn aufforderte, ihn in das Büro zu begleiten. „Zu freundlich, das kann ja nichts Gutes bedeuten", dachte Alessandro vor dem Hintergrund, dass er erst gestern wieder eine Stunde zu spät zur Arbeit erschienen war. Ein Krug Rotwein und das Ausschlafen am nächsten Morgen, insbesondere in Gesellschaft einer hübschen Frau, übten halt einen Reiz auf ihn aus, dem die Arbeit im Steinbruch nur wenig entgegenzusetzen hatte.

Sein Verdacht erhärtete sich, als Beckershoff ihm eröffnete, der Lehrer aus Elberfeld sei hier, um Luigi und ihn noch einmal über die Knochen zu befragen, die sie vor gut zwei Jahren in der kleinen Höhle hier im Steinbruch gefunden hatten. Und dass er einen Juristen mitgebracht habe, der ihre Aussagen zu Papier bringen solle. Hatte der Lehrer ihnen damals etwa nicht geglaubt ...?

Beckershoff öffnete mit einem Ruck die grobe Holztür des Büros und trat ein. Alessandro folgte ihm, die Dielenbretter knarrten. Der Lehrer, Luigi und ein schwarz gekleideter Mann mittleren Alters warteten bereits. Sein Herr stellte die ungleichen Männer einander vor; während Fuhlrott lächelnd die klobige, rauhe Hand Alessandros schüttelte und ihn freundlich begrüßte, beließ es der Advokat nach kurzer Musterung Alessandros bei einem Nicken. „Eingebildeter Schwarzrock", dachte Alessandro und starrte mit einer in Falten liegenden Stirn auf den gusseisernen Kanonenofen an der gegenüberliegenden Wand.

„Bitte, setzen Sie sich doch", bat Beckershoff die beiden Besucher; dabei deutete er auf einen großen Tisch, um den fünf Stühle platziert waren. „Ihr auch", fügte er an seine Arbeiter gerichtet hinzu. Fuhlrott und der Anwalt nahmen auf der einen Seite des Tisches Platz, Alessandro und Luigi auf der gegenüberliegenden. Beckershoff hingegen zog es vor, hinter den beiden Gästen stehenzubleiben und aus dem Fenster zu schauen.

„Bitte, meine Herren, es ist mir enorm wichtig, noch einmal auf das Genaueste alle Fakten zu dem Fund aus der kleinen Höhle zusammenzutragen. Herr Doktor Meisenburg wird jede Aussage zu Protokoll bringen, also denken Sie über alles gut nach. Es ist sehr wichtig. Es ist ja wohl unbestritten, dass das Skelett aus der kleineren der beiden Höhlen stammt?" fuhr er fort. Beckershoff nickte, die beiden Arbeiter stimmten ein. „Wo lag der Fund?" fragte Fuhlrott. „In der Erde, in der Höhle", antwortete Luigi. „Wieviel Lehm lag darüber?" „Ungefähr so viel." Alessandro zeigte mit seinen Händen den Abstand von etwas mehr als einem halben Meter. „Gut", sagte Fuhlrott, um mit erhobener Stimme fortzufahren: „Ist das sicher, dass da wirklich Lehm *darüber* lag?" Alessandro musste sich ob der eigenartigen Betonung des Wortes „darüber" ein Schmunzeln verkneifen, obwohl ihm eigentlich nicht danach zumute war. „Ja doch, wirklich", antwortete Luigi. „Den haben wir losgehackt, der war fast trocken und oben steinhart." „Und darin habt ihr die Knochen gefunden?" „Ja, zuerst so einen langen Knochen, den habe ich mit meiner Hacke getroffen", sagte Alessandro. Fuhlrott beugte sich nach links und öffnete eine bisher unbeachtet gebliebene Holzkiste. Er holte einige Knochen daraus hervor und legte sie auf den Tisch. „Welcher war es?" fuhr er an Alessandro gerichtet fort. „Einer von denen da", antwortete Alessandro und deutete auf verschiedene Knochen. „Genau weiß ich es nicht mehr." Inzwischen hatte sich herumgesprochen, dass es sich dabei angeblich um Menschenknochen handelte und er bekreuzigte sich innerlich. „Aha, die Armknochen", vermerkte Fuhlrott an den Anwalt gerichtet. „Wir haben es dann Herrn Beckershoff gesagt, der kam gerade vorbei." „Ich habe die beiden sofort angewiesen, auf weitere Knochen zu achten und auch den bereits herausgeschaufelten Lehm zu durchsuchen", mischte sich Beckershoff von seinem Platz am Fenster aus ein. „Und diese hier?" Fuhlrott hielt die beiden Oberschenkelknochen hoch. „Die kamen später, mehr von drinnen", kam die Antwort von Luigi. Alessandro nickte. Er erinnerte sich ebenfalls, dass die größeren langen Knochen weiter innen in der Höhle gelegen hatten, und wie Luigi sie mit der Spitzhacke aus dem Lehm gehebelt hatte. „Waren die Knochen in der Höhle verteilt oder lagen sie beieinander?" Die beiden Arbeiter schauten sich an. „Etwa in einem Bereich so groß wie dieser Tisch", führte Alessandro aus. „Also wahrscheinlich ausgestreckt auf dem Rücken liegend", murmelte Fuhlrott. „Den Schädel", fuhr er fort und hob das Schädeldach mit seinen mächtigen Überaugenbögen hoch, „habt ihr unten aus dem Lehmhaufen herausgesucht?" „Kein Mensch hat so einen Kopf", dachte Alessandro und grinste. „Ja, und ein paar kleine Knochenstücke auch", mischte sich Beckershoff erneut ein. „Da war sonst aber nichts mehr." Die beiden Arbeiter nickten heftig. „Das kann aber nicht sein, wir sehen deutlich ganz junge Brüche an verschiedenen Stücken. Die fehlenden Teile habt ihr beim Lehmhacken abgeschlagen und mit dem Lehm aus der Höhle geworfen!" beharrte Fuhlrott. Luigi errötete. „Das kann sein, wir haben aber nicht mehr gefunden. Woher sollen wir wissen, wie so etwas aussieht?", log Alessandro. Er warf seinem Herrn einen Blick zu; der verdrehte nur die Augen. Beckershoff ahnte wohl, dass sein Arbeiter log.

Alessandro hatte schon sehr viele Knochen gefunden, aber nur, wenn sich das auch lohnte. Und diese Bereitschaft ließ sich durch einige Krüge Bier oder ein paar Münzen erheblich steigern. So wie damals in Belgien, bevor er hier bei der Gesellschaft angeheuert hatte. Beim Ausräumen einer Höhle hatte er einige Dutzend großer Tierknochen gefunden, die ihm pro Stück fünf Centimes eingebracht hatten. Vor einigen Jahren hatte er seinem neuen Herrn darüber berichtet und nachgefragt, ob die Herren von der Wissenschaft hier ebenso spendabel wären wie der nette Doktor aus Lüttich, der ihn damals für die Entdeckung der Knochen belohnt hatte. „Kümmere Dich um Deine Arbeit", hatte er zur Antwort erhalten, und damit war sein Interesse an alten Knochen erloschen.

„Ihr habt also nicht mehr gesehen, als hier auf dem Tisch liegt?" hakte Fuhlrott noch einmal nach. „Ich … ich … ich weiß es nicht mehr", stammelte Luigi. Alessandro bekam es erneut mit der Angst zu tun. Er hatte keine Ahnung, was passieren würde, wenn die beiden Besucher sie der Lüge überführten. „Vielleicht haben wir die abgeschlagenen Stücke übersehen", gestand er ein. „Ich denke, dass ihr den größten Teil übersehen habt", beharrte Fuhlrott. „Hier war wohl ehedem ein komplettes Skelett vorhanden! Wo ist der Lehm aus der Höhle hingelangt?" setzte er das Verhör fort. „Den haben wir weggefahren, um tiefe Löcher zu verfüllen, ein paar Tage, nachdem wir die Knochen gefunden hatten", log Alessandro erneut. Schon kurz nach der Entdeckung hatte der Lehrer danach gefragt und die gleiche Antwort erhalten. „Wir haben in dieser Zeit viele Erdarbeiten gehabt. Wo genau der Lehm geblieben ist, weiß ich nicht." Die Schreibfeder des Anwaltes glitt mit kühler Präzision über das Papier. Alessandro betete, dass Luigi jetzt bloß den Mund hielte. Eingeschärft hatte er es ihm oft genug.

Fuhlrott sah Beckershoff fragend an. Der zuckte mit den Schultern und führte aus, dass zu dieser Zeit für die Anlage von Betriebswegen viel Erdreich bewegt worden sei; dabei hätte man auch einige tiefe Spalten im Kalkfels verfüllen müssen. Da er sich selbst einige Tage auf Geschäftsreise befand, habe er die Organisation dieser nun wirklich sehr einfachen Tätigkeiten den Arbeitern überlassen.

Fuhlrott atmete tief ein und hörbar wieder aus. „Schade“, sagte er nur. Und an den Juristen gerichtet fuhr er fort: „Bitte nehmen Sie zu Protokoll: Es ist wahrscheinlich, dass die fehlenden Stücke des Skelettes mit dem Lehm hinweggeschafft wurden und verloren sind.“

Er fragte noch nach einigen Details zu Steinen und Kalksinter in und auf dem Lehm, doch endlich ließ er es auf sich beruhen. Alessandro atmete innerlich auf. Er hatte wie alle anderen Arbeiter hier im Steinbruch nicht das geringste Interesse, den harten Steinbruchschutt nach alten, wertlosen Knochen zu durchwühlen.

Ein kleiner Anreiz hätte da schon geholfen ... aber so verschwieg er ebenso wie Luigi, dass der Lehm aus beiden Höhlen noch genau dort lag, wohin sie ihn bei der Ausräumung geworfen hatten. Alessandro und Luigi hatten die beiden Schutthaufen vor der Felswand ein wenig auseinandergezogen; dabei waren ihm eine Menge weiterer Knochenstücke aufgefallen – in beiden Haufen. Er erinnerte sich auch noch ganz genau daran, dass Luigi im Lehm aus der Höhle mit dem Skelett einen Kiefer gefunden hatte, dessen Zähne beinahe so aussahen wie seine eigenen. Er hatte damals drei Kreuze geschlagen und das Stück wieder im Lehm verschwinden lassen. Inzwischen lag ein guter Meter Steinschutt auf alledem, und das war auch gut so.

„Meinst Du, das war richtig, dass wir nichts erzählt haben?“ fragte Luigi, als sie wieder auf dem Weg zurück zu ihrer Arbeit waren.

Alessandro blieb stehen, schaute ihn lange an und schüttelte schließlich den Kopf. „Trottel. Ich denke, dein Mädchen kommt nächstes Jahr nach. Ihr wollt doch heiraten. Willst du, dass dieser nette Anwalt dich am Ende noch einsperren lässt, weil wir den Lehrer damals belogen haben?“ „Nein, um Gottes Willen“, stammelte Luigi. „Na also. Halt einfach die Klappe, dann ist es gut.“

Die beiden gingen weiter in den Bruch, der sich unaufhaltsam von der Düssel aus in den Fels fraß. Alessandro fühlte sich erleichtert und freute sich auf den Abend. Am nächsten

Morgen, so nahm er sich fest vor, würde kein Donnerwetter seines Herrn nötig sein. Obwohl er wieder mit der kleinen Julietta aus der Weberei verabredet war.

Aus den Arbeitern war also nichts mehr herauszubekommen, und es war ja auch tatsächlich bekannt und damals üblich, die aus Klüften und Spalten des Felsmassivs entfernten Lehme mit Schubkarren an solche Stellen zu verbringen, wo sie verkippt und entsorgt werden konnten.

Bereits 1858 erfolgte eine umfassendere Publikation des Skelettmaterials durch Schaaffhausen.[35] Die von Fuhlrott verfasste Beschreibung der Entdeckung, der geologischen Verhältnisse am Fundort und seiner Einschätzung des Fundes erschien 1859 in den *Verhandlungen des naturhistorischen Vereines der preussischen Rheinlande und Westphalens.*

Die letzten Sätze dieser Ausführungen spiegeln seine Zuversicht bezüglich der Interpretation des Fundes wider:

Steinbrucharbeiter entsorgen im Neandertal Schutt mit ihren Schubkarren über eine Böschung.

»Gewiss ist nur, was ich hiemit ohne Rückhalt bekenne, dass mich die strengste Kritik der einschläglichen Thatsachen der Ueberzeugung von der Fossilität des vorliegenden Fundes immer näher gebracht hat. Es mögen dafür die Thatsachen sprechen, die ich sorgfältig beobachtet und constatirt habe. Die damit verbundenen Arbeiten und Studien haben auf einem für mich fast neuen Gebiete des Wissens so viel Gewinn gebracht, dass ich vollkommen damit zufrieden, auf jeden Versuch einer Propaganda für meine Ueberzeugung gern verzichte, und das entscheidende Urtheil über die Existenz fossiler Menschen der Zukunft anheim stelle.«[36]

Die Redaktion des naturhistorischen Vereins schrieb ebenfalls Forschungsgeschichte, indem sie folgende Zeilen unter den Beitrag Fuhlrotts druckte:

»Anm. der Redaction: Wir haben den vorstehenden Aufsatz des geehrten Herrn Verfassers unverkürzt wiedergegeben, können aber nicht umhin zu bemerken, dass wir die vorgetragenen Ansichten nicht theilen können, wie denn namentlich die Möglichkeit, dass der Mensch oder die Leiche durch irgend einen Zufall in die kleine Grotte hineingelangt sei, in keiner Weise widerlegt ist. Die Beweise von der Existenz diluvialer Menschenknochen werden immer nur durch Einschlüsse in feste Gesteine nicht lockere Schuttmassen geliefert werden können, falls nicht ganz besondere Umstände eine secundäre Einschliessung auf das Bestimmteste widerlegen. Dass die Dendriten nichts beweisen liegt auf der Hand, da sie an jedem in der Erde liegenden Schädel vorkommen können und nur ein mangan- oder eisenhaltiges Wasser dazu gehört um sie in wenigen Stunden zu erzeugen.«

Dieser nicht mit ihm abgesprochene Nachsatz hat den Autor offensichtlich sehr verärgert und sein Verhältnis zur Redaktion so nachhaltig belastet, dass er Abstand davon nahm, den 1860 in der Ruine der Kleinen Feldhofer Grotte gemachten Fund eines Höhlenbärenzahnes hier zu veröffentlichen.[37] *

* Für unsere eigenen Recherchen war diese erste umfangreichere Arbeit Fuhlrotts zum Neandertalerfund besonders wertvoll, weil dort die insgesamt kärglichen Beschreibungen des Fundplatzes noch am genauesten vorlagen und nicht durch spätere Interpretationen überprägt waren.

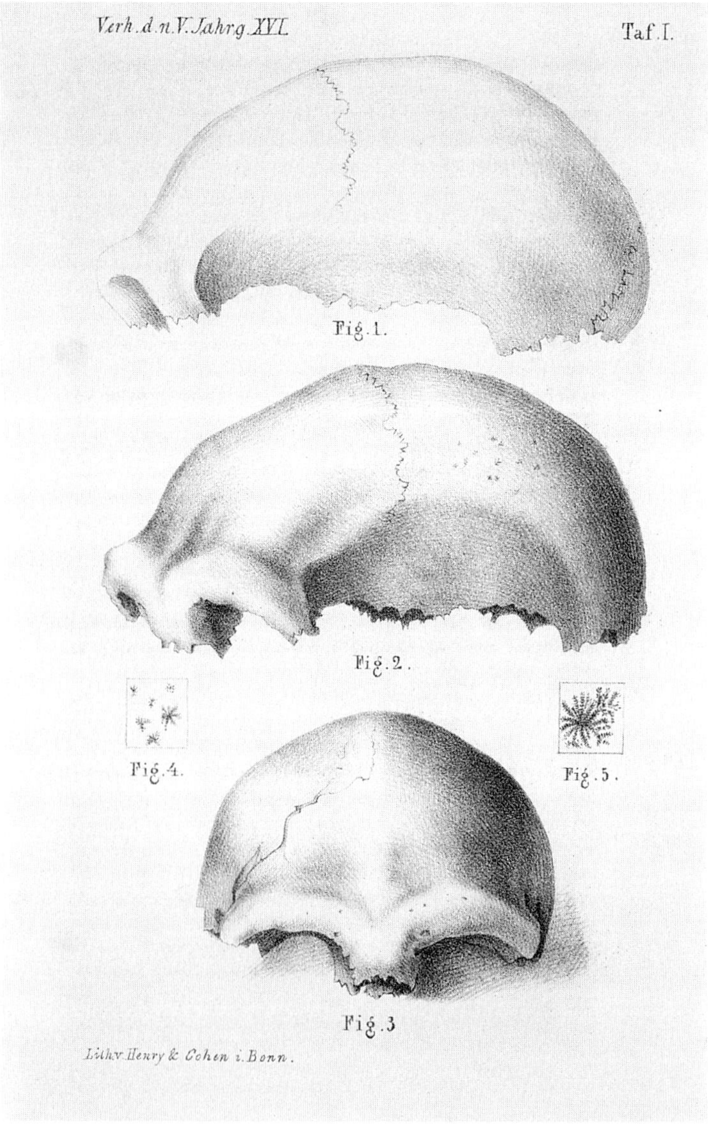

Lithographie der Schädelkalotte aus Fuhlrotts Veröffentlichung von 1859. Die Dendriten, für Fuhlrott Beleg für ein hohes Alter, sind besonders hervorgehoben.

Mit diesen Veröffentlichungen begann vor dem Hintergrund der mit langem Vorlauf 1859 publizierten Evolutionstheorie Charles Darwins und der bereits zuvor erschienenen evolutionstheoretischen Abhandlungen, unter anderem von Robert Chambers[38] und Hermann Schaaffhausen[39], ein leidenschaftlicher Wissenschaftsstreit um das Alter dieses Menschenfundes. Er führte dazu, dass die Entdeckung aus dem Neandertal nicht wieder in Vergessenheit geriet wie die bereits 1829/30 und vor 1848 gefundenen Schädelreste von Engis in Belgien[40] und Gibraltar[41].

Vor der Publikation der Evolutionstheorie durch Darwin hatten derartige Funde keine Chance, sich gegen die von Cuvier aufgestellte und von seinen Schülern zum Dogma erhobene These »L'homme fossile n'existe pas« („Der fossile Mensch existiert nicht") zu behaupten. So aber war die Zeit für die entsprechende Diskussion reif geworden; die Partei der Verfechter eines sehr hohen Alters des Neandertaler Menschenrestes um Fuhlrott und Schaaffhausen erfuhr dabei insbesondere aus England massive Unterstützung.

Internationale Unterstützung

Am 24. Juli 1860 besuchte der berühmte britische Geologe Sir Charles Lyell unter Fuhlrotts Führung die ausgeräumte und durch den Kalkabbau bereits stark in Mitleidenschaft gezogene Fundhöhle, um sich aus eigener Anschauung ein Urteil bilden zu können:[42]

> Das Grün des Bergischen Landes zog gemächlich am Abteilfenster vorüber, schwere Regentropfen prasselten in nicht enden wollendem Strom dagegen. Charles Lyell lehnte sich wieder in seinen Sitz zurück. Er hoffte, dass dieser Dauerregen endlich aufhören würde, aber danach sah es eigentlich nicht aus. Da er heute noch nach Paris weiterreisen wollte, hatte er einen Besuch im Neandertal ursprünglich gar nicht mit in seine Planungen einbezogen. Die Korrespondenz mit Schaaffhausen in den letzten Wochen vor seiner Reise hatte ihn jedoch nachdenklich gestimmt. Lyell hatte zwischen den

Sir Charles Lyell in jüngeren Jahren.

Zeilen gelesen, dass Fuhlrott und Schaaffhausen einen schweren Stand bei der Verteidigung ihrer Thesen über den Neandertal-Menschen hatten. Und das Schreiben Fuhlrotts, dass er ebenfalls in diesem Zusammenhang erhalten hatte, drückte beinahe Verzweiflung aus. War denn keiner der preussischen Geologen in der Lage, hier Klarheit zu schaffen? Lyell schüttelte den Kopf. Letztlich hatte er sich entschlossen, die Fundstelle selbst zu besichtigen.

Hermann Schaaffhausen, den er gerade in Bonn besucht hatte, war so freundlich gewesen, die Visite im Neandertal zu arrangieren. Die Ausführungen des Anatomen zum Neandertalfund hatten ihn neugierig gemacht. Wer konnte schon wissen, was es wirklich damit auf sich hatte, denn langsam wurde eines immer deutlicher: Menschen mussten bereits zu viel früheren Zeiten gelebt haben, als bisher angenommen wurde. Erst im letzten Jahr hatte er den Franzosen Boucher de Perthes und seine Feuersteinwerkzeuge aus dem Sommetal rehabilitiert. Falls es im Neandertal den entsprechenden Menschen dazu gäbe … . Er öffnete seine Tasche und zog ein Buch heraus. Auf Seite 131 stand: *Menschliche Ueberreste aus einer Felsengrotte des Düsselthals. Ein Beitrag zur Frage über die Existenz fossiler Menschen.* Er blätterte um und nahm den eingelegten Brief Fuhlrotts, der ihm das Werk geschickt hatte, heraus. Der Autor hatte ihm in gutem Englisch eine Reihe von Erläuterungen hierzu geschrieben, was recht hilfreich gewesen war. Zwar konnte er die deutsche Sprache verstehen, aber eben nur bis zu einem gewissen Grade. Er überflog nochmals die Passage über den fehlenden Kalksinter in den Ablagerungen der kleinen Grotte, zuckte mit den Schultern und klappte das Buch zu. Hoffentlich würde er im Gelände mehr Klarheit erhalten. Der Zug lief in den Bahnhof ein. Ein gutes Dutzend Menschen verließ den Schutz des Bahnhofsgebäudes und trat auf den Bahnsteig; der gut gekleidete Herr mit dem großen Regenschirm und der ledernen Tasche an der anderen Hand – das musste Fuhlrott sein.

Offensichtlich hatte dieser ihn unter den wenigen ausgestiegenen Fahrgästen ebenfalls sofort ausgemacht, denn er kam zielstrebig auf ihn zu. Die beiden Männer stellten sich einander vor; Lyell spürte deutlich den großen Respekt seines Gegenüber und beschloss erst einmal, die Stimmung etwas aufzulockern. „Eigentlich haben wir in London das Recht auf ein solches Wetter gepachtet", sagte er in sehr stark akzentuiertem Deutsch. Fuhlrott stutzte, um schließlich herzhaft zu lachen. Lyell war froh, dass Fuhlrott, der ihm von Beginn an sympathisch war, die Konversation nun doch in Englisch fortführte. Sein Gastgeber hatte sich vom Besitzer des Steinbruches eine Kutsche ausgeliehen. Der Kutscher wollte sein Gepäck auf dem Dach verstauen, doch er zog es vor, der Dichtigkeit der Ölzeugplane nicht zu vertrauen und platzierte beide Koffer neben sich auf dem Sitz. Fuhlrott nahm gegenüber Platz und berichtete ihm über einen am Morgen in einer seitlichen Ausbuchtung der Fundgrotte entdeckten, prächtig erhaltenen Eckzahn eines Bären und darüber, dass der Steinbruchbesitzer ihm bereits ausführlich über die näheren Umstände der Auffindung Bericht erstattet hatte. Nach einiger Zeit holperte das Gefährt an schroffen Felswänden vorbei über den steinigen Weg in den Steinbruch. Die letzten gut 100 Meter mussten sie zu Fuß gehen. Gottlob hatte der Regen zumindest für den Augenblick aufgehört. Nachdem der Steinbruchbesitzer Pieper sie freundlich begrüßt hatte, präsentierte er stolz den bereits von Fuhlrott angekündigten Bärenzahn. Er überließ das Fundstück Fuhlrott und entschuldigte sich dafür, dass er sich wieder seiner Arbeit zuwenden müsse. Lyell betrachtete das Stück eingehend; es war in der Tat unversehrt und gut zweieinhalb Inches lang. Fuhlrott verstaute den Zahn in der Tasche und führte seinen Gast weiter in den Steinbruch. Er erklärte ihm in gutem Englisch – gelegentlich erarbeiteten sie gemeinsam einen komplizierten Fachbegriff – die Situation vor dem Kalkabbau und die Entdeckungsgeschichte des Skeletts. Lyell schaute sich um. Der ehemalige Verlauf der Felswand war kaum noch zu erahnen, aber an einigen Stellen lugten nicht abgebrochene Reste aus den Schuttmassen hervor. Sein Blick richtete sich nach oben auf die Fundgrotte, deren vordere Wand bereits zerstört war. Fuhlrott lud ihn mit einer Handbewegung ein, ihm zu folgen. Zügig ging der Lehrer eine Rampe hinauf und kletterte so schnell zwischen einigen Felsen hindurch, dass Lyell Mühe hatte, mitzuhalten. Eine solche Ausdauer hatte er Fuhlrott gar nicht zugetraut. Sofort begann dieser mit der ausführlichen Erläuterung seiner Sicht der Dinge. Lyell fragte gelegentlich nach und betrachtete eingehend die Reste des Lehms, der noch in den Nischen und Spalten des hinteren Höhlenbereiches haftete. Seit einigen Minuten wurde seine Konzentration jedoch durch zwei der Arbeiter beeinträchtigt, die sehr laut schreiend, lachend und wild gestikulierend ebenfalls zur Grotte heraufkamen und offensichtlich weder Fuhlrott noch ihn wahrgenommen hatten. Er verstand nichts von ihren Äußerungen, da sie ganz offensichtlich italienisch sprachen. Es war jedoch unschwer zu erraten, dass sich das Gespräch der beiden um eine Julietta drehte, auch schallte mehrfach das Wort „Bambino" zu ihm herüber. Er sah die Männer näherkommen; dabei lachte der kleinere und kräftigere der beiden ohne Unterlass und schlug dem älteren ständig auf die Schulter. Lyell fühlte sich nun doch arg gestört. Gerade als er den nicht aus der Ruhe zu bringenden und noch immer dozierenden Fuhlrott bitten wollte, zu unterbrechen, geschah etwas Seltsames. Die beiden Arbeiter bogen um eine Felsecke und nahmen jetzt sowohl ihn als auch Fuhlrott wahr, der mit dem Rücken zu ihnen stehend einige Details der Felswand erklärte. Ihr Gespräch verstummte schlagartig, sie drehten sich auf dem Absatz herum und verschwanden beinahe im Laufschritt wieder zwischen den Felsen. Lyell schüttelte den Kopf und folgte erneut den Ausführungen Fuhlrotts, der von alledem keine Notiz genommen zu haben schien: „... Bereich stammt der Bärenzahn, der, wie gesagt, erst heute ans Tageslicht kam." Fuhlrott öffnete seine Tasche und packte sowohl den Zahn als auch die Schädelkalotte des Neandertal-Menschen aus. Er ging ausführlich auf die beinahe identische Färbung der beiden Fundstücke und auf gleichartige feine Mineralablagerungen auf deren Oberflächen ein. Er folgerte, dass dies wohl ein Beleg für die Fossilität des Menschenfundes sei.

Lyell war skeptisch. Es gab keinen Anhaltspunkt dafür, dass der Zahn wirklich fossil war, und die Reste der Lehmablagerung in der Grotte sowie Fuhlrotts Beschreibung ergaben keinen Hinweis darauf, dass hier tatsächlich ein fossiles menschliches Skelett vorlag. Immerhin – das Schädeldach wirkte urtümlich, und es hatte auch lange Zeit in der Erde gelegen. Die entsprechenden Verfärbungen und Mineralablagerungen waren seinem geschulten Auge nicht entgangen. Nur waren keinerlei sicher bestimmte Reste ausgestorbener Tiere zusammen mit dem menschlichen Skelett gefunden worden, und auch rohe Gerätschaften aus Feuerstein, wie Boucher de Perthes sie entdeckt hatte, fehlten hier. Der Regen setzte wieder ein und Fuhlrott verstaute die Fundstücke eilig in seiner Tasche. Lyell hätte gerne noch länger die entsprechenden Fragen diskutiert; da er jedoch mit dem Ein-Uhr-Zug seine Reise nach Paris fortsetzen wollte, ließ die knappe Zeit dies einfach nicht zu. Die beiden Männer machten sich auf den Rückweg. Während die Kutsche wieder über den steinigen Weg holperte, versuchte Lyell mit einem Lappen grob sein Schuhwerk zu reinigen. Als er den Versuch für beendet erklärt hatte, nahm Fuhlrott ein kleines Paket aus seiner Tasche, das er seinem Gast überreichte. Auf den fragenden Gesichtsausdruck seines Gegenüber antwortete er: „Öffnen Sie es in Ruhe während der Zugfahrt. Es ist ein Gipsabguss der Kalotte." Lyell bedankte sich herzlich und versicherte, er werde noch einmal alle Beobachtungen genauestens überdenken und hierauf auch in seinem in Arbeit befindlichen Buch eingehen, denn wichtig genug wäre der Fund allemal.

Als er sich von Fuhlrott verabschiedete, kündigte er an, ihm wegen einiger Detailfragen noch schreiben zu wollen. Fuhlrott nickte erfreut, und die in seinen Augen aufblitzende Entschlossenheit ließ keinen Zweifel daran, dass er um seinen fossilen Menschen kämpfen würde. Charles Lyell entschloss sich, nach seiner Rückkehr den Abguss des Schädels Thomas Henry Huxley vorzulegen und gemeinsam mit ihm dafür zu sorgen, dass Fuhlrotts Theorie in England zumindest eine faire Chance erhielt.

Lyell fertigte später aus der Erinnerung eine Skizze zur Lage der Fundhöhle, die bis heute die einzige authentische zeitgenössische Darstellung von deren Topographie ist. Lyell und Huxley – beide Anhänger der Evolutionstheorie – kannten auch die anatomische Erstbeschreibung Schaaffhausens und gingen in ihren wichtigen, jeweils 1863 erschienenen Werken auf den Neandertal-Fund ein.[43]

Die wissenschaftliche Benennung des Urmenschen aus dem Neandertal geht jedoch nicht, wie man vielleicht annehmen könnte, auf eine der Untersuchungen Schaaffhausens zurück,

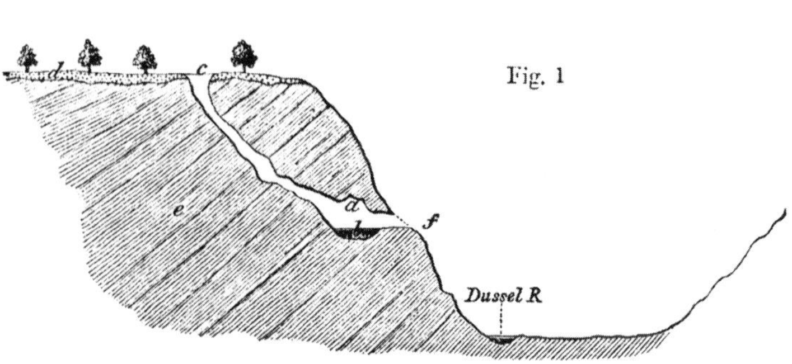

Section of the Neanderthal Cave near Düsseldorf.

Talskizze aus Lyells 1863 erschienenem Werk.

sondern auf die Arbeiten des Iren William King. Er hatte sich 1863/64 mit dem Fund beschäftigt und ihn *Homo neanderthalensis* genannt. Damit erklärte er ihn zwar zu einer eigenen, vom anatomisch modernen Menschen (*Homo sapiens*) getrennten Art, siedelte ihn jedoch innerhalb der Gattung Mensch (*Homo*) an.

Wenig später revidierte er – ein fast tragischer Umstand – seine Meinung und sah nun den Neandertaler überhaupt nicht mehr als Menschen an:

> »Ein Vortrag ... wurde auf der letzten Tagung der British Association gehalten, die in Newcastle-on-Tyne stattfand. In diesem Vortrag nannte ich das Fossil Homo Neanderthalensis, aber heute bin ich viel mehr geneigt zu glauben, dass dieser Fund sich nicht nur spezifisch, sondern auch generisch vom Menschen unterscheidet.«[44]

Trotz dieses Umdenkens war die Benennung *Homo neanderthalensis* vollzogen, der Fund aus dem Neandertal wurde damit zum Typusexemplar, das Neandertal selbst zur Typuslokalität einer Urmenschenform, die inzwischen Weltruhm erlangt hat.

Andere Interpretationsansätze und ein Husarenstreich

Es gab allerdings auch eine Reihe von Autoren, die nicht an die Fossilität des Fundes glaubten und die Knochenmerkmale des Neandertalers anders zu erklären suchten.

Der bereits erwähnte Bonner Anatom Mayer nahm kurze Zeit nach der Entdeckung des Neandertalers zunächst ein hohes Alter des Fundes an. Er zog den mit anderen Fossilien vergleichbaren Gesamtzustand der Knochen und die Mineralablagerungen auf deren Oberflächen (Dendriten) als Indizien hierfür heran. Die später von Fuhlrott für den Fund verwendete Bezeichnung *Paläander* (Altmann) stammt aus seiner Feder; offensichtlich hatte er sich dabei von der gräzisierten Form des Namens Neumann (Neander) des oft im Tal weilenden Predigers inspirieren lassen. Die oben erwähnte Auffassung Mayers dürfte Schaaffhausen den Rücken gestärkt haben, denn Mayer hatte zu dieser Zeit noch erheblichen Einfluss in der medizinischen Fakultät der Bonner Universität.[45] Einige Jahre später meinte er jedoch:

»... es möchte vielleicht der Schädel von einem Flüchtling des Heeres der Russen herrühren, welches unter General Tschernitscheff und mit Winzigerodes Kosacken mehrere Monate in der Gegend von Mettmann oder in der Umgebung des Düsselthales lagerte, um am 14. Januar 1814 über den Rhein gegen Frankreich zu ziehen.«

Mayer führte die Krümmung der Oberschenkelknochen des Neandertalers auf die Reiterei seit der Jugend zurück. Er meinte auch, der verkrüppelte linke Unterarm hätte den Kosacken nicht gehindert, die Zügel des Pferdes zu führen, und der gesunde rechte Arm wäre ja ohnehin tauglich für die Führung der Lanze gewesen; letztlich habe der Kosack Schutz in der Höhle gesucht und sei hier gestorben.[46]

Mayers Kosackentheorie ist oft zitiert und viel belacht worden. Er war aber zu diesem Zeitpunkt bereits ein alter Mann am Ende seines Forscherweges; seine anfängliche Unterstützung für Schaaffhausen sollte nicht vergessen werden.

Im Jahr 1863 erschienen in England die dem Fund gegenüber positiv eingestellten Werke von Huxley und Lyell; im selben Jahr schrieb jedoch der französische Forscher Pruner-Bey an Schaaffhausen:

»Der Neanderthal-Schädel hat im orthodoxen England einen fruchtbaren Boden gefunden und ich habe mit wahrem Vergnügen, in Lyell, Huxley, etc Ihren werthen Namen gelesen. Ich bedaure nur, dass die beyden großen Gelehrten dem Neanderthaler auch nicht von ferne ansehen, wohin er eigentlich gehört. ... Ihr Neanderthaler ist wahrscheinlich ein Idiot; keltischer Herkunft sicher.«[47]

Am bekanntesten ist jedoch die durch den großen Berliner Gelehrten Rudolf Virchow vertretene These, die Abweichungen des Neandertalers von der Gestalt des modernen Menschen seien durch Krankheiten verursacht und eben keine Merkmale für eine urtümliche Menschenart.[48]

Der Zugang zum Originalmaterial war Virchow als einem der bedeutendsten Pathologen und Anatomen seiner Zeit lange verwehrt; es gelang ihm erst 1872 (!), das Skelett unter abenteuerlich anmutenden Umständen zu untersuchen.[49]

Der Zug ratterte und schnaufte, dichte Dampfwolken zogen an den Fenstern vorbei und gestatteten dem milden Sonnenlicht nur gelegentlich Zutritt zum Abteil. Der kleine, gut gekleidete Mann um die Fünfzig warf einen schnellen Blick auf seine Taschenuhr: „Noch zwanzig Minuten bis Elberfeld“, dachte er. Er war angespannt, fast nervös. Ein seltsames Gefühl beschlich ihn; beinahe könnte man es als Schuld bezeichnen, obwohl er diesen Hauch eines schlechten Gewissens niemals zugegeben hätte. Schließlich war er im Recht. Nachdenklich schaute er auf den soeben gelesenen Brief, der neben ihm auf dem Sitz lag. Rot leuchtete die Briefmarke mit dem Adler und der Aufschrift „Deutsches Reich“. Deutsches Reich. Wie ungewohnt. *Tempora mutantur* – die Zeiten ändern sich. Seit einem Jahr waren nun alle deutschen Staaten einer Hoheit unterstellt. Die Euphorie des Sieges über Frankreich hatte sich langsam gelegt, die alten Probleme und Eitelkeiten zogen nun in ein gemeinsames Parlament ein.

„Herrn Professor Rudolf Virchow – 10 Schellingstr. – Berlin“, stand auf dem Kuvert. Berlin. Ja, Berlin, die Weltstadt war der Ort, wo man Dinge bewegen konnte.

Heute jedoch war er auf dem Weg nach Elberfeld, einem kleinen Ort im Bergischen Land. Nach verschiedenen Terminen in Köln hatte er sich spontan entschlossen, über Düssel-

Rudolf Virchow.

dorf nach Elberfeld zu reisen. Hier lebte und arbeitete Dr. Fuhlrott, der Bewahrer des inzwischen berühmt gewordenen Menschenfundes aus dem Neandertal. Fast 16 Jahre war es her, dass Steinbrucharbeiter jenes rätselhafte Skelett gefunden hatten, das seit anderthalb Jahrzehnten von der Fachwelt diskutiert wurde. Mal mehr, mal weniger wissenschaftlich.

Er empfand Bitterkeit, als er daran dachte, dass er an dieser Diskussion nicht beteiligt war. Jedenfalls nicht direkt. Fuhlrott hatte ihm zu keiner Zeit, trotz wiederholter Anfragen, den Fund zugänglich gemacht. Dabei war er einer der renommiertesten Wissenschaftler Europas! Mit welchem Recht hatte man ihm die Beteiligung an der internationalen Diskussion um den Fund verwehrt?

Der Zug lief fauchend und stampfend in den kleinen Bahnhof von Elberfeld ein, die wenigen Menschen auf dem Bahnsteig wichen vor dem wuchtigen Stahlkoloss zurück, Dampf umhüllte sie; das Gefährt kam mit Kreischen und einem unangenehmen Ruck zum Stehen.

Virchow schaute erneut auf seine Uhr und beruhigte sich mit der Tatsache, dass ihm mindestens drei Stunden Zeit verblieben. Er stieg aus; sein Gepäck würde im Frachtwagen allein nach Berlin weiterreisen. Für seine Mission benötigte er kein Gepäck.

Als er vom Bahnhof in den Ort ging, fröstelte es ihn. Einige Wolken hatten sich drohend zusammengezogen und verstellten den Sonnenstrahlen den Weg in die ohnehin engen Gassen des Ortes. Die Menschen ringsherum gingen ihren täglichen Beschäftigungen nach, kaum jemand nahm Notiz von ihm. Ein älterer Herr grüßte flüchtig im Vorübergehen.

Kinder spielten auf der Straße. Er sah sofort, dass einige von ihnen nicht gut ernährt waren. Zorn stieg in ihm auf. Es waren nicht die ersten Kinder auf seiner Reise, denen er bereits ohne nähere Untersuchung eine schlechte Gesundheit und mangelnde Konstitution diagnostizieren konnte.

An Mitteln fehlte es dem Land wahrhaftig nicht – eher an Interesse! Aber es gab ja nun mit dem neuen Parlament ein Forum, das für alle Teile des Landes verbindliche Entscheidungen treffen konnte. Und er gehörte diesem Parlament an. Niemand, auch Herr Bismarck nicht, würde ihm zu diesen Missständen das Wort verbieten können.

An seinem Ziel angekommen, hielt er kurz inne. „Dr. Fuhlrott" stand auf dem Emaille-Schild an der Tür. Er atmete tief durch und läutete; nach wenigen Augenblicken hörte man im Flur eine Person die Treppe herabsteigen. Die Türe wurde geöffnet, eine attraktive Frau mittleren Alters stand vor ihm. Die umgebundene Küchenschürze verriet, dass sie nicht auf Besuch eingestellt war. „Frau Fuhlrott, nehme ich an? Darf ich mich kurz vorstellen: Mein Name ist Rudolf Virchow, Virchow aus Berlin. Entschuldigen Sie vielmals, dass ich ohne jegliche Avisierung hier erscheine. Aber die Umstellung einiger Termine ermöglichte es mir, kurz vor meiner Heimreise noch Ihren Mann zu besuchen. Obwohl, so muss ich Ihnen gestehen, ich auch ihn noch nicht informieren konnte."

„Herr Virchow? Nein, mein Vater hat nicht erwähnt, dass Sie nach Elberfeld kommen wollten. Er ist seit zwei Tagen in Bonn und kehrt heute abend erst spät zurück."

„Oh, das wusste ich leider nicht", log Virchow leicht gequält und fühlte sich schlecht dabei.

„Nun, dann werde ich wohl versuchen, den nächsten Zug zu bekommen und weiterfahren. Es tut mir leid. Es wäre schön gewesen, Ihren Vater sprechen zu können. Aber bitte grüßen Sie ihn zumindest von mir, wenn er heimkommt."

„Es tut mir leid, dass Sie vergeblich angereist sind. Darf ich Ihnen wenigstens eine Tasse Tee anbieten?" Virchow gab vor zu überlegen; nachdenklich schaute er auf seine Uhr. Er wog seinen Oberkörper hin und her; schließlich willigte er aber doch ein. „Aber nur, liebe Frau Fuhlrott, wenn es Ihnen wirklich nicht ungelegen kommt."

„Keineswegs, das ist ja wohl das Mindeste", entgegnete sie lächelnd und bat ihn mit einer Handbewegung herein.

In der guten Stube angekommen, nahm er Platz und schaute sich um. Aus der Küche klang das Klappern von Geschirr herüber und kündete von der Zubereitung des Tees.

Hinter der Glasscheibe des aufwendig mit Schnitzwerk verzierten Eichenschrankes schräg gegenüber dem Fenster lagen einige Knochen – das sah er sofort! Er erhob sich aus dem Sessel, näherte sich dem Schrank und betrachtete die Funde: Der Zahn eines Mammuts lag dort, ein Stück einer mächtigen Rippe, einige Pferdezähne und ein kleines Rentiergeweih. Die Zettel, die den Funden anhafteten, waren sorgfältig mit schwarzer Tusche beschriftet: „Mammuth, Neanderthal. März 1868 von Herrn Beckershoff" stand auf einem der Zettel.

„Ach ja, Sie können solchen Dingen ja auch etwas abgewinnen." Virchows Gastgeberin hatte gerade mit einem Teetablett den Raum betreten. „Da müssten Sie erst einmal die Studierstube meines Vaters sehen. Das reinste Gebeinhaus."

Beide setzten sich, sie schenkte den Tee ein: „Zucker?" „Ja, bitte. Zwei Stücke. Sagen Sie, bewahrt Ihr Vater den Neandertal-Fund noch immer hier auf?" fragte Virchow, und überspielte einen Anflug von Verlegenheit mit deutlich hörbarem Umrühren seines Tees.

„Ja, natürlich. Herr Dr. Schaaffhausen hatte ihn, soviel ich weiß, im letzten Jahr für einige Untersuchungen ausgeliehen. Aber für gewöhnlich ist er hier. Sie wissen, dass es verschiedene Kaufangebote gab?"

Virchow nickte. Er hatte davon gehört. Man konnte über Fuhlrott denken, was man wollte, aber das musste man ihm lassen: Er war den gut dotierten Angeboten ausländischer Museen nicht erlegen, so dass der Neandertal-Mensch, anders als zum Beispiel der in Solnhofen gefundene Urvogel *Archaeopteryx*, noch im Lande war.

„Herr Dr. Schaaffhausen hat angeregt, das Fundstück beizeiten dem Museum der Rheinprovinz in Bonn zu übereignen. Wie denken Sie darüber, Herr Dr. Virchow?" fragte sie.

Virchow überlegte nur einen Moment; der Fund hätte sich durchaus gut in seine anatomische Sammlung eingefügt. Aber die Vermittlung Schaaffhausens zu unterlaufen, hätte nur wieder Ärger bedeutet. Also schwieg er still. Außerdem stand die Entscheidung hierüber nicht an: Fuhlrott würde sich zu Lebzeiten niemals von dem Fund trennen und damit die Auswahl derer, die das Skelett sehen durften, in andere Hände legen. Es war sein „Paläander“, und das ließ er andere gelegentlich recht deutlich spüren.

„Sagen Sie, Frau Fuhlrott, ob es wohl möglich ist, einen kurzen Blick auf die Gebeine aus dem Neandertal zu werfen? Ich weiß, es ist ungünstig, aber ich hatte ehrlich gesagt gehofft, Ihren Vater hier zu treffen, um ihn persönlich bitten zu können. Und nun ist er nicht da.“

Virchow zögerte kurz, ehe er fortfuhr: „Aber ich bin nun einmal hier, ich meine ... ich muss heute wieder abreisen. Vielleicht gibt es in den nächsten Jahren keine Gelegenheit mehr, ich meine ...“. Er hörte sich selbst wie aus der Ferne reden und kam sich vor wie ein Pennäler, mit seinem unschicklichen Begehr. Peinlich. Er fühlte sich überführt, ja ertappt, und wäre trotz seiner 50 Jahre fast errötet. „Idiotisch“, dachte er.

Frau Fuhlrott sah ihn an und lächelte milde. „Ich weiß nicht, ob meinem Vater das recht wäre“, sagte sie und trank ihre Tasse aus.

„Bitte entschuldigen Sie, aber es ist so wichtig für mich. Der Kongress der Anthropologischen Gesellschaft steht an, und ich kann nicht umhin, endlich zu diesem Fund Stellung zu beziehen. Es kann so nicht weitergehen!“ Es bildeten sich kleine Schweißperlen auf seiner Stirn.

„Eine halbe Stunde, ich bitte Sie. Ihr Vater verfügt nun seit 16 Jahren über diese Knochen; Herr Schaaffhausen arbeitet seit ebendieser Zeit immer wieder daran. Was kann es schaden, wenn auch ich sie eine halbe Stunde lang anschaue? Ich übernehme die volle Verantwortung, schieben Sie alles auf meine Unverschämtheit, aber ich bitte Sie!“ flehte er sie an.

Ein freundlicher, fast mitfühlender Blick streifte ihn; sie stand auf, ging aus der Stube und kam nach wenigen Minuten mit einer Holzkiste zurück. Diese stellte sie auf dem Tisch ab.

Sein Puls beschleunigte sich, als er den Deckel öffnete. Dezent knöpfte er seine Jacke auf.

Zuoberst lag ein großer Zettel, auf dem stand, wiederum in sauberer, schwarzer Tinte geschrieben: „Skelet aus dem Neanderthal bei Erkrath, Steinbruch Beckershoff-Pieper. Kleinere der Feldhofer Grotten, im August 1856. Geschenk F.W. Pieper, Hochdahl."

Darunter befand sich ein Bogen Papier mit einer Skizze des Neandertals und einem Querschnitt desselben, in den die Grotte eingezeichnet war. Die Skizze trug den Vermerk „Zeichnung Ch. Lyell nach meinen Angaben". Auf einem weiteren Bogen war das genaue Funddatum vermerkt, weiterhin die Namen der Steinbrucharbeiter, der Ablauf des Geschehens nach der Entdeckung, die Übergabe des Skelettes durch Pieper und einige Beobachtungen, die Fuhlrott selbst noch vor Ort hatte tätigen können. Außerdem stand dort: „Gypsabguss der Calotte an Dr. Lyell aushändigen." Dahinter ein Haken, der mit der Akribie des Oberlehrers, der er war, Vollzug vermeldete.

Beigefügt war auch das Vernehmungsprotokoll der beiden Steinbrucharbeiter, unterzeichnet durch Fuhlrott und den Advokaten Dr. Meisenburg aus Elberfeld.

Virchow hatte nie verstanden, wieso die beiden Arbeiter erst zwei Jahre nach Auffindung des Neandertal-Menschen im Beisein eines Rechtsanwaltes vernommen worden waren. Hatte Fuhlrott wirklich erwartet, von den einfachen und sicherlich verängstigten Arbeitern eine ehrliche Aussage zu erhalten, was die Lage und den ursprünglichen Umfang des Fundmateriales anging?

Aber deswegen war er heute nicht hier. Er legte die Bögen beiseite und nahm Knochen für Knochen aus der Kiste, wickelte sie aus ihrer Papierhülle und legte sie auf dem Tisch aus. Frau Fuhlrott sah aus dem Hintergrund schweigend dabei zu. Er drehte die Stücke hin und her, betrachtete sie eingehend und nahm gelegentlich ein Vergrößerungsglas zu Hilfe, um sich verschiedene Partien genauer anzusehen. Es war völlig still im Hause Fuhlrott.

Notizen machte Virchow keine, die Situation war ihm ohnehin peinlich genug. Frau Fuhlrott auch noch um Papier und Feder zu bitten, das ließ sein Schamgefühl nicht zu. Aber es ging auch so.

Er sah alles das, was er aufgrund anderer Beschreibungen und späterer Betrachtung von Gipskopien vermutet hatte: Verletzungen und Krankheiten hatten diesen Menschen in einer solchen Weise geplagt, dass seine Gestalt davon auf das Tragischste und Massivste beeinflusst worden war. Virchow war gänzlich in Gedanken versunken, nahm seine Umgebung nicht mehr wahr.

Für ihn war es ganz und gar auszuschließen, dass dieser Mensch als Angehöriger eines Volkes von frühen, rohen Wilden hatte überleben können, so wie Fuhlrott und Schaaffhausen es annahmen. Wer konnte behaupten, dieser arme Mensch habe vor mehr als einigen hundert oder tausend Jahren gelebt? Er jedenfalls würde sich der Meinung der Herren Fuhlrott und Schaaffhausen nicht anschließen können.

Der Fall war für ihn klar: Die Abweichungen am Neandertaler-Skelett waren krankheitsbedingt, und nicht von anderer Natur! Die beiden Herren hatten ihm den Fund lange genug vorenthalten. Nun hatte er endlich eigene Kenntnis davon, um ihren Thesen entgegentreten zu können.

Fuhlrott war Lehrer und Naturforscher, Schaaffhausen Anatom; was Krankheiten, zumal schwere, an einem menschlichen Körper anzurichten vermochten, dazu hätten sie besser beizeiten ihn konsultiert, als sich mit haltlosen Thesen an die Öffentlichkeit zu wagen. Er war zufrieden. Spontan freundete er sich mit der Idee an, diese Befunde einem größeren Kreis von Interessierten in einer seiner beliebten Sonntagsvorlesungen in Berlin vorzustellen. Strömten doch zu diesen Veranstaltungen vielerlei Besucher aller Arten und Akademien.

Bedächtig wickelte er die Knochen wieder ein und verstaute sie vorsichtig in der Kiste. Die Notizen Fuhlrotts legte er obenauf. Als er die Kiste an Fuhlrotts Tochter zurückgab, sagte er mit leiser Stimme: „Danke. Sie haben mir sehr geholfen. Vielen herzlichen Dank.“

Der restliche in seiner Tasse verbliebene Tee war inzwischen erkaltet; er beschloss, sich sofort auf den Weg zu machen. Nicht, dass Fuhlrott früher als erwartet nach Hause käme – ihn schauderte.

Mit der nochmaligen Versicherung, er werde alles auf sich nehmen, verabschiedete er sich von seiner Gastgeberin. Ein flüchtiges Lächeln, er senkte den Blick und ging schnellen Schrittes die Straße hinunter. Er drehte sich nicht mehr um.

Außer Sichtweite des Hauses blieb er stehen und atmete tief durch. Langsam fiel das Gefühl, etwas Unrechtes getan zu haben, von ihm ab. Sich mit Bismarck zu streiten, das ist das Eine; aber ein solches Husarenstück: die Abwesenheit Fuhlrotts auszunutzen, um seine Tochter zu bedrängen, zu überreden, ihm den Fund vorzulegen. Vor nicht allzu langer Zeit waren ob ähnlicher Dinge noch Ehrenhändel ausgetragen worden.

Am Bahnhof angelangt, musste er feststellen, dass an diesem Tag kein Zug mehr nach Osten fuhr. „Fuhlrott kommt heute zurück, und ich bin noch im Ort", jagte es ihm durch den Kopf.

Schließlich entschloss er sich auf Anraten des Stationsvorstehers, in einem kleinen Gasthof zu übernachten. Nachdem er gegessen hatte, ließ er sich Feder, Tintenfässchen, Papier und einen großen Krug Bier auf sein Zimmer bringen. Während er seine Beobachtungen und Gedanken niederschrieb, fiel die Anspannung des Tages gänzlich von ihm ab. Dabei tat das braune, würzige Bier, welches der Wirt erst gestern frisch aus Düsseldorf hatte liefern lassen, ein Übriges.

Wie geschildert, gelang es Virchow erst 16 Jahre nach der Entdeckung, den Neandertaler im Original zu untersuchen. Dieser Umstand mag seine Einstellung gegenüber Fuhlrott und Schaaffhausen sowie deren Interpretation des Fundes negativ beeinflusst haben.

Tatsache ist jedoch, dass Virchow am Skelett des Neandertalers zu Recht eine Reihe krankheitsbedingter Veränderungen diagnostizierte und dass das in der Art der Bergung begründete

Fehlen von Schichtdokumentationen und Beifunden einer Einstufung in die „Rennthierzeit", oder gar in die noch ältere „Mammuthzeit", natürlich abträglich war. Virchow, der selbst Höhlengrabungen durchführte, bestätigte für die im benachbarten Sauerland gelegene Balver Höhle die Anwesenheit des Menschen in der „Rennthierzeit"; die Koexistenz von Mammut und Mensch scheute er sich jedoch anzuerkennen:

> »Jedenfalls muss ich in Betreff der Balver Höhle meine Ueberzeugung dahin aussprechen, dass, wenn nicht noch ganz besondere Stellen entdeckt werden, die Existenz des Menschen mit Sicherheit nur bis zur Rennthierzeit zurückgeführt werden kann.«[50]

Wie nah Rudolf Virchow am Nachweis der Gleichzeitigkeit von Mammut und Mensch war, lässt sich ebenfalls aus seiner Publikation zu den westfälischen Knochenhöhlen erschließen, in der er ein offensichtlich bearbeitetes Kieselschieferstück beschreibt, das er unter einem Mammutstoßzahn fand, ohne in letzter Konsequenz die entsprechenden Schlüsse zu ziehen:

> »Auch fand ich in der Mitte dieser Schicht, unter einem grossen Stosszahn vom Mammuth, einen glatten, scharfkantigen Kieselschiefer, dessen Kanten allerlei Ausbuchtungen, wie Schlagmarken, darboten.«[51]

Die Ablehnung des Neandertalfundes als Beleg für eine fossile Menschenart durch Virchow mag aus den geschilderten Gründen heraus durchaus nachvollziehbar sein. Doch sein Beharren auf dieser Anschauung führte aufgrund seiner Autorität zu einer erheblichen Behinderung der deutschen Anthropologie in dieser Frage.

2. Der Neandertaler bekommt Konkurrenz

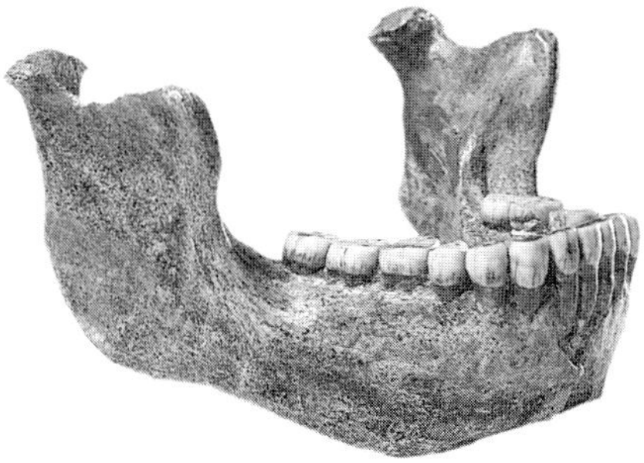

Weitere Neandertalerfunde

Seit Fuhlrotts Tod im Jahre 1877 befinden sich die berühmten, viel diskutierten Skelettreste des Neandertalers im Rheinischen Landesmuseum Bonn. Das damalige Provinzialmuseum erwarb sie auf Vermittlung Schaaffhausens, um so einen Verkauf ins Ausland, den Fuhlrott stets abgelehnt hatte, zu verhindern. Es ist das Verdienst Hermann Schaaffhausens[52], die Diskussion um den Neandertalerfund in Deutschland gemeinsam mit einigen wenigen Mitstreitern gegen die übermächtige Autorität Virchows in Gang gehalten zu haben. Dies geschah durch Publikationen und Kongressvorträge, aber auch durch einen intensiven Gedankenaustausch mit ausländischen Kollegen sowie Fossilstudien, deren Ergebnisse in seine Betrachtungen einflossen.

Schon 1829/30 hatte Philippe Charles Schmerling in der Höhle von Engis bei Lüttich (Liège) in Belgien menschliche Skelettreste entdeckt.[53] Diese fielen jedoch zunächst dem Vergessen anheim, sprach sich doch der berühmte Cuvier noch persönlich gegen das hohe Alter der Funde aus. Nach der Entdeckung im Neandertal zog man den Erwachsenenschädel von Engis aber in verschiedenen Publikationen zum Vergleich heran[54] und stellte Abweichungen zum Neandertal-Schädel heraus. Wie wir heute wissen, handelt es sich bei dem Fund von Engis nicht um den Schädel eines Neandertalers, sondern um den eines Menschen der jüngeren Altsteinzeit, der bei seiner Bestattung in die neandertalerzeitliche Schicht eingetieft wurde. Mit dem ebenfalls in der Höhle entdeckten Kinderschädel hatte man – ohne es wissen zu können – einen Blick in die Kinderstube der Neandertaler getan. Denn deren typische Merkmale bilden sich erst im Verlauf des Wachstums heraus; außerdem lagen damals noch keine Vergleichsfunde vor.

Der Schädel eines weiteren Erwachsenen war vor 1848 in Gibraltar zutage gekommen.[55] Er fand jedoch noch weniger Beachtung als die Engis-Funde und verschwand in der Versenkung (Farbtafel 6). Durch einen lokalen Forscher wiederentdeckt und 1863 an den Londoner Zoologen George Busk geschickt, geriet der Fund aus Forbes' Quarry wieder in das Blickfeld der Forschung. Busk hatte zwei Jahre zuvor Schaaffhausens Arbeit über die ältesten Rassenschädel ins Englische übersetzt und dürfte sofort die Bedeutung der Sendung erkannt haben; eine entsprechende Publikation erschien bereits 1864. Auch Schaaffhausen sah hier eine Parallele zum Neandertal-Fund, eine Einstufung, die nach wie vor aktuell ist.

1888 erschien die bis dahin umfangreichste Arbeit zum Neandertaler Urmenschenfund, in der Schaaffhausen seine gesammelten Erkenntnisse und Erfahrungen aus den ersten drei Jahrzehnten Neandertalerforschung zu Papier brachte.

Hermann Schaaffhausen stand am geöffneten Fenster und sog die angenehm kühle Luft tief ein. Endlich hatte ein heftiges Gewitter die schier unerträgliche Hitze, die auch nach Sonnenuntergang kaum weichen wollte, gebrochen. Er atmete nochmals tief ein, entspannte sich etwas und hoffte, dass er nun auch seine Arbeit voranbringen würde. Im Verlauf der beiden letzten, extrem schwülen Tage hatte er kaum einen klaren Gedanken fassen können.

Er ging zurück an seinen durch zwei Lampen gut ausgeleuchteten Schreibtisch und warf einen Blick auf das Deckblatt seines noch nicht vollendeten Manuskripts. „Der Neanderthaler Fund. Von H. Schaaffhausen." So weit, so gut. Der Schriftzug setzte sich jedoch, gleich einer Drohung, fort: „Der Deutschen Anthropologischen Gesellschaft zu ihrer XIX. Allgemeinen Versammlung in Bonn gewidmet." Dies bedeutete, dass sein Werk bis zur Versammlung der Gesellschaft gedruckt sein musste. So hatte er sich, wie schon oft in den letzten Wochen, entschlossen, die wohltuende Ruhe der späten Stunde zu nutzen.

Auch der Vorsitz des geplanten Kongresses, den er sich hatte antragen lassen, verschärfte den entstandenen Zeitdruck nicht unerheblich. Er wischte mit einer unwilligen Handbewegung den soeben gelesenen Brief mit dem Vorschlag eines Kollegen beiseite. „Eine Dampferfahrt auf dem Rhein für die Kongressteilnehmer", murmelte er, „als hätte ich keine anderen Sorgen." Die Organisation des Kongresses war jedoch nur die Spitze des Eisberges; insgesamt fühlte er sich seit einigen Jahren zunehmend in seiner Arbeitskraft ausgebeutet.

30 Jahre lang hatte er Anträge auf Ernennung zum ordentlichen Professor geschrieben, bevor er dieses offenbar hoffnungslose Unterfangen auch in Anbetracht seiner mittlerweile 71 Lenze eingestellt hatte. An seinen Leistungen konnte es nicht gelegen haben, denn er war seit langem ein international anerkannter Fachmann, dem die Studenten in Scharen zuströmten.

Sowohl die Universität als auch der Staat hatten des öfteren Geldmangel vorgeschoben. „Eine beliebte Ausrede einem Kollegen gegenüber, von dem man genau weiß, dass er um der Sache willen die Arbeit auch ohne angemessene Entlohnung weiterführt", dachte er.

Da seine Familie materiell abgesichert war, spielte die Bezahlung für ihn allerdings keine allzu große Rolle. Es war stets sein Ziel gewesen, mit einer ordentlichen Professur auch ein Stimmrecht in der Fakultät zu erhalten. Nur so hätte er seine reichen Erfahrungen zum Wohle der Anthropologie in die Sitzungen der Fakultät einbringen können, was für das Fach auch einen Vorteil im Dialog mit den zuständigen Stellen des preußischen Staates bedeutet hätte. Aber vielleicht lag gerade hier das Problem. Vielleicht wollte der Staat keinen Fürsprecher für die Belange einer Wissenschaft, die noch in den Anfängen steckte und die man wahrscheinlich schlicht für nutzlos hielt. Weiterhin war er sich sicher, dass seine Beurteilung des Neandertal-Fundes als Rest eines urtümlichen Menschen ihm nicht nur unter den Wissenschaftlern eine Reihe von Gegnern eingebracht hatte. Er zuckte mit den Schultern. Immerhin war im letzten Jahr an der Universität München der erste ordentliche Lehrstuhl für Anthropologie eingerichtet worden – 30 Jahre nach der Entdeckung des Neandertalers. Er war sich absolut sicher, dass bald weitere Universitäten diesem Beispiel folgen würden.

Er wandte sich wieder seiner Arbeit zu. Auf dem Tisch waren Gipsabgüsse, Fotografien und Zeichnungen einiger Skelettreste ausgebreitet, die er für sein Buch noch berücksichtigen wollte. Eine der durch das Licht angelockten Motten geriet in die Flamme einer Lampe und verbrannte. Er schüttelte bedauernd den Kopf; während er sich mit der Entwicklungsgeschichte der Lebewesen auseinandergesetzt hatte, war seine Achtung auch vor einfachen Lebewesen ständig gestiegen. Er verscheuchte einige der Insekten von den Tischlampen, griff zur Feder und führte sein Manuskript fort.

»Ein neuester Fund von grosser Wichtigkeit, der als eine Bestätigung meiner Erklärung der Neanderthaler Gebeine angesehen werden kann, ist der zweier menschlicher Skelete vom Typus des Neanderthalers in der Höhle von Bèche aux Roches bei Spy in Belgien. Dieser Fund ist darum besonders werthvoll, weil die Gesichtstheile der Schädel vorhanden sind, die dem Neanderthaler fehlen und weil die Gliedmaassen in ähnlicher Weise von der normalen Gestalt abweichen als bei diesem. Ich habe mit Bewilligung des Herrn Lohest, des Besitzers dieser menschlichen Reste am 4. und 5. Mai dieses Jahres dieselben im Laboratorium des Herrn Professor Fraipont noch einmal einer aufmerksamen Prüfung unterzogen und vermag der eingehenden Beschreibung des Herren Fraipont nur Weniges hinzuzufügen.«

Er lehnte sich zurück und atmete tief durch. Die Funde von Spy waren tatsächlich in jeder Hinsicht der Beweis für die Annahme, dass der Fund aus dem Neandertal einer urtümlichen Menschenform angehörte. Er bedauerte, dass dieser Beleg für Fuhlrott neun Jahre zu spät kam. Die Feder huschte weiter. Routiniert brachte er anatomische Details zu Papier, um schließlich wieder abzusetzen und inne zu halten. Er überlegte kurz und schrieb dann mit genüsslichem Lächeln weiter:

»Die im Juni 1886 gefundenen Menschenreste von Spy lagen in der untersten knochenführenden Schicht der Terrasse vor dem Eingang der Höhle 14,50 m über dem Flussbett der L'Orneau mit Knochen vom Rhinoceros, Pferd, Hirsch, Renn, Bär, Hyäne und Mammuth, und mit fein gearbeiteten Feuersteinmessern zusammen.«

Er legte die Feder beiseite und stellte für sich fest, dass insbesondere die mit den Skeletten gefundenen Reste ausgestorbener Tiere und die Steingeräte den entscheidenden Unterschied zum Neandertal-Fund ausmachten. Er fragte sich, wie die Diskussion der letzten Jahrzehnte verlaufen wäre, hätte Fuhlrott ebensolche Beifunde aufzuweisen gehabt.

Die Turmuhr der nahen Kirche schlug drei viertel drei. Er beschloss, sein Werk morgen weiterzuführen, zog eine Schublade auf und nahm ein Blatt Papier heraus. Darauf standen einige als Schlussbemerkung vorgesehene Sätze, die er schon vor Monaten geschrieben hatte, gewissermaßen als End- und Zielpunkt, auf den es hinzuarbeiten galt. Wieder und wieder hatte er sie kritisch gelesen, da sie durchaus nicht nur ein Schlusswort zum Neandertal-Fund darstellten.

»Mit diesem Funde ist das fehlende Glied zwischen Mensch und Thier noch nicht gefunden. Immer bleibt noch eine Lücke, welche die Zukunft ausfüllen wird. Was der menschliche Geist in der Betrachtung der Natur mit Folgerichtigkeit erkannt hat, dafür wird der thatsächliche Beleg nicht ausbleiben. Nur in dieser Richtung ist die anthropologische Wissenschaft in den letzten 50 Jahren fortgeschritten.«

Er legte das Blatt in die Schublade zurück und lächelte wieder. Sein Schlusswort würde er nicht mehr ändern.

Rekonstruktionszeichnung des Neandertalers vom Maler Philippart nach Angaben von H. Schaaffhausen.

Schaaffhausen veröffentlichte in seinem Werk auch eine Rekonstruktionszeichnung des *Homo neanderthalensis*, die man auf der Basis der Funde aus dem Neandertal und von Spy (Farbtafel 7) hergestellt hatte. Die stark vorspringende Mund-Nasen-Partie erscheint uns nach heutigem Verständnis zwar etwas überbetont, doch fußt diese Darstellung immerhin auf wissenschaftlichen Arbeiten

Zeitgenössische Darstellung eines Neandertalers von Muston.

an den wenigen damals bekannten Skelettresten von Neandertalern.

Ohne anthropologischen Hintergrund entstanden andere Bilder des Urmenschen, wie zum Beispiel die 1887 erschienene Lithographie von Muston. Diese ist bezeichnend für die romantisch verklärte Sichtweise vom „edlen, mit der Natur in Einklang lebenden Wilden“, die zu dieser Zeit auch auf den Urmenschen Anwendung fand. 1901 erschienen die Arbeiten von Gustav Schwalbe aus Straßburg und Hermann Klaatsch aus Heidelberg, in denen herausgestellt wurde, dass die Funde aus dem Neandertal und von Spy aus der Variationsbreite des modernen Menschen herausfallen. Damit waren die Forschungen Schaaffhausens bestätigt, die Auffassung Virchows hingegen endgültig widerlegt.[56]

Die Treppe schien kein Ende zu nehmen. Der junge Student rannte, häufiger Stufen überspringend, hinauf, um wenigstens noch einen Teil des Vortrages mitzubekommen. Er verfluchte sich dafür, dass er sich so lange in der Stadt hatte aufhalten lassen, denn die heutige Veranstaltung wollte er sich keinesfalls entgehen lassen. Virchow würde sich dort zu den Arbeiten von Schwalbe und Klaatsch äußern. An einer der Türen hing ein Anschlag: „XXXII. Versammlung der deutschen Anthropologischen Gesellschaft – 5. bis 9. August 1901". Er stellte erleichtert fest, dass wenigstens die Tür zum Vortragssaal sich ohne Quietschen öffnen ließ. Das hätte ihm noch gefehlt.

Der Saal war überfüllt, so dass ihm nur ein Stehplatz an der Tür blieb. »... Betrachtung ist nicht ganz ohne, um mich ber-

linisch auszudrücken. Die bisherige Methode, auch die eigentlich anthropologische Schädel- und Skeletlehre zu studieren, war meistenteils auf einzelne Exemplare gestützt; aus einem Exemplare konstruierte man oft genug die ganze Rasse. Was zunächst mich veranlaßt hat, das hier vorzubringen, ist ein Buch, das Herr Schwalbe vor kurzer Zeit publiziert hat, betitelt: Der Neanderthaler-Schädel: Herr Schwalbe hatte nicht die Absicht, bloß den einen bekannten Neanderthaler Schädel zu betrachten, sondern er wollte die Neanderthaler Rasse darstellen. Wie schon Schaaffhausen seiner Zeit getan hatte, betrachtet auch er diesen Schädel als Maßstab für alle anderen Schädel, welche etwa in der Zeit, wo der Neanderthaler Mensch gelebt haben konnte, vorhanden waren, und er deduzierte daraus die besondere Art, wie der Mensch überhaupt in jener Zeit ausgesehen habe. Das ist auch die herkömmliche Methode für die meisten populären Bücher über die Geschichte des Menschengeschlechtes: es wird der Neanderthaler vorangeschicket, als wäre er gewissermaßen der Adam der wissenschaftlichen Welt. Die korrekteren Anatomen sind nach und nach auf eine Zahl ähnlicher Schädel gestoßen, die weder aus der selben Gegend herstammen, also keine Landsleute sind, noch aus der gleichen Zeit, die also zweifellos anderen Regionen angehörten, und zum Beispiel in die neuere Zeit hineinreichen. Unsere jungen Anatomen, die immer eine grosse Tendenz für das Griechische haben, haben daraus die Neanderthaloiden gemacht, also die dem Neanderthaler ähnlichen anderen Schädel. Daraus ist allmählich eine ganze Kolonie geworden; verschiedene Museen besitzen Exemplare davon. Ich werde die Ehre haben, Ihnen nachher auch einen ausgezeichneten Neanderthaloiden vorzuführen, der zweifellos erst der neueren Geschichte angehört, an dem Sie aber sehen können, wie gewisse Merkmale sich im Volke erhalten. Stellt man fest, daß Formen, wie sie der Neanderthaler Mann geboten hat, auch noch in der Gegenwart existieren, daß eine Rasse, die seiner Zeit am Niederrhein vorausgesetzt wurde ...«
Schmerzhaft bohrte sich die Türklinke in seinen Rücken. Er

trat beiseite und ließ einen Kommilitonen eintreten, der sich kurz für den Rempler entschuldigte. „Ist er schon lange dran?" flüsterte der Neuankömmling. Ein anderer Student schüttelte den Kopf und bat um Ruhe. »... weiterhin die Notwendigkeit, eine detaillierte Untersuchung über die einzelnen Verhältnisse des Neanderthalers zu machen, und ich glaube, ich war der erste, der diese Untersuchung etwas vertieft hat. Ich war in der glücklichen Lage, eines guten Tages die Reste des Neanderthalers, die heute auf unserem Tische grossentheils vereinigt sind, noch in dem Hause des ursprünglichen Entdeckers, des Herrn Fuhlrott in Elberfeld zu sehen. Dieser machte ein großes Geheimnis aus den Originalstücken. Was man erhalten konnte, war ein Abguß des Schädels, den Schaaffhausen hatte herstellen lassen, aber das Übrige wurde sequestrirt. Es gab eine gewisse Periode, wo man gar nicht an die Originalstücke herankommen konnte. In dieser Periode befand ich mich eines Tages in Elberfeld und kam auf den naheliegenden Gedanken, ob es nicht möglich sein sollte, an die Knochen selbst zu kommen. Es stellte sich glücklicherweise heraus, daß Fuhlrott eine kleine Reise gemacht hatte, daß aber seine Frau* zu Hause war; diese war so liebenswürdig auf mein Flehen einzugehen und die gesammten Knochen mir vorzulegen. Das ...« Aus dem Raunen im Saal war nun ein Stimmengewirr geworden; viele der Zuhörer lachten, man hörte Zwischenrufe wie „Rosenkavalier" oder „unerhört". Nachdem der Versammlungsleiter die Ordnung halbwegs wieder hergestellt hatte, wurde der Vortrag fortgesetzt. Da sich die Unruhe in den hinteren, von Studenten besetzten Reihen hartnäckig hielt, konnte der junge Mann nur Fragmente verstehen. Immerhin bekam er so mit, dass Virchow heftige Kritik daran übte, dass aus dem Neandertal-Fund gleich eine eigene Rasse konstruiert worden sei. Als wieder Ruhe eingekehrt war, folgte er den teils recht weit abschweifenden Ausführungen des Redners mit gemischtem Interesse. Er war erstaunt über die geistige Frische und Aus-

* Offensichtlich erinnerte sich Virchow hier falsch, denn Fuhlrotts Frau war zum Zeitpunkt des Zusammentreffens bereits über 20 Jahre tot.

druckskraft, mit der der Achtzigjährige seine Anschauungen vortrug und musste sich eingestehen, dass er Rudolf Virchow bewunderte.

Plötzlich nahm dessen Stimme an Lautstärke und Schärfe zu. »Nun gibt es einige andere Punkte – ich will das nur kurz berühren – wo Herr Schwalbe mir einen besonderen Vorwurf macht, der mich umsomehr trifft, da es sich um ein Gebiet handelt, das mir gehört und nicht ihm: er ist kein Patholog, und ich bestreite seine Berechtigung, mir entgegen zu treten auf einem Gebiete, das ich vollkommen beherrschen zu können glaube. Auch ...« Die weiteren Ausführungen versanken wieder im aufgeregten Gemurmel der hinteren Reihen. Er ärgerte sich erneut über sich selbst, dass er durch seine Verspätung keinen guten Platz mehr bekommen hatte. Der Vortragende referierte über krankhafte Veränderungen an den Knochen des Neandertalers und beharrte darauf, dass dieser nicht als Musterexemplar für eine ganze Periode angesehen werden könne.

Virchow kam schließlich auf die Funde von Spy zu sprechen und betonte, dass sie ziemlich alt wären und wahrscheinlich in dieselbe Periode hineinreichten wie der Neandertaler und dass eine Ähnlichkeit der Überaugenwülste des Neandertal-Fundes und der Schädel von Spy bestünde.

Der Student horchte auf. Bewegte Virchow sich langsam auf das Lager derer zu, die Neandertal und Spy in einer Rasse zusammenfassten? Seine Hoffnungen schwanden dahin, als der Redner begann, den Vergleich mit friesischen Schädeln viel geringeren Alters zu ziehen und schließlich fortfuhr »... Ich denke, damit werden Sie einen ersten Anhalt haben, um zu begreifen, warum ich eine sehr in's Einzelne gehende Feststellung der Eigenschaften verlange und fordere, dass man nicht aus individuellen Verhältnissen weitgreifende welterschütternde Konsequenzen ziehen möge. Ich halte das alles für verfrüht. Wenn ich zum Beispiel die Schädel von Spy sehe, so muß ich auch fragen, ob da nicht auch noch friesische Einflüsse bestanden ...« Er hörte nicht weiter zu. Virchow würde wohl niemals eingestehen, dass Fuhlrott und Schaaffhausen Recht gehabt hatten.[57]

Der Neandertaler als ältester Urahn des Menschen wird abgelöst

Gegen Ende des 19. Jahrhunderts verschob sich durch aufsehenerregende Funde anderer Urmenschen der Fokus der Forschungen ein Stück weit vom Neandertaler weg. Einer, der schon früh einen noch älteren fossilen Vorfahren als Zwischenglied zwischen Menschenaffe und anatomisch modernem Menschen postulierte, war der deutsche Zoologe Ernst Haeckel.

Im Sommer 1860, während Thomas Henry Huxley gegen den Bischof von Oxford, Samuel Wilberforce, Position bezog und das Werk von Charles Darwin *Über die Entstehung der Arten* verteidigt hatte, war der junge Haeckel gerade von einer Forschungsreise aus Italien heimgekehrt.[58] Ein Jahr nach dem Erscheinen dieses aufsehenerregenden Buches bekam er nun die deutsche Übersetzung in die Hände. Und er war begeistert:

> »... [hat es] wieder und immer wieder gelesen, und bei jeder neuen Durchsicht eröffneten sich neue überraschende Einsichten und Fernsichten.«[59]

„Entwicklung" war für Haeckel das Schlüsselwort, durch das viele Rätsel zu lösen sein sollten. Es wurde ihm daher zur Passion, die Arbeit von Charles Darwin zu unterstützen, die vorgegebenen Thesen mit Begeisterung zu hinterfragen und weiterzuentwickeln.

In seiner 1862 publizierten Arbeit *Die Radiolarien* bekannte sich Haeckel ausdrücklich zu Darwin und im folgenden Wintersemester hielt der soeben zum Professor für Zoologie Berufene eine Vorlesung „Über die Darwinsche Theorie von der Verwandtschaft der Organismen". In dieser Veranstaltung beschrieb er die Abstammung des Menschen vom Affen als eine aus Darwins Arbeiten abzuleitende Folgerung. Auf der 1863 abgehaltenen 38. Versammlung deutscher Naturforscher und Ärzte bekannte er:

> »Was uns Menschen selbst betrifft, so hätten wir also consequenter Weise, als die höchst organisirten Wirbelthiere, unsere uralten gemeinsamen Vorfahren in affenähnlichen Säugethieren, weiterhin in känguruhartigen Beutelthieren, noch weiter hinauf in der sogenannten Secundärperiode in eidechsenartigen Reptilien, und endlich in noch früherer Zeit, in der Primärperiode, in niedrig organisirten Fischen zu suchen.«[60]

Haeckel erarbeitete einen genealogischen Stammbaum, in welchem er kühn die Primaten in die Ahnenreihe des Menschen stellte. 1868 veröffentlichte er diese Thesen in seinem Werk *Natürliche Schöpfungsgeschichte.* Das Buch brachte ihm vereinzelt begeisterte Zustimmung, später auch Erfolg und Ruhm, zu Lebzeiten aber vor allem Hass und Neid, Verleumdung und Verfolgung ein.[61]

Ernst Haeckel erwies sich als Visionär, als er ein Bindeglied zwischen dem Menschen und dem Menschenaffen forderte – den Affenmenschen *Pithecanthropus.* Dieser sollte zwar schon aufrecht gegangen sein und die Hände für allerlei Verrichtungen frei gehabt haben, doch fehlte ihm noch

> »das eigentlich charakteristische Merkmal des echten Menschen, die artikulirte menschliche Wortsprache und die damit verbundene bewußte Begriffsbildung«.[62]

Dieser *Pithecanthropus alalus*, der sprachlose Affenmensch, sollte am Übergang vom Tertiär zum Quartär gelebt haben, und das, so Haeckel, im südlichen Asien, in einem untergegangenen Kontinent „Lemurien“. Er postulierte dies, obwohl bis dahin kein einziger Fund als Beleg vorlag. Einzig der von ihm konzipierte „Stammbaum der Primaten“ ließ ihn auf die Existenz eines solchen Bindegliedes schließen. 1868 gab es noch keinerlei Beweise für Haeckels Forderung, und doch meldete man 1894, kurz nach seinem sechzigsten Geburtstag, den Fund von Gebeinen „seines“ *Pithecanthropus* aus dem fernen Asien, die nur wenige Jahre zuvor auf Java entdeckt worden waren.

Der „Affenmensch" von Java

Rudolf Virchow war zwar der Auffassung, dass keinerlei Beweis für die Abstammung des Menschen vom Affen vorliege, doch gab er 1869 zu bedenken:

> »Ist damit die Frage erledigt? Für die Naturforscher sicherlich nicht. Große Gebiete der Erde sind in Beziehung auf ihre fossilen Schätze noch gänzlich unbekannt. Dahin gehören gerade die Heimathsgegenden der Menschenaffen: das tropische Afrika, Borneo und die benachbarten Inseln sind noch vollständig unerforscht. Eine einzige neue Entdeckung kann den ganzen Stand der Frage ändern.«[63]

Diese Worte erreichten auch den niederländischen Forscher Eugène Dubois, der von der Idee, den fossilen Affenmenschen in Asien zu suchen, begeistert war. Nicht zuletzt die Arbeiten von Ernst Haeckel, besonders seine *Schöpfungsgeschichte* bestärkten Dubois, dieses Unterfangen zu wagen.

Er gab seine akademische Laufbahn auf, um sich 1887 als Militärarzt in Niederländisch-Indien, dem heutigen Indonesien, zu verpflichten. Dieses Engagement mag einem Außenstehenden unverständlich und riskant erscheinen: Dubois setzte ohne Not seine Existenz für ein Vorhaben aufs Spiel, das die Suche nach einer Nadel im Heuhaufen als ein erfolgversprechendes Unterfangen erscheinen ließ. Doch er ging diesen Weg, glaubte an den Erfolg und – fand 1891 auf Java zahlreiche fossilisierte Knochen und Zähne.

Dubois begann seine Untersuchungen auf Java an einer scheinbar aussichtslosen Stelle im Tal des Solo-Flusses bei Trinil. Hier waren im Umkreis von vielen tausend Kilometern noch niemals fossile Urmenschenreste gefunden worden. Er fing an auf dem linken Ufer des tief eingeschnittenen Flusses zu graben und entdeckte während seines mehrjährigen Forschungsvorhabens im Oktober 1891 ein Schädeldach und zwei Zähne[64] sowie im August des darauffolgenden Jahres den linken Oberschenkel eines Hominiden. Er nannte ihn 1894 ganz bewusst *Pithecanthropus erectus*, „aufrechtgehender Affenmensch",[65] gab ihm also den Namen, den Ernst Haeckel bereits ein Vierteljahrhundert zuvor geprägt hatte. Der von Haeckel postulierte „Affenmensch“ war nunmehr gefunden. So zögerte Dubois denn auch nicht, Ernst Haeckel in einem Schreiben unverzüglich zu danken:

> »Ich möchte Ihnen aber sagen, wie glücklich ich auch bin, damit einigermaßen meinen Dank zollen zu können für den Einfluß, den Sie, namentlich durch Ihre *Schöpfungsgeschichte*, auf meine ganze Lebensrichtung ausgeübt haben.«[66]

Im Jahre 1895 verließ Dubois Java. In Europa war die Kritik an seinen Funden massiv, und er kämpfte verbissen um die Anerkennung dieser Fossilien. Rudolf Virchow sah das Schädeldach nicht als menschlich an. Jedoch stufte er den Oberschenkelknochen aufgrund einer diagnostizierten Wucherung so ein:

> »Die Länge des Leidens, die Schwere desselben und die trotzdem erfolgte Heilung zeigen deutlich an, daß das Individuum während einer geraumen Zeit keine größeren Bewegungen ausgeführt haben kann. Bei einem Menschen würde man sagen können, daß er lange krank gelegen und eine gute Pflege genossen haben müsse. Dieselbe Deutung auf einen Affen anzuwenden, liegt etwas fern. Ich muß daher anerkennen, daß dieser pathologische Zustand stark für die Annahme spricht, daß dieser Knochen einem Menschen angehört habe.«[67]

Dubois fand aber unter Fachkollegen auch Zustimmung, etwa in den Arbeiten von Gustav Schwalbe. Auch Klaatsch unterstützte die Thesen Dubois‘ und reiste sogar nach Trinil, um die Befundlage zu untersuchen. Trotz dieser Unterstützung war Dubois jedoch enttäuscht und so verzweifelt, dass er seine Menschenreste der Fachwelt vorenthielt. Doch noch zu Lebzeiten des Forschers, in den zwanziger und dreißiger Jahren des 20. Jahrhunderts, wurden seine Ergebnisse durch fossile Menschenreste aus China und Java bestätigt. Später entdeckte man weitere Individuen des *Pithecanthropus erectus* am Ufer des Solo-Flusses bei Trinil. Doch Dubois sollte nie mehr nach Java zurückkehren. Er wandte aber der Wissenschaft keinesfalls den Rücken zu, wie man bisweilen geschrieben hat, sondern beschäftigte sich intensiv mit der Gehirnentwicklung bei Affen und Menschen und hielt weiterhin daran fest, dass sein *Pithecanthropus* das fehlende Zwischenglied darstellte.[68]

Eine kuriose Episode der Paläoanthropologie ereignete sich in England als Folge der Java-Funde. Da die neuen Fossilfunde zu jener Zeit zunehmend Asien als Zentrum der Menschwerdung wahrscheinlich machten, das wissenschaftliche Weltbild aber von europäischen Gelehrten geprägt war, hatten die Entdecker asiatischer Hominidenreste mit erheblichen Ressentiments zu rechnen. Dieses Selbstverständnis der europäischen Forschergemeinde und das Bedürfnis, Europa beziehungsweise England als Ort der Menschwerdung zu bestätigen, bilden den Hintergrund für einen Täuschungsversuch: Zwischen 1909 und 1913 hatte man in einer Kiesgrube bei Piltdown angeblich „Fossilreste" entdeckt, bei denen es sich in Wirklichkeit aber um eine Fälschung handelte, die aus dem wenige hundert Jahre alten Schädel eines Menschen und dem Unterkiefer eines Orang-Utans regelrecht zusammengebastelt war. Dieser sogenannte Piltdown-Mensch, auf alt getrimmt und künstlich patiniert, hätte von jedem Anthropologiestudenten als Fälschung erkannt werden müssen. Da jedoch die größten Anatomen Englands den Fund als Weltsensation verteidigten, wurde dieses unsägliche „Fossil" noch lange diskutiert. Das Stück passte nur allzu gut in die Vorstellungswelt der Gelehrten um den englischen Anthropologen Arthur Keith, die eine sehr viel frühere Existenz einer dem modernen *Homo sapiens* ähnlichen Menschenform in Europa vermuteten. Der Piltdown-Fund „bekräftigte" schließlich die Annahme, dass der Neandertaler, damals eines der wenigen unumstrittenen Fossilien, nicht mehr als direkter Vorfahre des modernen Menschen gelten könne: Er war jünger als Piltdown, aber wesentlich primitiver. Der Schwindel um den Piltdown-Schädel flog erst 1953 auf.[69] Neu entwickelte Datierungsmethoden, wie zum Beispiel die Fluor- oder die ^{14}C-Methode, brachten nun das wahre Alter solcher „Fundstücke" ans Licht.

Der holländische Paläoanthropologe Ralph von Koenigswald setzte die Arbeiten auf Java 1936 fort. Er entdeckte die Hominidenreste bei Sangiran und den fragmentarisch erhaltenen Kinderschädel von Modjokerto. Umfangreiches weiteres Hominidenmaterial wurde vor allem in den dreißiger und vierziger Jahren geborgen. Die Funde, die rund 1,8 bis 1,7 Millionen Jahre alt sind, zählt man heute zur Gattung *Homo* und ordnet sie der Art *Homo erectus* zu. Es handelt sich hierbei vermutlich um Nachfahren des afrikanischen *Homo rudolfensis*, die vor etwa zwei Millionen Jahren erstmals den afrikanischen Kontinent verlassen hatten. Von der Insel Java gibt es inzwischen zahlreiche Reste, meist Schädel- oder Kieferfragmente, von insgesamt mehr als 40 Individuen des *Homo erectus*.[70]

Mit den Java-Funden von Dubois 1891/92 lagen also erstmals Hominidenreste vor, die offensichtlich wesentlich älter waren als die der Neandertaler. Es zeichnete sich damit am Ende des 19. Jahrhunderts immer deutlicher ab, dass der Ursprung des Menschen weiter zurück lag, als dies bislang angenommen wurde. Ort der frühen Menschwerdung, so war die Lehrmeinung des späten 19. Jahrhunderts, war Asien. Inzwischen nahm die Anhängerschaft der Evolutionsvertreter Darwin, Huxley und Haeckel deutlich an Zahl zu.

Eigentlich wollten wir heute nach Zürich gefahren sein, um den rechten Humerus von 1856 datieren zu lassen. Der Neandertaler befindet sich aber zur Zeit in einer Ausstellung im Fuhlrott-Museum in Elberfeld, geschützt hinter einer dicken, mit Silikon eingeklebten Plexiglasscheibe. Und da wir netterweise nicht die ganze Ausstellung auseinandernehmen möchten, warten wir, bis sie zu Ende geht.

Dieser heiße Juli 1999 hat es in sich, und ich bin eigentlich ganz froh, dass wir nicht im überhitzten VW-Bus auf der Autobahn hängen. So nutze ich die Zeit, indem ich recherchiere und an unserem Buch weiterschreibe. Es ist schon erstaunlich – ich habe gestern noch mit Ralf darüber gesprochen –, dass am Anfang der Paläoanthropologie ganze Gedankengebäude auf einigen wenigen, meist schlecht datierten Knochen gründeten. Dies war empirische Arbeit mit unermesslichem Deutungsspielraum. Und nur ein einziger weiterer Fund, wie Virchow das richtig formulierte, genügte, um das Weltbild auf den Kopf zu stellen. Ich bin mir ziemlich sicher, dass auch heute unser Bild von der Entstehung der Arten, besonders was die menschheitsgeschicht-

liche Übergabe des Staffelholzes vom Neandertaler zum modernen Menschen betrifft, noch sehr unsicher ist.

Gut, es gab damals sehr wenig fossile Menschenreste; das war die eine Seite der Medaille. Man darf aber auch nicht übersehen, dass das beharrliche Ablehnen einiger missliebiger Ergebnisse durch Forschungsgrößen wie Virchow – und da war seine Position im Räderwerk der Wissenschaft durchaus ambivalent – letztlich den Fortschritt der Wissenschaft hemmte. Das hatte System, und ganz ähnliche Mechanismen greifen auch heute noch. Wenn man als junger Wissenschaftler nicht das Establishment bedient und das ruhige Fahrwasser des Mainstream verlässt, dann wird es schwer, im Fach Fuß zu fassen. Ralf und ich kennen das aus eigener Erfahrung.

Aber jetzt will ich mich dem Bumüller von 1914 zuwenden; sein Buch „Die Urzeit des Menschen“ *dürfte – neben Schoetensacks Erstveröffentlichung von 1908 – aufschlussreiches Material zum Unterkiefer von Mauer bringen. Dieser Fund war ja damals schon einige Jahre diskutiert worden.* *(JT)*

Der Heidelberger Urmensch

1907 erregte der Fund eines Unterkiefers aus einer Kiesgrube in Mauer bei Heidelberg unter den Paläoanthropologen und Urgeschichtlern erhebliches Aufsehen. Galten die Menschenreste von Java bisher als die ältesten der Welt, so stellte der Fund von Mauer den vorläufig ältesten Hominiden Europas dar.

Am 21. Oktober 1907 entdeckte der Sandgräber Daniel Hartmann in den zur industriellen Nutzung aufgegrabenen alten Neckarschottern etwa zehn Kilometer südöstlich von Heidelberg einen kräftigen Unterkiefer mit vollständiger Bezahnung (Farbtafel 8). Das Fossil lag in der Sandgrube Rösch im Gewann Grafenrain bei Mauer an der Elsenz 25 Meter tief in einer Sandschicht.

Der Privatgelehrte und spätere Professor für Paläontologie, Mineralogie und Anatomie, Otto Schoetensack aus Heidelberg, besuchte seit 1887 regelmäßig die Sandgruben der Region, um dort Wirbeltierfossilien und menschliche Knochenreste zu suchen. Seine Aufmerksamkeit galt vor allem der Sandgrube Grafenrain bei Mauer, die seit 1877 in Betrieb war. Er wurde durch den Grubenpächter Josef Rösch unterstützt, so dass er die Sandarbeiter instruieren konnte, wie solche Fossilien aussehen; sie wussten also ganz genau, worauf sie achten mussten. So verwundert es auch nicht, dass im Oktober 1907 Daniel Hartmann nach der Entdeckung des Unterkiefers sofort begeistert herumerzählte, er habe den „Adam“ gefunden. Und dies, noch bevor der Gelehrte Schoetensack überhaupt eine Begutachtung vorgenommen hatte. Doch sollte Hartmann, dem später für seine Entdeckung ein Denkmal gesetzt wurde, recht behalten: Er hatte den Unterkiefer eines frühen Ahnen des heutigen Menschen gefunden, was Schoetensack nach der Untersuchung des Fundes sofort bestätigte.[71]

Über das Alter des Fundes wurde nun trefflich gestritten. Schoetensack selber vermutete, dass ein pliozänes Alter für diesen Hominiden wahrscheinlich sei,[72] doch hatte man zu dieser Zeit keine genaue Vorstellung, wann das Eiszeitalter das Pliozän abgelöst hatte (wir datieren das Pliozän heute auf etwa 5 bis 2,4 Millionen Jahre vor heute).

Bumüller beschrieb 1914, dass die Humusschicht, welche etwa „4 000 Jahre alte metallzeitliche Kulturreste“ einschloss, 40 Zentimeter maß. Daraus folgerten er und andere Fachkollegen damals, dass zehn Zentimeter Sediment in circa 1 000 Jahren abgelagert worden waren; das jungpaläolithische Magdalénien datierte er so auf rund 20 000 Jahre. Die Schätzungen für das Alter der frühesten Hominiden waren sehr vage, und daher drückte sich Bumüller auch sehr umständlich und heute kaum mehr nachvollziehbar aus:

> »Somit ergäbe sich ein Zeitraum von ungefähr 9–11 000 Jahren, der seit Beginn des dortigen Magdalénien verflossen wäre. Diese Zahl kann aber ebensogut noch um etliche Jahrtausende niedriger sein. Natürlich ist dann der wahrscheinlich postglaziale Mensch des Aurignacien, des Solutréen und des älteren Magdalénien noch bedeutend älter und für den Menschen des letzten Interglazials muß ein vielfach höheres Alter angenommen werden. Um dieses in Zahlen annähernd auszudrücken, fehlt uns vorerst jeder positive Anhaltspunkt.«[73]

Jedenfalls sprach die Fauna im Bereich der Fundstelle aus den untersten Schichten der Röschschen Grube für ein relativ hohes Alter. Die Vergesellschaftung von Löwe, Hirsch, Reh, Pferd, Bär, Elch, Nashorn und Alt-Elefant wies auf klimatisch gemäßigte Verhältnisse hin, wie sie in den Zwischeneiszeiten (Interglazialen) vorherrschten. Bumüller vermutete, dass die vorgefundene Fauna eine Datierung des Unterkiefers in das Pliozän nicht zulasse:

> »Da die Mauerer Sande etwas jünger zu sein scheinen ..., so dürfte man auch hier am besten an mitteldiluviales Alter denken und den Homo heidelbergensis vorerst und provisorisch in das zweite Interglazial (Mindel-Riß-Interglazial) verweisen. Vielleicht rücken ihn spätere Funde noch in das erste, das Günz-Mindel-Interglazial hinauf.«[74]

1909 nahmen die Geologen Albrecht Penck und Eduard Brückner eine Einteilung der alpinen Vergletscherungen vor. Die älteste war die Günz-Eiszeit, darauf folgten die Mindel-, die Riß- und die Würm-Vereisung. Zwischen diesen vier längerfristigen Eiszeiten (Glazialen) lagen die kurzen Warmzeiten oder Interglaziale: Günz-Mindel-Warmzeit, Mindel-Riß-Warmzeit und Riß-Würm-Warmzeit. Zur Frage, welchen Zeitraum diese Abfolge von Kalt- und Warmzeiten umfasste, äußerten sich Penck und Brückner sehr vorsichtig. Man nahm damals für das Diluvium ein Alter von etwa 600 000 Jahren an. Den Unterkiefer von Mauer datiert man heute auf ein Alter von etwa 650 000 Jahren.

Schoetensack nannte 1908 den soeben entdeckten Menschen von Mauer *Homo heidelbergensis*. Heute wird er zur Spezies *Homo erectus* gezählt, doch nutzen einige Kollegen wiederum die Bezeichnung *Homo heidelbergensis*, um die Form vor allem vom asiatischen *Homo erectus* abzugrenzen.

In den Jahren 1924 bis 1932 sammelte Karl Friedrich Hormuth in der Grube Rösch 29 Hornsteinartefakte auf. Drei dieser Stücke stammten nach Hormuths Beschreibung direkt aus der Hauptfundschicht des *Homo heidelbergensis*. Die Sammlung, die er dem damaligen Zeughaus-Museum Mannheim vermachte, wird nach neueren Untersuchungen um ein Trümmerstück aus Hornstein ergänzt, das Schoetensack selber 1910 in der Unterkiefer-Fundschicht entdeckt hatte. Die Funde betrachtet man inzwischen als authentische Artefakte des *Homo heidelbergensis*, da sowohl die braun patinierten Artefakte als auch der Unterkiefer kaum Abrollspuren aufweisen. Es dürfte sich bei dieser Fundstelle ehemals um einen ufernahen Siedlungsplatz gehandelt haben, der nach der Abwanderung der Menschen kaum verlagert und mit einer feinkörnigen Sandschicht bedeckt wurde. Nur so ist der gute Erhaltungszustand des Unterkiefers und der Artefakte zu erklären.

Es ist interessant sich bewusst zu machen, in welchen zeitlichen Dimensionen man am Anfang des 20. Jahrhunderts gedacht hat. Die Datierung einer metallzeitlichen Schicht aufgrund der Mächtigkeit (10 Zentimeter = 1 000 Jahre) wirkt heute sehr hilflos. Aber man besaß zu jener Zeit noch keinerlei naturwissenschaftliche Datierungsverfahren. Die ^{14}C-Methode wurde erst 1947 von Williard Frank Libby und seinen Kollegen entwickelt, die dafür 1960 den Nobelpreis für Physik erhielten.

Man hatte damals keine Vorstellung davon, in welchen Zeiträumen sich die menschliche Evolution wirklich vollzogen hatte. Eine Kaltzeit umfasst nach unseren heutigen Erkenntnissen etwa 100 000 Jahre, eine Warmzeit zwischen 10 000 und 20 000 Jahren. Das gesamte Eiszeitalter (Quartär) hatte über 40 größere Klimaschwankungen und dauert seit mehr als 2 Millionen Jahren an. Dauert an? – Ja, richtig: Auch wir leben im Quartär, in einem Interglazial, das innerhalb eines aus geologischer Sicht überschaubaren Zeitraumes von etwa 5 000 Jahren, vielleicht aber auch eher, von einer weiteren Kaltzeit abgelöst werden könnte.

Auch das Herkunftsgebiet des Menschen war am Anfang des 20. Jahrhunderts noch unbekannt, oder, genauer gesagt, die Vermutung über den Ursprungsort der „Schöpfung“ war falsch: Man wähnte ihn in Asien, wo Ende des 19. Jahrhunderts die bis dahin ältesten Hominiden gefunden worden waren. Wie schon gesagt: Ein einziger neuer Fund konnte eine Theorie zum Einsturz bringen. Und so sollte sich bald schon die Blickrichtung von Asien als Ursprungsregion der Menschwerdung fortbewegen – Richtung Afrika!

Der Kinderschädel von Taung

Nach den bisherigen Höhepunkten – Neandertal 1856 und Java 1891/92 – führt uns die Forschungsgeschichte der Paläoanthropologie nun also nach Afrika, genauer gesagt nach Südafrika. Hier, an der University of Witwatersrand in Johannesburg, arbeitete und forschte der Anatom Raymond Arthur Dart. Im Jahre 1924 legte eine Studentin dem jungen Professor den fossilen Schädel eines „Pavians" vor. Dies war für Dart der erste und faszinierende Beweis für das Vorhandensein fossiler Affen im südlichen Afrika. Sofort besuchte er den Fundort in einem Kalksteinbruch in Buxton südwestlich von Taung in Betschuanaland. Der Geologe Robert Burns Young begleitete ihn. Dart schrieb später in *Cultural Status of the South African Man-Apes*:

> »In Buxton angekommen, erfuhr Professor Young, daß in der letzten Woche ein Bergarbeiter, M. de Bruyn, eine Anzahl fossilhaltiger Gesteinsstücke hereingebracht hatte, die in der vorhergehenden Woche ausgesprengt worden waren. Als sie nach Johannesburg kamen, fand ich unter ihnen den trefflich vollständigen Abguß des Inneren eines Schädels. Dieser Gehirnabguß war so groß wie derjenige eines starken Gorillas; und glücklicherweise paßte er am Vorderende an ein anderes Gesteinsstück, aus dem allmählich das vollständige Gesichtsskelett eines nur etwa fünf oder sechs Jahre alten Kindes zum Vorschein kam, welches erstaunlich menschlich aussah. Es war das erste Mal, daß jemand das Vorrecht genoß, von einem der ausgestorbenen affenähnlichen Verwandten des Menschen das vollständige Gesicht zu sehen und den ganzen Kopf genau zu rekonstruieren. Das Gehirn war so groß und das Gesicht so menschlich, daß ich überzeugt war, daß hier in der Tat einer unserer frühen Vorfahren vorlag, der auf dem afrikanischen Kontinent gelebt hatte; und da er den südlichen Teil von Afrika als sein Heimatland gewählt hatte, nannte ich ihn *Australopithecus africanus*, das heißt der südafrikanische Affe.«[75]

Den Bericht über diesen außergewöhnlichen Fund, der bei Sprengarbeiten in einer Höhle ans Tageslicht befördert worden war, veröffentlichte Dart 1925; nach heutigen Erkenntnissen ist der *Australopithecus africanus* etwa zwei Millionen Jahre alt. Dart

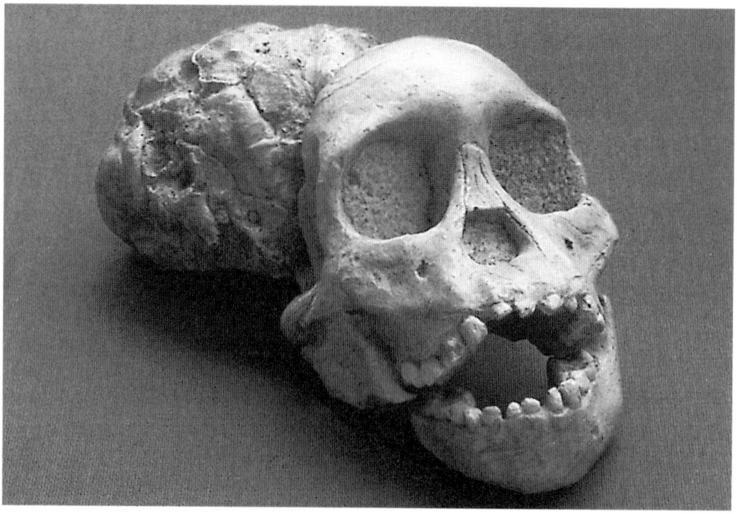

Der Kinderschädel von Taung.

stellte ihn genealogisch zwischen die noch heute lebenden Menschenaffen und den modernen Menschen; dabei überwog bei seinem Südaffen das Äffische gegenüber dem Menschlichen noch deutlich.

Erste Reaktionen auf den Fund vernahm man alsbald von den Britischen Inseln: Der Anthropologe Sir Arthur Keith gestand dem *Australopithecus* zwar zu, dass er Licht auf die Entwicklungsgeschichte der Menschenaffen werfen werde, nicht aber auf die des Menschen, da sei er sich sicher. Ähnlich äußerte sich 1936 der Tübinger Anthropologe Wilhelm Gieseler:

> »Der *Australopithecus* ist weder ein Mensch noch gehört er in die menschliche Vorfahrenreihe unmittelbar herein.«[76]

So widerfuhr nun Raymond Dart das, was innovativen Forschern bisweilen geschieht – seine Thesen wurden auf das Heftigste bekämpft.

Der Arzt und Paläontologe Robert Broom verteidigte hingegen begeistert den *Australopithecus* als *missing link*, als ein Bindeglied zwischen den höheren Affen und den niedersten Menschen. Um dies zu beweisen, machte er sich als fast Siebzigjähriger auf und entdeckte so wichtige Hominidenfundstellen wie Sterkfontein, Kromdrai oder Swartkrans. Südafrika wurde nun allmählich mit anderen Augen gesehen. Könnte vielleicht dort, in dieser für Mitteleuropäer so befremdlichen Welt, die Menschwerdung stattgefunden haben? Trotz aller anfänglichen Skepsis rückte Südafrika für etwa 30 Jahre in den Blickpunkt der Anthropologie.

Man nimmt heute an, dass die „Wiege der Menschheit" in Afrika gelegen haben muss. Es ist unwahrscheinlich, dass neue Forschungsergebnisse diese Theorie noch einmal umstürzen werden. (Bei der dünnen Überlieferungsdichte an Fossilien weiß man allerdings nie – also Vorsicht mit voreiligen Schlüssen!) Was die späteren Entwicklungsschritte von *Homo rudolfensis* über *Homo erectus/Homo heidelbergensis* bis zu den Neandertalern und den anatomisch modernen Menschen betrifft, ist die Einhelligkeit unter den Kollegen deutlich weniger ausgeprägt.

Nachdem in der ersten Hälfte des 20. Jahrhunderts im südlichen Afrika aufsehenerregende Vormenschenfunde gemacht wurden, trat in der zweiten das östliche Afrika an dessen Stelle: Hier liegen berühmte Fundorte wie die von Louis und Mary Leakey erforschte legendäre Olduvai-Schlucht, wo man unter anderem 1959 den „Nussknacker-Menschen" *Australopithecus boisei* entdeckte; 1960 fanden sich in der gleichen Schicht (*Bed I*; 1,8–1,9 Millionen Jahre alt) zusammen mit Steinwerkzeugen Reste des ältesten Mitglieds der Gattung *Homo*, des *Homo habilis*. Einige Fachleute, wie zum Beispiel Friedemann Schrenk, vermuten heute allerdings, dass *Homo habilis* zu den späten *Australopithecinen* gehörte, während der gleichzeitig lebende *Homo rudolfensis* unser eigentlicher Vorfahre war.[77] Friedemann Schrenk ist übrigens der einzige deutsche Paläoanthropologe, der Forschungen in Afrika (Malawi) betreibt.

Doch sind solche Deutungen als vorläufige Einschätzungen anzusehen – sowohl die Paläoanthropologie als auch die Urgeschichtsforschung sind empirische Wissenschaften: Altes Wissen wird korrigiert, ergänzt oder verworfen, neues Wissen entsteht, um auch wiederum kritisch hinterfragt zu werden. Der Forschungsstand, ein *Status quo* der Summe der Erkenntnisse, ist immer endlich – die Weiterentwicklung gewiss!

Welche Fundplätze müssten wir in unserem kurzen Rückblick noch erwähnen? Nun – sehr berühmt wurde die von Donald Johanson und Yves Coppens 1974 in Hadar, Äthiopien, entdeckte „Lucy“, ein *Australopithecus afarensis* mit einem Alter von etwa drei Millionen Jahren. Johanson und Maitland Edey beschreiben im Prolog ihres Buches *Lucy* die Aufregung, die im Lager nach der Entdeckung herrschte, und wie es zur Namensgebung kam.[78]

»Die Erregung im Lager war sehr groß. In der ersten Nacht nach der Entdeckung gingen wir nicht zu Bett. Wir redeten unaufhörlich und tranken ein Bier nach dem anderen. Wir hatten ein Tonbandgerät im Lager und dazu ein Band von den Beatles – mit dem Song *Lucy in the Sky with Diamonds.* Wir ließen dieses Band immer wieder mit voller Lautstärke ablaufen. Irgendwann an diesem unvergeßlichen Abend – ich kann mich an den genauen Zeitpunkt nicht mehr erinnern – gaben wir dem Skelett den Namen Lucy, und seither heißt es so.«

1979 gelang es Mary Leakey, in Laetoli in Tanzania zahlreiche Fußabdrücke von *Australopithecus afarensis* aufzuspüren, die 3,6 Millionen Jahre alt sind. Die nächste Leakey-Generation setzte die Tradition fort. Die Arbeitsgebiete des Sohnes von Mary und Louis Leakey, Richard, und seiner Frau Meave lagen am östlichen und später am westlichen Ufer des Turkanasees, wo Meave Leakey heute noch erfolgreich forscht; Richard Leakey engagierte sich inzwischen für den Umwelt- und Naturschutz Ostafrikas.

So könnte man immer weiter erzählen. Aber unser Buch handelt nicht von der menschheitsgeschichtlichen Entwicklung insgesamt, sondern von den Neandertalern und den Anfängen der anthropologischen und urgeschichtlichen Forschung im 19. und 20. Jahrhundert. Und diesen Weg wollen wir jetzt gemeinsam noch einmal zurückgehen in das Jahr 1926; wir kehren Afrika den Rücken und wenden uns erneut nach Asien, dem chinesischen Choukoutien zu.

Der „Pekingmensch" von Choukoutien

Im Hang der Westberge über Choukoutien 45 Kilometer südwestlich von Peking hatten schon seit langer Zeit immer wieder Menschen nach fossilen Knochen gegraben, um diese dann an Apotheken und Drogerien zu verkaufen. Dort wurden die Knochen in Mörsern zerstoßen und das Pulver zu allerlei Wundermitteln weiterverarbeitet; vor allem der chinesische Mann glaubte an die potenzsteigernde Wirkung der „Drachenknochen". Zu deren Verarbeitung und Anwendung gab es in China bereits im fünften Jahrhundert nach Christus genaue Rezepte. Man versprach sich heilende Wirkung gegen Ruhr, Gallensteine, Fieber, Paralyse, Frauenkrankheiten, Malaria, Lebererkrankungen, ja sogar gegen »Unrast des Herzens und seelische Unruhe«.[79]

Deshalb suchten die Paläontologen in China zunächst einmal gezielt in Apotheken nach Fossilien. Der deutsche Naturforscher Karl Haberer war einer der ersten, der solche Fossilien bei Händlern in verschiedenen chinesischen Städten ankaufte. Unter diesen Knochen, so wurde berichtet,[80] fand sich ein Zahn, von dem man zunächst nicht wusste, ob er einem Affen oder einem Menschen gehört hatte. Es sollte 23 Jahre dauern, bis man die Bedeutung des Zahnes erkannte.

Im Jahre 1918 wurde der schwedische Geologe J. G. Andersson nach Choukoutien gelockt, weil man auf einem Hügel, den man „Hühnerknochenhügel" nannte, zahlreiche Fossilien gefunden hatte. Diese lagen in einer mit Lehm gefüllten Spalte eines Kalkfelsens, den die Ortsbewohner nach und nach abtrugen, um den Kalkstein zu brennen und in Kalk umzuwandeln. In der Lehmfüllung, die beim Abbau des Felsens stehengelassen wurde, lagen besonders viele Vogelknochen. Andersson, der von der besonderen Bedeutung der Fossilienfundstelle überzeugt war, kehrte 1921 mit dem österreichischen Paläontologen Otto Zdansky dorthin zurück. Auch dessen amerikanischen Fachkollegen W. Granger konnte er dafür gewinnen, an den Ausgrabungen in Choukoutien teilzunehmen. Die drei Männer waren kaum an der Fundstätte angekommen, als sie von einem Ortskundigen angesprochen wurden. Es habe keinen Sinn, hier noch länger zu bleiben. Aber nicht weit entfernt sei ein Platz, wo sie viel größere und bessere

Drachenknochen sammeln könnten. Da die Forscher dem Mann glaubten, packten sie ihre ganze Ausrüstung zusammen, um dem Tippgeber zu einem aufgelassenen Steinbruch zu folgen. Er zeigte ihnen in einer senkrecht aufragenden Wand eine waagerechte, mit Schutt und Lehm gefüllte, etwa mannshohe Spalte. An einer Stelle, wo die Kluft senkrecht nach unten abfiel, sollte sich die fossilreiche Schicht befinden. Tatsächlich entdeckten sie in sehr kurzer Zeit Reste von Schweinen, Hirschen, Flusspferden, Hyänen und Bären. Dies war für die Erforscher Choukoutiens Grund genug, in dieser Nacht auf den weiteren Erfolg der Expedition anzustoßen.

In der ersten Grabungskampagne 1921 fanden sie zunächst lediglich Säugetierfossilien. Die vielleicht wichtigste Entdeckung folgte erst 1926 – zwei merkwürdig menschlich anmutende Zähne. Zdansky untersuchte sie und kam zu dem Ergebnis, sie seien tatsächlich menschenartig; er wies sie zunächst dem *Homo sapiens* zu. Andersson und Zdansky waren begeistert und sahen ihre Arbeit in China bestätigt. Die ganzen Mühen hatten sich gelohnt. Davidson Black, Anatom und Arzt, publizierte den Bericht über die ihm von Andersson zur weiteren Untersuchung anvertrauten Zähne 1926 gleichzeitig im englischen Fachblatt *Nature* und im amerikanischen Wissenschaftsjournal *Science*. Sie waren zweifelsfrei hominid, schrieb er, womit erstmals der Beweis für die Existenz „primitiver" Menschen im urzeitlichen China erbracht war. Die Funde stammten nach Black aus dem Pliozän oder dem frühen Quartär, was nach damaligem Verständnis einem Alter von etwa einer Million Jahren oder etwas weniger entsprach. Heute datiert man die verschiedenen Fundschichten von Choukoutien auf ein Alter zwischen 300 000 und 600 000 Jahren.

Nun war man natürlich sehr daran interessiert, die Arbeiten möglichst intensiv fortzuführen; die Rockefeller-Stiftung übernahm die Finanzierung. Obwohl in dem Gebiet Bürgerkrieg herrschte, wurden die Grabungen unter Leitung des Geologen Li fortgesetzt; Generaldirektor des Unternehmens wurde der schwedische Paläontologe Birger Bohlin. In einer Höhle fand man 1927 einen weiteren hominiden Zahn; 1928 setzte Bohlin die Arbeiten mit den chinesischen Wissenschaftlern fort. Nun entdeckte man neben weiteren Zähnen erstmals auch Bruchstücke von hominiden Kiefern und kleinere Schädelfragmente. Einer der Ausgräber, Pei Wen Chung, stieß schließlich im Jahre 1929 in Choukoutien auf den ersten Schädel des *Sinanthropus pekinensis*. Bis 1937 grub man die Reste von mindestens 45 verschiedenen Individuen aus, darunter Teile von 14 Schädeln, 14 Unterkiefern und mehr als 150 Zähnen. Dann wurden die Arbeiten wegen der Kriegsunruhen eingestellt. Black sah den progressiven *Sinanthropus* – und nicht den *Pithecanthropus* – als Ahnen des modernen Menschen an. Fast ein Jahrzehnt lang hatte er sich mit Hingabe diesem Projekt gewidmet, als er 1934, drei Jahre vor dem Ende der Arbeiten, verstarb.

Nach seinem Tod wurde 1934 der deutsche Wissenschaftler Franz Weidenreich vom China Medical Board berufen, die Fossilien des Pekingmenschen zu untersuchen. Er nahm eine detaillierte wissenschaftliche Bestandsaufnahme und Dokumentation vor. Auch ließ er glücklicherweise von allen Fossilien Abgüsse herstellen, so dass heute seine Zeichnungen und Abgüsse das einzige sind, was von den Hominiden aus Choukoutien übrig geblieben ist. Ob die Originale überhaupt noch existieren, weiß niemand, denn die Fossilien von Choukoutien sind in den Wirren des 2. Weltkriegs verschollen.[81] Es besteht aber immer noch die vage Hoffnung, dass sie irgendwann einmal wieder auftauchen könnten.

Die jahrelangen Grabungen hatten aber nicht nur fossile Reste von Mensch und Tier erbracht; es fanden sich auch zahlreiche Gerätschaften, die vor allem aus spaltbaren Steinen – Feuerstein, Quarz, Quarzit und Kieselschiefer – hergestellt waren. Man konnte außerdem den Verzehr von Samen, Früchten und Nüssen nachweisen, deren Reste sich in Koprolithen, den versteinerten Darmausscheidungen jener frühen Menschen, erhalten hatten. Als besonders interessant erwies sich, dass die Knochen der Jagdbeute eindeutige Brandspuren trugen: Damit war erstmals auf einem derartig alten Siedlungsplatz der Gebrauch von Feuer zum Braten des Fleisches sicher nachgewiesen. In den Siedlungsschichten fand man weiterhin Lagen von Holzkohle.

Die Beherrschung des Feuers befähigte den Pekingmenschen, sich besser als je zuvor in seiner Umwelt zu behaupten, wilde Tiere auf Distanz zu halten und die Nahrung so aufzubereiten, dass sie leichter verdaulich und vor allem sehr viel schmackhafter als vorher war. Zudem war solchermaßen erhitztes Fleisch haltbarer als rohes, so dass diese Menschen es möglicherweise als Proviant aufbewahren konnten.

Der Besitz des Feuers verlieh dem *Homo erectus* Macht: Die vernichtende und verwüstende Kraft der Flammen war bei Mensch und Tier gefürchtet. Da nun der Mensch als Hüter des Feuers, als *Prometheus*, auftrat, konnte er selbstbewusster seine Lebensräume durchstreifen. Er war nunmehr in der Lage, neue Welten zu erschließen, da ihn sein Feuer schützte, wärmte und unabhängiger machte. Der *Homo erectus* besiedelte erstmals die gesamte Alte Welt; mit Faustkeil, Holzlanze und Feuer bewaffnet, war er in Afrika gleichermaßen zu Hause wie in Asien und Europa und hinterließ dort auf zahlreichen Siedlungsplätzen seine Spuren.

Wie wir im letzten Kapitel gesehen haben, trugen die Paläoanthropologen bis in die Mitte der dreißiger Jahre des 20. Jahrhunderts – also 80 Jahre nach der Entdeckung des Neandertalers – bereits ein reichhaltiges „Sortiment" an möglichen Ahnen des modernen Menschen zusammen. Neben dem Neandertaler, der damals der wohl unumstrittenste fossile Mensch war, gab es den *Homo heidelbergensis* aus Mauer, den *Pithecanthropus erectus* von der Insel Java und den *Sinanthropus pekinensis* aus dem fernen China. Die drei letzteren Formen fasst man seit längerem unter der Bezeichnung *Homo erectus* zusammen. Vermutlich war *Homo erectus* der erste Mensch, der europäischen Boden betreten hat.

Man kann sich heute noch lebhaft vorstellen, welche Unruhe mit den südafrikanischen Funden unter den Anthropologen aufkam, hatten diese Entdeckungen doch ein erheblich höheres Alter als alles bisher Dagewesene. Und noch etwas war neu: In Südafrika lebten nahezu gleichzeitig zwei verschiedene Arten – der grazile *Australopithecus africanus*, der vermutlich Allesfresser (Omnivore) war, und der grobschlächtig wirkende Pflanzenfresser *Australopithecus robustus*. In der ersten Hälfte des 20. Jahrhunderts verschwanden die Lehrmeinungen so schnell, wie sie gekommen waren. Doch allmählich sollte eine Konsolidierung stattfinden. Die Wissensbasis wurde breiter, der Erkenntniszuwachs immer größer.

Damit kommen wir allmählich in die forschungsgeschichtliche Gegenwart, in der wiederum neue Erkenntnisse auf uns warten. Das Bild, das man sich bisher vom Neandertaler gemacht hatte, wandelte sich erneut.

3. Das Bild der Neandertaler im 20. Jahrhundert

Anfang des 20. Jahrhunderts hatte man ein recht konkretes Bild vom Neandertaler gewonnen. War dieses aber richtig? Bevor wir uns weiter mit der Forschungsgeschichte befassen, wollen wir uns zuerst einmal ansehen, welche anatomischen Eigenheiten diese Menschen kennzeichneten und durch welche sich die Neandertaler von uns unterschieden.

Starke Typen

Bei den Späten oder Klassischen Neandertalern, zu denen auch der Fund von 1856 gehört, handelt es sich um eine in Europa und Westasien verbreitete Menschenform der letzten Kaltzeit. Während ihrer Entwicklungsgeschichte bildeten die Neandertaler eine Reihe typischer anatomischer Merkmale heraus. Betrachtet man das Skelett eines solchen Menschen, so fallen in erster Linie die stark vom modernen Menschen abweichenden Schädelmerkmale auf.[82] Auch ohne anatomische Kenntnisse stellt der Betrachter eine flache (fliehende) Stirn fest, die in einen langgestreckten und relativ flachen Hirnschädel übergeht. Dieser ist von hinten gesehen breit, queroval mit gewölbten Seitenwänden. In diesem Zusammenhang ist interessant, dass das Hirnschädelvolumen einen Mittelwert von etwa 1 520 Kubikzentimetern aufweist; beim heutigen Menschen sind es rund 1 400. Der Gesichtsschädel ist durch

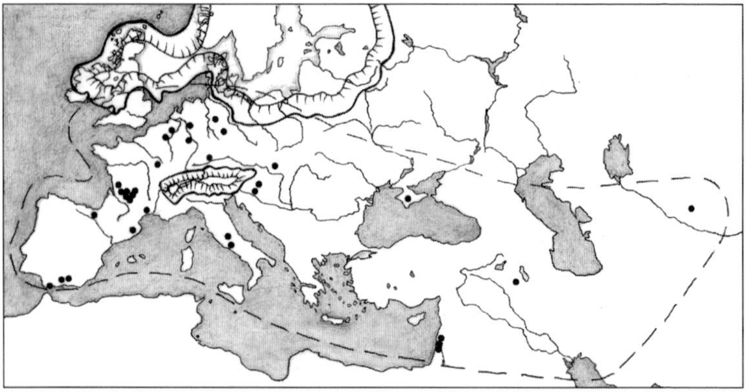

Verbreitungsgebiet der Neandertaler mit den wichtigsten Fundstätten und die maximale Vereisung Europas in der letzten Kaltzeit.

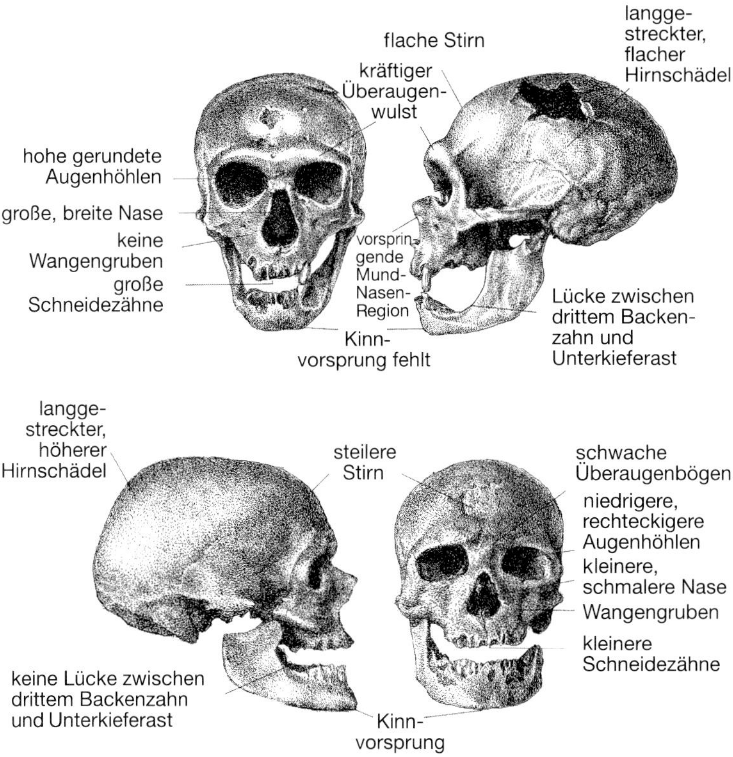

Schädel eines Neandertalers (oben) und eines anatomisch modernen Menschen im Vergleich.

große gerundete Augenhöhlen mit einem sehr kräftig ausgeprägten Überaugenwulst, eine große und breite Nasenöffnung und das Fehlen der Wangengruben gekennzeichnet, was das Gesicht der Neandertaler spitzer wirken lässt. Insgesamt springt die Mund-Nasen-Region deutlich vor. Die Schneidezähne sind größer als beim heutigen Menschen; der Unterkiefer ist vergleichsweise groß und weist eine charakteristische, bei uns nicht vorhandene (retromolare) Lücke hinter dem dritten Backenzahn auf; der Kinnvorsprung fehlt (fliehendes Kinn).

Wendet man sich dem übrigen (postcranialen) Skelett zu, so fällt auf, dass die europäischen Neandertaler bei 155 bis 165 Zentimeter Körpergröße sehr stämmig und robust wirken; deutlich stärker ausgeprägte Muskelansatzstellen auf den Knochen bele-

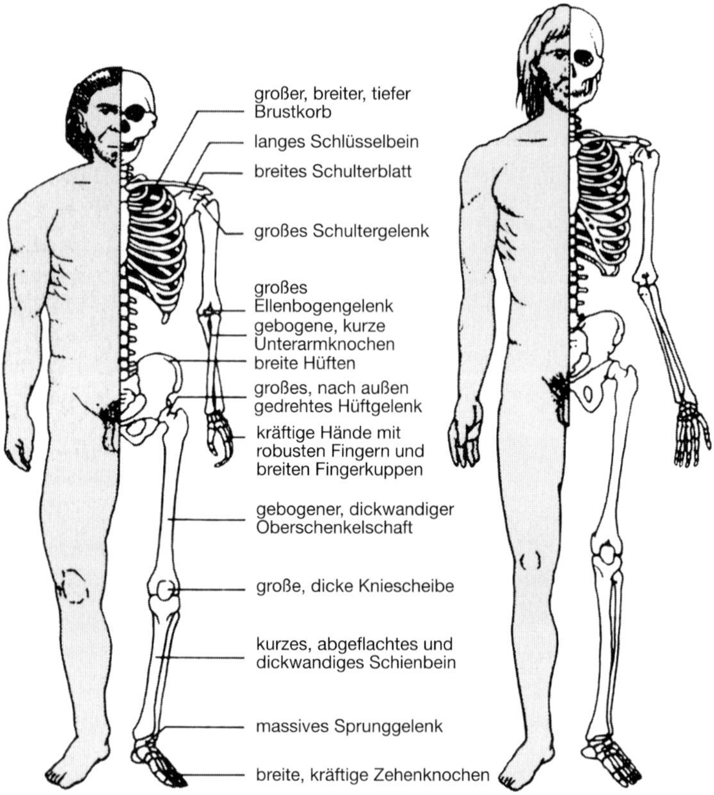

Anatomie des Neandertalers und des anatomisch modernen Menschen.

gen, selbst gegenüber gut trainierten heutigen Menschen, eine höhere Körperkraft.

Die Späten Neandertaler unterscheiden sich auch in weiteren anatomischen Merkmalen von uns. Sie besitzen Gliedmaßenknochen mit großen Gelenkflächen, Halswirbel mit langen Dornfortsätzen, ungewöhnlich lange Schlüsselbeine, recht breite Schulterblätter, robuste Brust- und Lendenwirbel und einen tonnenförmigen, tiefen, runden und breiten Brustkorb. Weiterhin sind die Rippen sehr kräftig und die Ansatzstellen der Nacken- und Schultermuskulatur an den Knochen stark ausgeprägt.

Auffällig sind die Extremitäten: Die einerseits sehr kräftigen Hände waren andererseits durchaus zu komplexen Manipulationen fähig. Die Füße wirken ebenfalls entsprechend robust, die Oberarmknochen sind sehr stark entwickelt. Speiche und Elle sind im Verhältnis zum Oberarmknochen deutlich kürzer als bei uns und weisen eine starke Schaftkrümmung auf. Die Oberschenkelknochen sind stärker nach vorne gebogen und haben einen kurzen Schaft sowie eine dickere Knochenwand. Das Schienbein ist kurz, abgeflacht und ebenfalls dickwandig. Auch das Becken weicht stark von dem des modernen Menschen ab.

Zusammenfassend lässt sich sagen, dass der Neandertaler wesentlich stämmiger, robuster und kräftiger war als sein anatomisch modernes Pendant. Zu den genannten äußerlich erkennbaren Skelettmerkmalen gesellt sich eine ganze Reihe teils nur durch entsprechende Spezialuntersuchungen festzustellender Kennzeichen wie zum Beispiel die abweichende Beschaffenheit des Innenohrs.[83]

Während die typischen Merkmale bei westeuropäischen „klassischen" Neandertalermännern aus der letzten Kaltzeit am markantesten ausgeprägt sind, finden sich die entsprechenden Kennzeichen bei Frauen und Kindern lediglich in abgeschwächter Form. Ein interessanter Befund ist weiterhin, dass auch bei Teilen der Bevölkerungen Osteuropas und des Nahen Ostens die Neandertalermerkmale schwächer ausgeprägt sind.

Insgesamt stellt die Abgrenzung von Neandertalern und anatomisch modernen Menschen der letzten Kaltzeit – eine ausreichende Erhaltung der Fossilien vorausgesetzt – kein Problem dar. Wesentlich schwieriger gestaltet sich hingegen die Abgrenzung der unmittelbar vorangehenden Präneandertaler Europas gegenüber gleichzeitig in Afrika existierenden anatomisch modernen Formen, da die Neandertalermerkmale noch während des letzten Interglazials weit weniger deutlich entwickelt waren.

Man hat lange überlegt, ob der gedrungene Körperbau und die wesentlichen Merkmale des Gesichtsschädels der Neandertaler eine Kälteanpassung darstellen. So sollte das vorspringende Mittelgesicht der Neandertaler nach einer 1962 von Coon[84] aufgestellten Hypothese das kälteempfindliche Gehirn durch den größeren Abstand zu den Nasenhöhlen geschützt haben; auch nahm man für den voluminöseren Nasenraum eine bessere Vorwärmung der eingeatmeten Luft an.

Gegen diese Hypothese spricht, dass die Gesichtsmorphologie der Neandertaler räumlich und zeitlich nicht an extreme Kaltklimate gebunden war; auch kann mit ihr nicht erklärt werden, warum die Nachfolger der Neandertaler, die ebenfalls noch in der Hochphase der letzten Kaltzeit lebenden anatomisch modernen Menschen Europas, derartige Merkmale nicht aufweisen.

Eine weitere Hypothese führt die „Spitzgesichtigkeit" auf den Einsatz der Frontzähne als „dritte Hand" zum kräftigen Festhalten von Gegenständen bei der Arbeit zurück. Ein solcher Gebrauch der Frontzähne als Werkzeug beispielsweise bei der Bearbeitung von Tierfellen ist aufgrund ihres zum Teil extremen Abnutzungsgrades wahrscheinlich (Farbtafel 9). Durch die dabei auftretenden extremen physikalischen Beanspruchungen soll sich die Gesichtsmorphologie der Neandertaler über längere Zeiträume hinweg entsprechend verändert haben. Belege für diese „*teeth-as-tool*-Hypothese"[85] sind einerseits die bekannten Verschleißerscheinungen und Beschädigungen an den Frontzähnen, andererseits entspricht die Gesichtskonstruktion tatsächlich den zu erwartenden Strukturen zur Verteilung starker Kaudrücke. Auch die Kiefergelenke sind oft durch hohe Beanspruchung krankhaft verändert.

Bei der Erklärung der spezifischen Körpergestalt dieser Menschen ist man ebenfalls auf erhebliche Probleme gestoßen: Massiver Rumpf und vergleichsweise kurze Unterarme und Unterschenkel werden bei Säugetieren nach der von Allen[86] aufgestellten Regel als Kälteanpassung gedeutet. So weisen beispielsweise die Inuit in der Arktis einen deutlich gedrungeneren Körperbau als Europäer oder gar Afrikaner auf. Interessant ist in diesem Zusammenhang, dass die anatomisch modernen eiszeitlichen Europäer im Gegensatz zu den Neandertalern solche Proportionen nicht aufweisen. Die Erklärung könnte darin liegen, dass es sich dabei um Populationen handelt, die an wärmeres Klima angepasst waren und aus südlichen Regionen in den Nordwesten der Alten Welt einwanderten. Ist die Langgliedrigkeit gar ein typisch afrikanisches Merkmal?

Man hat auch überlegt, ob nicht zum Beispiel eine Anpassung des Stoffwechsels oder bestimmte kulturelle Fähigkeiten eine körperliche Kälteanpassung bei *Homo sapiens* unnötig machten.[87] Insgesamt liegt die Notwendigkeit weiterer Forschungen im Bereich der beschriebenen Problemstellungen auf der Hand. Die Befundlage ist dünn, und was wir über die Neandertaler wissen, ist mit Sicherheit nur ein kleiner Teil dessen, was er tatsächlich vermochte.

Der Raum für Spekulationen ist groß. Für die Urgeschichtsforschung ist die Klärung der Frage, ob die europäischen Neandertaler tatsächlich über signifikant geringere kulturelle Möglichkeiten des Kälteschutzes verfügten als die später zugewanderten anatomisch modernen Menschen, unabdingbar. Zwar entzieht sich die Bekleidung der Neandertaler unserer Beurteilung, aber dies ist mit höchster Wahrscheinlichkeit erhaltungsbedingt. Eine wie auch immer geartete Einhüllung des Körpers in Felle und Häute erlegter Tiere ist jedoch zu vermuten. Auch sprechen Behausungen und die Nutzung des Feuers unabhängig hiervon für wirksame Schutzstrategien gegenüber klimatischen Unbilden. So könnte sich in der – verglichen mit dem Neandertaler – weniger ausgeprägten körperlichen Stärke der anatomisch modernen Menschen tatsächlich die Entwicklung von effektiveren, weniger auf Körperkraft basierenden Überlebensstrategien widerspiegeln.

Irrungen und Wirrungen

Doch nun zurück zum frühen 20. Jahrhundert! Wie berichtet, hatte die Forschung sich durch neue, aufsehenerregende Entdeckungen zunehmend mit anderen Urmenschen als dem Neandertaler beschäftigt. Dieser war insbesondere in den Jahren seit der Entdeckung des noch archaischeren und wesentlich älteren *Pithecanthropus* näher an den modernen Menschen herangerückt und inzwischen mit schwindendem Widerstand allmählich als urtümlicher Mensch und unser Vorfahre akzeptiert worden.

Die wissenschaftliche Gemeinschaft hatte nun mit Dubois und seinem *Pithecanthropus* eine neue Zielscheibe für ihre Angriffe, so dass nicht nur alte, endlich akzeptierte und neuere Forschungsergebnisse den Neandertalern zum „Durchbruch“ verhalfen, sondern auch das neue Feindbild ihrer bisherigen Gegner.

Doch der Rückschlag sollte nicht allzu lange auf sich warten lassen. Ab 1899 hatte der kroatische Paläontologe Gorjanović-Kramberger in Krapina (Kroatien) Ausgrabungen durchgeführt und in verschiedenen Schichten mehr als 680 Skelettfragmente von Dutzenden von Frauen, Männern und Kindern entdeckt.[88] Was jedoch einerseits einen erneuten Auftrieb für die Neandertalerforschung bedeutete, geriet andererseits zur imageschädigenden Katastrophe: Gorjanović-Kramberger veröffentlichte die Theorie, dass die Neandertaler von Krapina Kannibalen gewesen waren. Zahlreiche nach seiner Meinung zur Entnahme des Knochenmarks aufgeschlagene und im Feuer angebrannte Knochen von Neandertalern waren für ihn der Beleg für diese Auffassung, die zwar nicht von allen Kollegen geteilt wurde, jedoch das Bild vom „tierischen, menschenfressenden Wilden“ heraufbeschwor. Allerdings hatte sich inzwischen die Meinung etabliert, die Neandertaler seien unsere Vorfahren. Konnten aber solche Menschenfresser überhaupt unsere Vorfahren sein? Nein! Der Anthropologe Hermann Klaatsch stellte sich energisch gegen die Vorstellung, der Neandertaler sei unser menschlicher Vorgänger gewesen. Seiner Meinung nach lebten Neandertaler und Cro-Magnon-Menschen gleichzeitig, was bedeutete, dass der Neandertaler nicht der Vorfahre des moderneren Cro-Magnon-Typs gewesen sein konnte. Ein logischer Gedanke.

Nun hoffte manch einer, besonders im Kreis der Konservativen und der religiösen Dogmatiker, es gäbe die Möglichkeit, den „grobschlächtigen, menschenfressenden Neandertaler mit seiner primitiven Kultur“ aus dem engeren Stammbaum der Menschen zu verbannen. Dazu gehörten auch immer wieder Wissenschaftler, von denen man bis dahin angenommen hatte, sie suchten objektiv und zielgerichtet nach der Wahrheit und es ginge ihnen um echten Erkenntnisgewinn. Aber: Wohl und Wehe der Neandertaler hingen zu dieser Zeit, wie auch heute noch, vom persönlichen Weltbild des jeweiligen Forschers ab. Und als 1908 in einer kleinen Höhle bei La Chapelle-aux-Saints das fast vollständige Skelett eines offensichtlich bestatteten Neandertalers entdeckt wurde, gab es zwei Möglichkeiten: Entweder würde der Fund an einen Wissenschaftler gelangen, der das Begräbnis als Zeichen der Achtung vor dem Verstorbenen und als Beleg für die Beschäftigung der Neandertaler mit einem Leben nach dem Tode interpretieren würde. Dies hätte für die Neandertaler durchaus eine zumindest teilweise Rehabilitierung nach der Belastung durch die Krapina-Funde ermöglicht und ihr Ansehen wieder verbessert. Oder der Neufund würde in die Hände derer fallen, die nur darauf warteten, den Neandertaler als unseren Vorfahren endgültig aus den Lehrbüchern zu tilgen.

Man überließ das Skelett zur wissenschaftlichen Bearbeitung Marcellin Boule in Paris, der bereits durch einige interessante Veröffentlichungen auf sich aufmerksam gemacht hatte. Boule war fasziniert von der These, viele durchaus ähnliche Säugetierarten müssten nicht unbedingt in einer Vorfahren-Nachfahren-Linie zueinander stehen, sondern könnten, insbesondere bei ähnlichem stammesgeschichtlichen Alter, lediglich Verzweigungen eines Stammbaumes darstellten. Hierbei gäbe es natürlich auch blind endende Zweige, die nicht in die Gegenwart weiterführten. Boule hatte bereits zuvor veröffentlicht, dass Neandertaler und Cro-Magnon-Mensch zeitlich dicht beieinander lägen ... Der „Gerichtssaal" war also bereitet, der „Angeklagte" wurde nach Paris überstellt (Farbtafel 10).

Boule untersuchte das Skelett mit größter Sorgfalt. Danach musste er einräumen, dass der Neandertaler von La Chapelle-aux-Saints tatsächlich bestattet worden war. Davon abgesehen war seine Diagnose jedoch vernichtend. Nach seinem Urteil waren der neu entdeckte Fund und somit auch alle anderen Neandertaler äußerst primitiv, äffisch und stellten, ganz nach seiner Vorstellung, lediglich einen Seitenzweig der menschlichen Entwicklung dar. Mit uns, dem *Homo sapiens,* waren die Neandertaler, so Boules Auffassung, nur entfernt verwandt. Sie sollten sich lebenslang in gebeugter Haltung und mit schleppendem Gang einherbewegt haben, bis schließlich die Gnade des Aussterbens sie für immer von ihrem dumpfen Dasein erlöste. Boule veröffentlichte zwischen 1911 und 1913 seine berühmte Abhandlung über den fossilen Menschen, die das allgemeine Bild vom Neandertaler nachhaltig beeinflusste. [89]

Zeitgenössische Darstellung des Neandertalers von Kupka 1909.

Auf dem genealogischen Abstellgleis stehend kam der Neandertaler als unser direkter Ahne nicht mehr in Frage. Darstellungen des Neandertalers aus dieser Zeit spiegeln diese Einschätzung wider. Mit der Einordnung in einen Seitenzweig des menschlichen Stammbaumes kam aber zwangsläufig die Frage auf, wer denn dann unsere Vorfahren gewesen sind. Boule untermauerte mit seinem Werk eine These, die zuvor zwar schon ansatzweise in den Überlegungen einiger anderer Forscher wie etwa Klaatsch eine Rolle gespielt hatte, nun jedoch einen enormen Aufschwung erlebte: die Präsapiens- Hypothese.

Der edle Präsapiens wurde nun also zu unserem unmittelbaren Vorfahren bestimmt. Voraussetzung hierfür war, dass es im mittelpleistozänen Europa zwei separate hominide Entwicklungslinien gegeben haben musste. Ausgangspunkt war nach Boule der *Homo heidelbergensis*, aus dem die beiden Zweige hervorgingen. Eine Linie entwickelte sich über Vorformen zum Neandertaler der letzten Kaltzeit. Diese neandertalide Gruppe sollte an der Entstehung des *Homo sapiens* keinen Anteil gehabt haben.

Die zweite Linie hingegen führte nach Boules Auffassung zum *Homo sapiens* der Würm-Kaltzeit, dem Cro-Magnon-Menschen. Boules Ideen gelangten nach England und wurden dort begeistert von dem jungen Anatomen Arthur Keith aufgenommen. Keith stützte sich bei seinen eigenen Arbeiten auf einige Fossilien von modernen Menschen, die nach seiner Meinung zeitgleich mit den niedriger entwickelten Neandertalern gelebt hatten. Keith und seine Mitstreiter, darunter der einflussreiche Anatom Grafton Elliot Smith, integrierten nun auch den bereits erwähnten „Piltdown-Menschen“ als Vorfahren des *Homo sapiens* in den menschlichen Stammbaum, während sie den Neandertaler als uninteressante, ausgestorbene Seitenlinie der Evolution abstempelten.

Ein Schüler Boules, Henri Vallois, griff in den fünfziger Jahren des 20. Jahrhunderts diese Hypothese wieder auf.[90] Zwar war der Piltdown-Schädel inzwischen als Fälschung entlarvt und somit als Beleg unbrauchbar geworden, doch stützte sich Vallois nun auf die 1935, 1936 und 1955 gefundenen, zusammenpassenden Schädelfragmente aus einer Kiesgrube von Swanscombe in England sowie die 1947 entdeckten Schädelreste aus der Grotte von Fontéchevade (Frankreich). Unterstützung fand er bei den deutschen Anthropologen Heberer und Gieseler, die den 1933 beim Sandabbau geborgenen Schädel von Steinheim an der Murr (Farbtafel 11) ebenfalls als Präsapiens bezeichneten.[91]

Auch diese zweite Diskussion um den Präsapiens währte lange, doch kam man letztlich zu dem Schluss, es habe wohl keine eigenständige Linie Präsapiens- Cro-Magnon gegeben.[92] Bewiesen ist jedoch noch nichts! In einem modernen Lehrbuch schreiben die Autoren Winfried Henke und Hartmut Rothe dazu, die Fossilien von Swanscombe und Steinheim seien nach neuen vergleichenden Befunden *eher* als Neandertalervorfahren einzustufen.[93] Die Mehrzahl der Paläoanthropologen ist sich zur Zeit aber einig, dass die Präsapiens-Hypothese „vom Tisch" ist. Die Funde aus Swanscombe und vor allem aus Steinheim gelten heute als die typischen Ante-Neandertaler, die man für die Vorfahren der Späten Neandertaler hält.

Im Jahre 1978 definierte der Anthropologe Albert Santa Luca von der Harvard University vier anatomische Merkmale an Schädeln von Klassischen Neandertalern, darunter La Chapelle-aux-Saints, La Ferrassie und Spy. Diese Merkmale betrafen die Schädelbasis und die Hinterhauptsregion und sollten die Neandertaler anatomisch von allen anderen Menschenformen unterscheiden. Zum ersten Mal gab es nun also weltweit einen definierten Status der „Neandertalidität". Auch die beiden Fossilien von Steinheim und Swanscombe wiesen tatsächlich einige Neandertalermerkmale auf![94] Die Ergebnisse unterstützten also schon vorher geäußerte Vermutungen, dass diese Frühmenschen in die Vorfahrenreihe der Neandertaler gehören. Da der moderne *Homo sapiens* keines dieser Merkmale mit dem Neandertaler teilt, schloss Santa Luca weiter, kommt der Neandertaler nicht als unser Ahne in Frage.

Dieser Abschnitt der Menschheitsgeschichte ist weiterhin mit vielen Unwägbarkeiten behaftet und noch lange nicht ausdiskutiert. Dies zeigt schon die Tatsache, dass man für die mittelpleistozänen Hominidenreste Europas eine Vielzahl von Namen bereithält: *Homo erectus*, *Homo heidelbergensis*, *Homo antecessor*, archaischer *Homo sapiens*, Ante-Neandertaler, Präneandertaler.

Aber auch die jungpleistozänen Menschenreste aus dem Eem-Interglazial und der frühen Weichselkaltzeit (vor etwa 130 000 bis 80 000 Jahren) gaben schon früh Anlass darüber nachzudenken, ob es sich dabei nicht um direkte Vorfahren des anatomisch modernen Menschen handeln könnte. Diese Menschen, die man heute allgemein als Präneandertaler bezeichnet, stehen zum Teil in einigen anatomischen Merkmalen den frühen *Homo sapiens*-Formen und dem rezenten Menschen näher als dem Klassischen Neandertaler.[95] Hierzu gehören einige Individuen aus Krapina, die man dort zwischen 1899 und 1905 entdeckte.[96] Weitere derartige Menschenreste sind zwischen 1908 und 1925 in Weimar-Ehringsdorf ausgegraben worden. Doch ist die Datierung – Eem-Interglazial oder vorhergehendes Interglazial – umstritten.[97] Henke und Rothe bezeichnen die Ausprägung der neandertaliden Merkmale der sechs Individuen aus Ehringsdorf als schwach.[98] Der Bearbeiter Emanuel Vlček aus Prag kam 1985 zu dem Schluss, diese Hominiden könnten in die direkte Vorfahrenreihe des modernen Menschen gehören. Eine Rückbesinnung auf die Präsapiens-Hypothese? Schließlich beschrieb Vlček 1993 nach umfangreichen Untersuchungen an diesem Material die Ehringsdorfer Menschen doch als Vorfahren der Neandertaler.

Festzuhalten bleibt, dass die mittelpleistozänen und vor allem die Hominiden des frühen Jungpleistozäns zum Teil anatomisch auffallend moderne Züge aufweisen. Ob diese aber für die direkte Vorfahrenschaft des modernen *Homo sapiens* herangezogen werden können, ist nicht geklärt. Auf der anderen Seite gelten sie als die Vorfahren der Späten Neandertaler.

Ein weiterer Ansatz, Fossilien einzuordnen, die moderner als die Späten Neandertaler wirken, wurde ab Mitte der zwanziger

Jahre über drei Jahrzehnte hinweg entwickelt: die Präneandertaler-Theorie. Forscher wie der Engländer Elliot Smith, deutlicher noch der Italiener Sergio Sergi und Clark Howell aus den USA, sahen in den Präneandertalern eine weniger spezialisierte Form der Hominiden, die zwei verschiedene Entwicklungslinien hervorgebracht hatte.

Eine dieser Linien führte ihrer Meinung nach zum anatomisch modernen Menschen; die andere hatte sich immer weiter spezialisiert und endete schließlich mit den Neandertalern in der evolutionären Sackgasse.[99] Der amerikanische Anthropologe Fred Smith sprach sich hingegen nach seiner Neubearbeitung der Krapina-Funde in den siebziger Jahren sowohl gegen die Präsapiens- als auch gegen die Präneandertaler-Theorie aus, da nach seiner Ansicht die Fossilien ausschließlich von Neandertalern stammen.[100]

Ich klappe den „Catalogue des Hommes Fossiles", in dem ich gerade recherchiert habe, zu und schaue aus dem Fenster. Eigentlich ein guter Tag zum Schreiben, denn es regnet in Strömen, und angenehm frische Luft weht zur geöffneten Balkontüre herein. Und doch werde ich heute immer wieder aus dem Gedankenfluss herausgerissen, da ich mich mit anderen Dingen auseinandersetzen muss. Die Finanzierung der geplanten Weiterführung unserer Grabungen im Neandertal gestaltet sich schwieriger als erwartet. Viele Stiftungen unterstützen Technologieförderung oder investieren in Kunstprojekte, die Zahl der potenziellen Archäologiesponsoren hingegen wird immer geringer – das jedenfalls ist mein derzeitiger Eindruck.

„Das ist ja alles ganz interessant, was du da so machst, aber das bringt uns nicht weiter", hat mir gestern ein Bekannter auf einer Party gesagt. Er stand mit seiner Meinung nicht allein da und so fühlte ich mich herausgefordert, meinen „Kontrahenten" einige Zusammenhänge zu erläutern, die sie beim besten Willen nicht kennen konnten. Ich erklärte, die Archäologie des Eiszeitalters sei kein Selbstzweck, sondern diene neben dem Studium des Lebens der frühen Menschen auch der Erforschung seiner Umwelt. Diese war im Großen und Ganzen den selben Gesetz-

mäßigkeiten unterworfen wie unsere heutige; Landmassen, Ozeane und Atmosphäre bilden ein System, dem die gesamte belebte Welt auf Gedeih und Verderb ausgeliefert ist. Die nicht enden wollende Diskussion um natürliche oder vom Menschen verursachte Klimaänderungen und deren mögliche Konsequenzen ist Beleg dafür, dass man von einem wirklichen Verständnis vieler Abläufe und Zusammenhänge noch ein gutes Stück entfernt ist. Da die verlässlichen Wetteraufzeichnungen kaum anderthalb Jahrhunderte zurückreichen, lassen sich die hieraus abgeleiteten Daten häufig nur unzureichend interpretieren. Ist die derzeitige globale Erwärmung tatsächlich vom Menschen verursacht, oder steht sie lediglich in einer Reihe natürlicher Klimaschwankungen? Welche Umweltauswirkungen bringt ein noch stärkerer Temperaturanstieg mit sich? Wie schnell kann ein Klimasystem von einer Warmzeit auf eine Kaltzeit umschalten, und was sind die Vorboten? Die Erforschung früherer Abläufe kann hier entscheidend zu einem generellen Verständnis des Systems und seiner inneren Wechselwirkungen beitragen sowie präzisere Prognosen für die Zukunft ermöglichen.

Hier kommt nun auch die Archäologie des Eiszeitalters ins Spiel: Menschliche Siedlungsstellen aus den vergangenen Jahrhunderttausenden sind zugleich Blickfenster in die Klimageschichte der Erde. Da die Menschen als Jäger und Sammler ihren jeweiligen Lebensraum auf der Suche nach Brauchbarem durchstreiften, werden – günstige Erhaltungsbedingungen vorausgesetzt – an ihren ehemaligen Wohnplätzen auch Reste der Jagdbeute ausgegraben und damit wichtige Zeugen einer früheren Tierwelt dokumentiert. Pflanzenpollen, Holzkohlereste oder gar Holzfragmente geben Auskunft über die Vegetation der betreffenden Zeit. Geologische Untersuchungen der einbettenden Erdschichten runden häufig das klimatische Gesamtbild ab, naturwissenschaftliche Datierungsverfahren können das Festgestellte zeitlich fixieren. So stellt jede aussagekräftige archäologische Fundstelle einen Stein des großen Puzzles dar, dessen Gesamtbild uns nicht gleichgültig sein kann, da wir immer noch Teil des Ökosystems sind. Die eiszeitlichen Jäger und Sammler brauchten das Klimasystem nicht zu verstehen; sie hatten zum einen nicht die Mittel, es zu schädigen, zum anderen konnten sie im Falle einer drastischen Klimaverschlechterung in andere Lebensräume ausweichen. Beides trifft auf unsere Industriegesellschaft nicht mehr zu; deshalb müssen wir alles daransetzen, die Klimaarchive der Erde zu lesen und die entsprechenden Abläufe zu verstehen. Nur so können schädliches Fehlverhalten vermieden und Gegenmaßnahmen auf künstliche wie natürliche, vielleicht schon in den nächsten Jahrzehnten zum Tragen kommende Entwicklungen rechtzeitig geplant werden. Tatsächlich sind in den letzten Jahren vermehrt Archäologen in die Paläoklimaforschung einbezogen worden und haben wichtige Ergebnisse beisteuern können.

Ich hatte an diesem Abend zwar den Eindruck, dass meine Gesprächspartner den Argumenten durchaus folgen konnten, doch ahnte ich, dass wohl jeder von ihnen bereits morgen wieder mit seinen ganz normalen Alltagssorgen beschäftigt sein würde. Verständlicherweise. Das ist bei Jürgen und mir auch nicht anders. Befristete Arbeitsverträge, missgünstige Kollegen und fehlende Mittel machen unseren Alltag manchmal auch nicht gerade attraktiv. Jedenfalls wünschte ich mir, dass wir das Geld für unsere Grabung zusammenbekommen, damit wir weiter am großen Puzzle mitarbeiten können – Lücken gibt es noch genug. Neben vielen anderen offenen Fragen zu Leben und Umwelt der altsteinzeitlichen Menschen haben wir beispielsweise immer noch keine endgültige Antwort auf die Frage, ob die Neandertaler unsere Vorfahren sind oder nicht.

Doch bevor wir uns dieser Thematik zuwenden, möchten wir gerne die Neandertaler dem heutigen Forschungsstand entsprechend vorstellen. *(RWS)*

4. Leben und Umwelt der Neandertaler

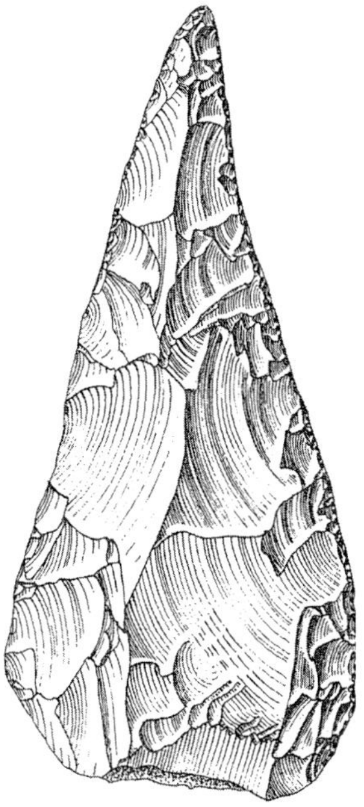

In welcher Umwelt lebten die Neandertaler? Mit welchen klimatischen Gegebenheiten mussten sie sich auseinandersetzen, welchen Tieren und Pflanzen begegneten sie auf ihren Streifzügen? Welche Werkzeuge und Waffen benutzten sie, und wie stellten sie diese her? Welche Schlüsse lassen sich aus den gefundenen Schmuckgegenständen und Grabstätten ziehen? Verfügten die Neandertaler über eine Sprache? Pflegten sie ihre Verletzten und Kranken? Solche Fragen werden uns in diesem Kapitel beschäftigen, das ein möglichst vollständiges Bild von der Welt der Neandertaler zu entwerfen versucht.

Eiszeitmenschen?

In Zafarraya im südwestlichsten Teil der Iberischen Halbinsel entdeckte man in einer ehemals von Neandertalern bewohnten Höhle Hinterlassenschaften, die man auf ein Alter von 27 000 Jahren datieren konnte. Dies sind die jüngsten Neandertalerspuren, die man bisher gefunden hat. Die direkten Vorfahren der Neandertaler, die anatomisch weniger spezialisierten Ante-Neandertaler, lassen sich bereits vor etwa 300 000 Jahren nachweisen. Die 270 000 Jahre, in denen sich die Neandertaler entwickelten und Europa und den Nahen Osten besiedelten, fällt erdgeschichtlich in das quartäre Eiszeitalter. Im Abstand von einigen hundert Millionen Jahren gab es wiederholt Eiszeitalter, deren Entstehung sehr wahrscheinlich durch große Landmassen in den Polargebieten begünstigt wurde. Auch heute liegen beide Pole innerhalb großer Landmassen oder sind von ihnen umgeben; hinzu kommt, dass das Nordpolarmeer nur einen geringen Austausch mit den Wassermassen und damit der thermischen Energie des Weltmeeres erfährt.

Bedingt durch die vielfältigen Veränderungen der Erdoberfläche haben wir nur über das aktuelle, das quartäre Eiszeitalter, verlässliche Informationen. Dieses ist durch den Wechsel von Abkühlungen und Wiedererwärmungen geprägt, die seit mehr als zwei Millionen Jahren vor allem die nördliche Hemisphäre mit ihren großen Kontinentalmassen in rhythmischen Schüben überzogen.

Für die Entstehung von Glazialen hat man viele Hypothesen entwickelt. Einige sind heute widerlegt, andere erscheinen plausibel. Eins ist inzwischen jedoch sicher: Diese gewaltige Klimamaschine ist einem feinmechanischen Werk vergleichbar, das durch die Drehung und Verzahnung vieler Rädchen gesteuert wird. Diese „Rädchen“ sind klimarelevante Parameter, welche die Energiebilanz auf der Erdoberfläche steuern.

Beispielsweise ist die Erdachse, bezogen auf die Bahnebene, um 23 Grad 27 Minuten geneigt (Schiefe der Ekliptik). Die Orientierung der Achse im Raum bleibt während des Erdumlaufs um die Sonne gleich. Daher ist einmal der Nordpol der Sonne abgewandt, ein anderes Mal der Südpol; hieraus ergibt sich für die jeweilige Halbkugel der Winter. Darüber hinaus taumelt die Erdachse, verursacht durch verschiedene Einflüsse wie die Gravitationskräfte von Mond und Sonne, wie die Achse eines Kreisels; dabei beschreiben die Pole einen Kreis im Raum. Diese Bewegung der Achse wird Präzession genannt; eine Kreisbewegung dauert 26 000 Jahre. Weiterhin zeichnet die Erde bei ihrem Umlauf um die Sonne keinen Kreis in den Raum, sondern eine Ellipse. Da die Sonne in diesem System nicht exakt zentral steht, ist die Erde der Sonne einmal näher (Perihel), ein anderes mal ferner (Aphel). Diese Exzentrizität der Erdbahn wird durch die Gravitationskräfte der anderen Planeten des Sonnensystems hervorgerufen. Da diese Exzentrizität periodischen Schwankungen unterworfen ist, treten im Verlauf von Jahrhunderttausenden unterschiedlich weit von der Sonne entfernte Aphel-Positionen der Erde auf. So ist beispielsweise das Aphel bei starker Bahnexzentrizität sonnenferner als bei geringer Exzentrizität.

Durch diese und einige weitere Faktoren kommt es zu zyklisch auftretenden Konstellationen, die Schwankungen der Sonneneinstrahlung auf der Erdoberfläche verursachen und eine entsprechende Erwärmung oder Abkühlung nach sich ziehen.[101] Somit ist auch der Wechsel von Glazialen und Interglazialen periodisch; während eine Eiszeit etwa 100 000 Jahre andauert, wird die jeweils anschließende Warmzeit nach nur 10 000 bis 15 000 Jahren wieder von einer Kaltzeit abgelöst. Da die momentane Warmzeit bereits 11 500 Jahre dauert, wäre ein baldiger Klimaumschwung aus geologischer Sicht nicht verwunderlich. Steuern wir also auf eine neuerliche Eiszeit zu? Mit an Sicherheit grenzender Wahrscheinlichkeit ja!

Wurde durch eine ungünstige Strahlungsbilanz ein Glazial eingeleitet, so erfolgte die Abkühlung der Ozeane aufgrund ihrer Wärmespeicherfähigkeit deutlich langsamer als die der Landmassen. Die noch temperierten Wassermassen gaben weiterhin über Jahrtausende Wasser an die Atmosphäre ab und ernährten so die sich nun von den Polarregionen und Hochgebirgen her ausbreitenden Inlandeismassen (Abbildung Seite 104).

Die Weltmeere sind also gewissermaßen Klima-Akkumulatoren und beeinflussen die Klimaentwicklung außerordentlich stark. Die Ozeane waren aber auch, wenn sie erst einmal abgekühlt waren, in der Lage, eine erneute Erwärmung lange hinauszuzögern.

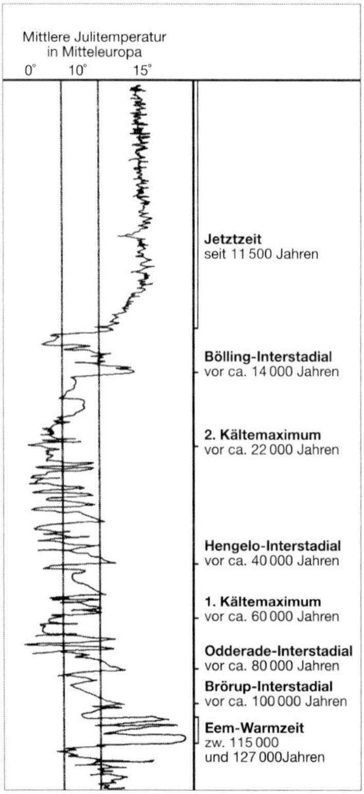

Temperaturkurve für Eem und Weichsel.

Für den Zentralbereich des skandinavischen Eisschildes berechnete man eine Mächtigkeit von rund drei Kilometern, für seine südlicheren Bereiche immerhin noch eine Eisstärke von einigen hundert Metern; da in diesen Gletschern ungeheure Wassermengen gebunden waren, sank der Meeresspiegel deutlich ab. Für die letzte, die Weichsel-Kaltzeit, wird eine Absenkung um 80 bis 100 Meter, für frühere Glaziale mit teils noch größeren Eiskappen sogar um mehr als 100 Meter angenommen. Hatten sich im weiteren Verlauf eines Glazials auch die Weltmeere abgekühlt, ließ die Ernährung der Eismassen durch Niederschläge entscheidend nach, so dass sie stagnierten und schließlich langsam zurückwichen. Durch ihre thermische Trägheit wurden die Ozeane nun trotz kürzerer Klimaverbesserungen (Interstadiale) zum Bewahrer der Kaltzeit, die erst mit einer wieder deutlich günstigeren Strahlungsbilanz ihr Ende fand – eine erneute Warmzeit war angebrochen. Die Zeit der Neandertaler ist also durch mehrfache drastische Klimaänderungen charakterisiert, und es liegt auf der Hand, dass sich hieraus im Verlaufe von Jahrzehntausenden selbst für Mitteleuropa unterschiedlichste Lebensbedingungen ergaben.

Während des Eem-Interglazials zwischen 127 000 und 115 000 Jahren vor heute lebten in Europa als Präneandertaler bezeichnete Menschen, die noch nicht die „extreme" Physiognomie des Späten Neandertalers entwickelt hatten. Im Verlauf dieser Warmzeit breitete sich ein dichter Laubwald aus und bedeckte die Landschaften Eurasiens; Hasel, Eiche, Ulme, Linde, Eibe und Erle lösten sich in ihrer Vorherrschaft ab.

Während des Höhepunktes der Erwärmung, dem Klimaoptimum, traten hier Wärmeanzeiger wie zum Beispiel die Stechpalme auf. Die damaligen Winter- und Sommertemperaturen lagen über denen unserer jetzigen Warmzeit. In der zweiten Hälfte des Eem-Interglazials breitete sich die Hainbuche massenhaft aus. Das Land war mit nahezu undurchdringlichem Urwald überzogen, so dass die Menschen wohl vermehrt an den Ufern von Flüssen und Seen lebten. Die Aktionsräume dieser frühen Neandertaler dürften sich weitgehend auf die Flussauen beschränkt haben.

Im eemzeitlichen Mitteleuropa waren neben zahlreichen Kleinsäugern und Vögeln unter anderem Waldelefanten, Waldnashörner, Auerochsen, Flusspferde, Wasserbüffel, Rothirsche, Rehe, Wildschweine, Großkatzen, Bären, Wölfe und Füchse die Zeitgenossen der Menschen.[102] Da es in diesem Biotop sicherlich keine jahreszeitlich wandernden Tierherden gegeben hat, bestand auch für den Menschen keine Veranlassung, im jahreszeitlichen Rhythmus größere Wanderungen durchzuführen. Ob dies allerdings bedeutet, dass die Präneandertaler sesshaft waren, wissen wir nicht; wir gehen aber von einer relativen Standorttreue aus. Nach einem Aufbrauchen der lokalen Ressourcen waren aber sicher gelegentliche Standortwechsel nötig.

Tiere der Warmzeit.

Als Ernährungsgrundlage dürfte in dieser Waldlandschaft neben der Jagd in starkem Umfang das Sammeln pflanzlicher Nahrung gedient haben. Während der Warmzeiten könnten möglicherweise durch eine geringere Beweglichkeit auch die sozialen Kontakte zwischen den verschiedenen Neandertalergruppen eingeschränkt gewesen sein. Es ist möglich, dass Teile der europäischen Populationen sich zu Beginn dieses ausgeprägt warmen Interglazials – als sich der Urwald ausbreitete – langsam mit den an offenere Landschaften angepassten Tierarten wie beispielsweise Ren, Mammut oder Pferd nach Norden und Nordosten zurückzogen. Einer derartigen „Wanderung" wird jedoch niemals eine bewusste Entscheidung zugrunde gelegen haben. Sie vollzog sich beinahe unmerklich mit der langsamen Änderung des Ökosystems: Ein Ausweichen um nur einen halben Kilometer pro Jahr kann theoretisch eine Population innerhalb des Eems bis zum Nordkap und wieder zurückgeführt haben.

Allerdings sind diese nördlicheren Gebiete Europas derart intensiv durch Erosionsprozesse bis hin zum Abhobeln durch die mächtigen Gletscher von ihren prähistorischen Hinterlassenschaften „bereinigt" worden, dass es von dieser potenziellen Nordwanderung der Neandertaler kaum Spuren geben wird.

Gegen Ende der Warmzeit vor etwa 115 000 Jahren machten Fichten und Tannen die Hauptbestandteile der Wälder aus. Das Klima war zwar feucht, doch herrschten immer noch milde Wintertemperaturen vor. Mit fortschreitender Klimaverschlechterung kam es zu einer Dominanz der Kiefer im Vegetationsbild; derartige boreale Klimaverhältnisse begegnen uns heute in der skandinavischen und russischen Nadelwaldzone.

Ein weiteres Absinken der Temperaturen führte zu einer Ausdünnung der Kiefernwälder, allmählich nahm der Anteil von Tundra-Pflanzenarten zu. Die Weichsel-Kaltzeit hatte begonnen. In der ersten kälteren Phase nach dem Eem-Interglazial war das mitteleuropäische Tiefland von einer heide- und krähenbeerenreichen Zwergstrauchtundra bedeckt, die sich allmählich in eine Grastundra verwandelte. Die durchschnittlichen Julitemperaturen lagen unter 10 °C, die entsprechenden Werte im Januar bei etwa –15 °C. Heute sind dies etwa 15 °C bei der Sommer- und –5 °C bei der Wintertemperatur.

Eine deutliche Klimaverbesserung stellte sich in den nachfolgenden und deutlich gemäßigteren Interstadialen Brörup und Odderade ein, die wiederum durch eine Kaltphase getrennt waren. Jede dieser drei Phasen währte etwa 10 000 Jahre. In beiden Warmphasen traten zunächst Birkenwälder, später boreale Kiefernwälder mit Fichten, Lärchen und Erlen auf. In die Nadelwälder Süddeutschlands wanderten aufgrund der etwas längeren Sommer sogar in geringem Umfang wieder Ulme und Eiche ein. Die durchschnittlichen Julitemperaturen lagen bei etwa 14 bis 16 °C, die entsprechenden Januarwerte aber nur noch bei –8 bis –10 °C.

Im weiteren Verlauf der letzten Kaltzeit ging die Bedeutung des Meeres für das Klima Mitteleuropas immer weiter zurück; dieses wurde zunehmend kontinentaler. Besonders der warme Golfstrom verlor seinen Einfluss auf den europäischen Kontinent. Die Temperaturen sanken weiter und lagen schließlich im Januar bei nur noch –27 °C, während die Julitemperaturen im Mittel unter 10 °C blieben. Im ersten Kältemaximum der letzten Eiszeit lag die mittlere Julitemperatur sogar unter 5 °C. Unter diesen arktischen bis subarktischen Bedingungen konnten keine Bäume mehr gedeihen, so dass die Landschaft von Grastundren und Steppen, unter etwas günstigeren klimatischen Bedingungen auch von Zwergstrauchtundren geprägt war. Zur Steppenfauna der Weichsel-Kaltzeit gehörten beispielsweise Mammut, Wollhaar-Nashorn, Wisent, Pferd, Ren, Riesenhirsch und Saiga-Antilope; letztere und der wehrhafte Moschusochse vermögen auch in extrem kalten Klimaten zu überleben. Von den Raubtieren sind in erster Linie Höhlenlöwe, Höhlenbär, Höhlenhyäne und Wolf zu nennen.[103]

Die eiszeitliche Kältesteppe, in der Vorstellung der meisten Menschen *der* Lebensraum der Neandertaler schlechthin, stellt zwar ein wichtiges, aber – wie beschrieben – nicht das einzige mitteleuropäische Ökosystem der letzten Kaltzeit dar. Waren es zunächst noch als Präneandertaler bezeichnete Menschen, die hier lebten, so meisterten seit etwa 80 000 Jahren vor heute die Späten Neandertaler jedes Klima der letzten Kaltzeit. Wahrscheinlich lebten sie nur während des ersten Kältemaximums mit seinen unwirtlichen Bedingungen nicht in Mitteleuropa. Die kaltzeitli-

Tiere der Kaltzeit.

chen Bedingungen erscheinen uns heute unbehaglich und lebensfeindlich. Steppe und Tundra gewährten den Großtierherden und den Menschen jedoch ausreichend Nahrung. Auch etwas mildere Phasen mit locker in die offene Landschaft eingestreuten Waldbeständen stellten günstige Lebensräume für Mensch und Tier dar. In den gut zugänglichen, weiten Flussschotterfluren fanden sich Rohmaterialien für die Geräteproduktion, wie beispielsweise die verschiedenen Feuerstein-, Hornstein- und Quarzitvarietäten.

Unmittelbar vor der Stirn der Gletscher ergossen sich mit den sommerlichen Schmelzwässern Sandmassen aus den gewaltigen Gletschertoren, die sich südlich des nordischen und nördlich des alpinen Eisschildes großflächig ablagerten. Weiter vom Eis entfernt sedimentierte der durch den Wind transportierte staubfeine Löss, der aus den genannten Sandmassen, aber auch aus Flussablagerungen und durch Frostsprengung zerwirkten Gesteinen ausgeblasen worden war. Viele altsteinzeitliche Fundplätze sind von diesen mehrere bis Dutzende Meter mächtigen Lössablagerungen überdeckt und so konserviert worden. Durch die erwähnten Meeresspiegelabsenkungen kam es auch im Verlauf des letzten Glazials zu einigen interessanten Veränderungen der Küstenlinien, die jedermann anhand der Meerestiefenangaben in einem Atlas leicht nachvollziehen kann. Die zwischen Alaska und Sibirien gelegene Beringstraße sowie die Straße von Dover konnte man trockenen Fußes passieren. Die damals vielleicht vereinigten Wassermassen von Themse und Rhein mündeten einige hundert Kilometer weiter nördlich als heute in die Nordsee. Immer wieder holen Fischer mit ihren Schleppnetzen vom Grund der südlichen Nordsee Skelettreste von Mammut oder anderen eiszeitlichen Tieren empor, die hier einst grasten. Es steht außer Zweifel, dass auch der eiszeitliche Mensch dieses zusätzliche Tiefland besiedelt hat.

Das eiszeitliche Tiefland war der winterliche Standort der Tierherden. Jeden Herbst zogen sie aus dem Mittelgebirgsraum hinunter in die weite Landschaft, um hier zu äsen. Im Frühjahr wanderten sie wiederum in die Mittelgebirgsregionen am Rand der großen Steppen, um auf den Hochflächen zu kalben. Mittelgebirgsregion und vorgelagerte Lösssteppe waren auch der Lebensraum der eiszeitlichen Neandertaler Europas. Das Wanderverhalten der späteren Jungpaläolithiker kennen wir wesentlich genauer. Vermutlich hielten sich aber auch die mittelpaläolithischen Neandertaler in den kalten Phasen der Eiszeit, den Stadialen, im Frühjahr und Sommer im Mittelgebirge auf, da der aufgetaute Lössboden der sommerlichen Steppe mit seinen vielen Tümpeln und Seen – im Gegensatz zu den grob-mineralischen Böden der Höhenlagen – nur schlecht zu begehen war und viele Insekten wie Mücken und Dasselfliegen zur Pein wurden. Außerdem hielten sich die großen Tierherden in diesen Jahreszeiten ebenfalls in den Mittelgebirgen auf. Auch andere wichtige Nahrungsmittel wie Früchte, Samen, Pilze und Kräuter bereicherten hier vermutlich den Speiseplan der Neandertaler. In den windgeschützten Lagen der Mittelgebirgslandschaften dürften sie zudem wesentlich mehr Holz gefunden haben, welches sie für ihre Lagerfeuer, für Konstruktionen und Bauten oder die Schäftung von Werkzeugen benötigten.

Herbst und Winter waren die Jahreszeiten für erfolgreiche Jagd in den tierreichen Niederungen. Der Boden war fest gefroren und man dürfte auch gewusst haben, wo sich die Wintereinstandsgebiete der großen Weidetiere befanden. Wenn man sich an den Rändern der Mittelgebirge und den unmittelbar vorgelagerten Steppen aufhielt, so waren beide Lebensräume ohne lange Wanderungen schnell erreicht. Beispielhaft für solche Siedlungen am Rande der Mittelgebirge sind die Fundplätze Salzgitter-Lebenstedt in Niedersachsen und Mauran in Südfrankreich (siehe den Abschnitt „Jäger und Sammler“ auf Seite 153).

Höhlenmenschen?

Das Bild des in Höhlen lebenden altsteinzeitlichen Menschen ist in der frühen Phase der Urgeschichtsforschung geprägt worden; Höhlen und Abris (Felsdächer) zogen die Archäologen des 19. und beginnenden 20. Jahrhunderts extrem stark an, da sie stets „gute Ausbeute“ verhießen. Ebenso wie Höhlenlöwen, Höhlenhyänen und Höhlenbären verbrachten auch die Neandertaler Teile ihres Lebens in Höhlen, waren also Höhlenmenschen –

dort, wo es Höhlen gab. Wie wir gesehen haben, lebten die Neandertaler aber in allen möglichen Ökosystemen, so auch in den Tiefländern, wo keinerlei Felsformationen vorhanden waren, die überhaupt Höhlen oder Abris enthalten haben könnten. Hier boten, falls nötig, einfache Behausungen, je nach Verfügbarkeit wohl aus Holz, Knochen und Tierfellen, Schutz vor der Witterung.

Für die Urgeschichtsforschung wichtige Höhlen finden sich fast durchweg in Gesteinsformationen, die aus Kalk- und Dolomitgesteinen aufgebaut sind. Ausgehend von Klüften, Schichtflächen oder anderen Schwachstellen kommt es zum Auslösen von Kalk durch einsickernde Oberflächenwässer und Niederschläge. Diese Wässer nehmen biogen entstandenes Kohlendioxid aus der Bodenluft auf und bilden mit diesem eine schwache Säure, die das Gestein auflöst und so letztlich zur Bildung von Hohlräumen führt. Wird die entsprechende Gesteinsformation durch geologische Vorgänge angehoben (tektonische Hebung), so schneiden sich Wasserläufe, falls ein Umfließen des Gebietes nicht möglich ist, entsprechend der Hebungsgeschwindigkeit langsam in den Fels ein. Dabei werden unterirdische Höhlenräume angeschnitten und somit für Mensch und Tier von der Talseite her zugänglich. Durch die erwähnten Lösungsvorgänge unterliegen Höhlen jedoch auch einer Verwitterung, die oft zum Einsturz führt. Demgegenüber ist die Entstehung von Abris nicht an chemisch lösungsfähige Gesteine gebunden; Verwitterung oder Ausspülung durch Fließgewässer führt auch in Gesteinsformationen, in denen Höhlen nicht entstehen können, zur Bildung dieser dachförmigen Felsüberhänge.

Besonders ehemalige eiszeitliche Wohnhöhlen, bei denen bis zu ihrer Entdeckung der Eingang durch Versturz verschlossen oder die alten Laufhorizonte begraben waren, liefern meist ausgesprochen gut konservierte Siedlungsstellen, da störende Einflüsse die Erhaltung der fundführenden Schichten kaum beeinträchtigt haben. Auch etliche über längere Zeiträume zugängliche Höhlen besaßen in den tieferen Schichten noch intakte paläolithische Horizonte mit Artefakten und Knochen. Ein weiterer, aus archäologischer Sicht ganz wesentlicher Vorteil der Höhlen und Abris gegenüber dem Freiland ist es, dass besonders im basischen Milieu

Rekonstruierter Einbau in der Grotte du Lazaret.

der Karstformationen eine Erhaltung von Knochen, Geweih und Elfenbein gewährleistet war. Diese gute Überlieferung organischer Reste ist in anderen Sedimenten nur dann gegeben, wenn diese unter dem Grundwasserspiegel liegen oder ebenfalls kalkhaltig sind. Zudem sind Erosionsprozesse, welche die Fundstellen hätten zerstören können, innerhalb von Höhlen selten. Daraus folgt, dass die Fundensembles aus Höhlen allein schon aus Gründen der Konservierung häufig vollständiger als solche aus Freilandsiedlungen sind.

So stehen denn auch zum Beispiel die Abris von Le Moustier und La Ferrassie in der Dordogne in Südwestfrankreich ebenso für Meilensteine der Forschung wie die zerstörte Kleine Feldhofer Grotte im Neandertal, die Höhlen von Spy (Belgien) und La Chapelle-aux-Saints (Frankreich) oder die Höhlen Kebara (Israel) und Shanidar (Irak).

Meist bewohnte man die vorderen Bereiche und Vorplätze der Höhlen; im feuchten und dunklen Inneren war es eher unbehaglich. Vor allem zum Sonnenbogen hin offene Höhlen und Abris waren als Wohnstatt ideal. Die Höhle als feste, immer wieder anlaufbare Station in gewohnter Umgebung gab Sicherheit und wurde von einer Gruppe sehr wahrscheinlich über lange Zeit ge-

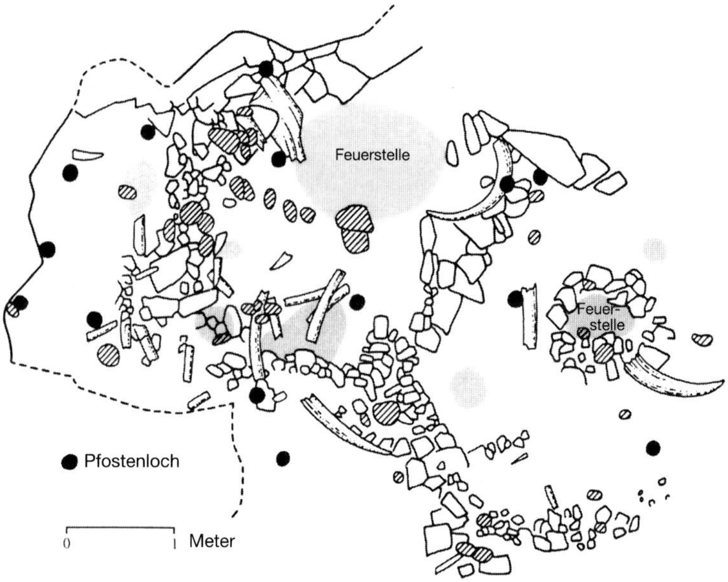

Siedlungsplatzstrukturen der Fundstelle Arcy-sur-Cure.

nutzt – wenn sie nicht von Zuwanderern Konkurrenz bekam. Je nach der vorherrschenden Witterung sind Verschlusskonstruktionen im Bereich des Eingangs oder Einbauten im Höhleninnenraum anzunehmen. Kontrovers diskutiert man in diesem Zusammenhang eine Struktur in der Grotte du Lazaret (Südfrankreich), die vom Ausgräber Henry de Lumley als hüttenähnlicher Einbau aus der vorletzten Kaltzeit rekonstruiert wurde.[104]

In der Grotte du Renne in Arcy-sur-Cure (Mittelfrankreich) fanden sich zwei gesicherte kreisförmige Strukturen, die ebenfalls als Hüttengrundrisse interpretiert werden. Mit einem Alter von rund 37 000 Jahren gehören sie zu den jüngsten Siedlungsresten der Neandertaler.[105] Durch die wiederholten Aufenthalte über lange Zeiträume wurden Strukturen wie Feuerstellen, unterschiedliche Arbeitsbereiche oder Einbauten jedoch häufig „überwohnt“ und damit verwischt.

Die jeweilige Aufenthaltsdauer der Menschen ist aus diesem Grund ebenfalls oft nur sehr unzureichend zu bestimmen. Sicher ist jedoch, dass man Höhlen einerseits über Wochen, vielleicht

Monate als „Basislager“ nutzte, von denen man zu unterschiedlichsten Jagd- und Sammelaktivitäten aufbrach; andererseits gewährten sie sicherlich auch während derartiger von anderen Lagern ausgehender Streifzüge kurzfristig Unterschlupf.

Während die Trennung aufeinander folgender Aufenthalte bei Höhlenfundplätzen also schwierig ist, bieten die sogenannten Freilandstationen meist bessere Ansatzpunkte. Sie sind in den Mittelgebirgsregionen ebenso anzutreffen wie in den Tiefländern; in der Regel befindet sich in unmittelbarer Nähe ein Wasserlauf oder ein stehendes Gewässer. Anders als bei den Höhlen mussten die Menschen nicht immer wieder an der gleichen Stelle siedeln, so dass Freilandstationen seltener durch Mehrfachbesiedlung veränderte Innenstrukturen aufweisen als Höhlen. Im Freiland jedoch haben geologische Vorgänge wie das eiszeitliche Fließen wassergesättigten, aufgetauten Bodens über gefrorenem Untergrund (Solifluktion) zur Zerstörung vieler Befunde geführt: Während Steinartefakte und Jagdbeutereste – oftmals mehr oder weniger stark verlagert – erhalten blieben, sind durch das Bodenfließen Spuren von Feuerstellen, Gruben oder Pfostenlöchern zumeist verwischt worden.

Freilandfundplätze der Neandertaler sind daher in der Regel nur durch Fundstreuungen von Steinartefakten und, je nach Erhaltungsbedingungen, von Knochen gekennzeichnet. An ihnen lässt sich beispielsweise ermitteln, ob und in welcher Technik die Steingeräte auf dem Siedlungsplatz hergestellt wurden. Mikroskopische Analysen an den Arbeitskanten der Steingeräte erlauben in günstigen Fällen Aussagen zu deren Verwendung. Zusammengenommen ergibt sich hieraus ein Spektrum von Arbeitsspuren, das zumindest einen kleinen Teil der im Lager verrichteten Tätigkeiten erschließen läßt. Unter günstigen Umständen können einzelne Bereiche des Siedlungsplatzes mit speziellen Aktivitäten wie dem Herstellen von Steingeräten, dem Zerteilen von Jagdbeute, der Bearbeitung von Holz oder von Tierhäuten in Verbindung gebracht werden. Mit Schnittspuren versehene und zur Markentnahme aufgeschlagene Knochen sind Belege für Jagd und Verwertung von Tieren. Liegen Holzkohlereste oder verbrannte Knochen und Steingeräte vor, weist dies darauf hin, dass an diesem Ort ein oder mehrere Feuer unterhalten wurden. Wei-

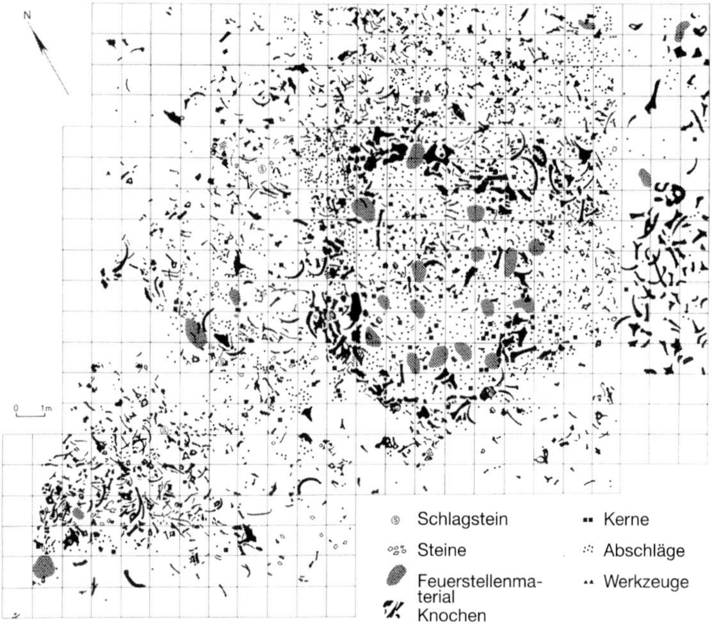

Grundriss der Behausung von Molodova I.

Rekonstruktion der Behausung von Molodova.

terhin können durch eine Bestimmung der Baumarten aus den Holzkohleresten Rückschlüsse auf das ehemalige Ökosystem und die klimatischen Verhältnisse zur Zeit der Besiedlung gezogen werden.

Zu den wenigen erhaltenen Freiland-Behausungsgrundrissen der Neandertaler gehört der Hüttengrundriss von Molodova I am Dnjestr (Ukraine).[106] Er hat einen Durchmesser von rund zehn Metern und ist durch einen Ring aus Mammutknochen- und Stoßzähnen gekennzeichnet. Der Befund wird als Rest eines jurtenähnlichen Kuppelzeltes gedeutet. Als Oberbau wird eine Karkasse aus dünnen Baumstämmen und Ästen angenommen, die mit Tierfellen oder -häuten abgedeckt war. Der Ring aus Knochenmaterial diente wohl zur Beschwerung der Tierhäute am Boden. Im Innenraum der Behausung von Molodova fand man Hinweise auf mehrere Feuerstellen. Auch an anderen Fundstellen in Europa und dem Nahen Osten hat man Belege für Feuerstellen

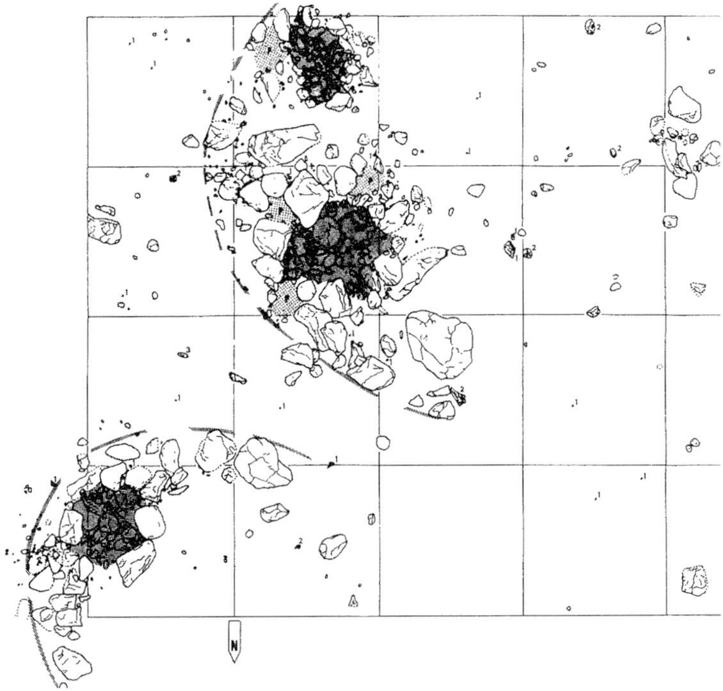

Feuerstellen mit Steinsetzungen an der Fundstelle von Vilas Ruivas (Quadratmetergitter).

entdeckt, wie in Molodova jedoch zumeist nur in Form von Holzkohle und Feuerspuren an anderen Materialien. Gruben oder Steinsetzungen fehlen in der Regel. Eine Ausnahme bilden die Feuerstellen von Vilas Ruivas in Portugal, die durch Steine eingefasst sind.[107]

Größere Behausungen wie die in Molodova interpretiert man als Wohnstellen, an denen sich eine Gruppe über Wochen, vielleicht Monate hinweg aufhielt. In diesen „Basislagern“ wird sowohl die Herstellung der Jagdausüstung als auch der Bekleidung und weiterer Gegenstände des täglichen Lebens erfolgt sein. Es erscheint nicht abwegig, hierin die Orte zu sehen, an denen sich die gesamte Gruppe einschließlich der Kinder und alten Leute aufhielt. Dies dürften etwa 15 bis 20 Personen gewesen sein. Neben diesen Lagerplätzen ist im Freiland auch die Dokumentation von kürzeren Jagd- und Sammelaufenthalten möglich.

Einige dieser kurzfristigen Aufenthalte dienten beispielsweise dem Sammeln von Rohmaterial zur Steingeräteproduktion oder der Herstellung solcher Geräte im Bereich von Flussschottern oder sonstigen Rohmaterialvorkommen, andere der Erbeutung und der Portionierung eines oder mehrerer Tiere für den Abtransport. Es ist anzunehmen, dass sich im Bereich dieser spezialisierten Lager (*special task camps*) jeweils Teile der Gruppe aufhielten, zum Beispiel nur die Jäger. Die Aufenthaltsdauer wird dann lediglich auf einige Stunden bis wenige Tage beschränkt gewesen sein.

Wir selbst konnten, mit Unterbrechungen, zwischen 1984 und 1999 eine großflächige Freilandstation untersuchen: in der Fundschicht B1 in der Ziegelei Dreesen in Mönchengladbach/Rheindahlen.[108] Der Fundplatz liegt im Lössgebiet des linken-Niederrheins, südlich eines ehemals vorhandenen stehenden oder langsam fließenden Gewässers, wie die im Löss gefundenen Schneckenarten belegen. Als Besiedlungszeit kommt der Übergang von einer Warm- zu einer Kaltphase in Frage, weil in der Schicht einerseits viele Gräserpollen nachgewiesen werden konnten, die für eine offene Landschaft sprechen, andererseits aber wiederum Holzkohlen von Eiche, Ahorn, Hainbuche und Seidelbast gefunden wurden, also von Hölzern, die interglaziale Verhältnisse anzeigen. Stratigraphisch liegt die Fundschicht unmittelbar auf dem

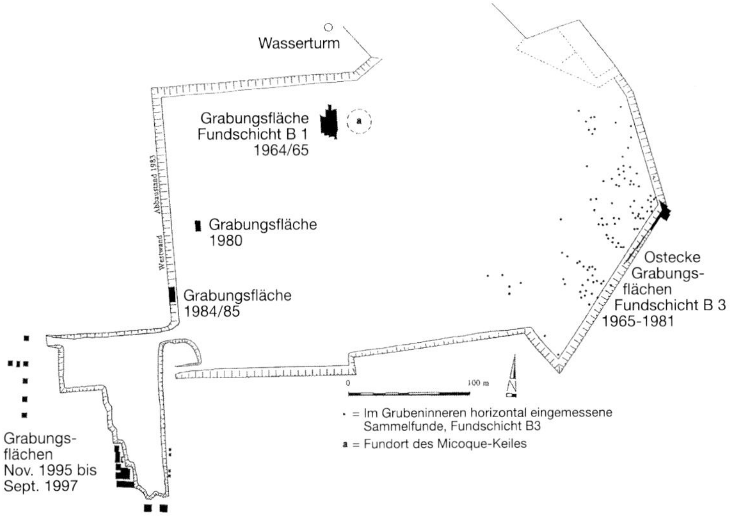

Plan der Ziegeleigrube Dreesen in Rheindahlen mit den verschiedenen Grabungsflächen.

Eem-Boden, der hohe Gräseranteil erlaubt möglicherweise eine Einstufung in eine gemäßigte frühweichselzeitliche Phase. Der Fundplatz dürfte zur Zeit der Besiedlung in einer offenen Graslandschaft gelegen haben. In feuchten Niederungen und an Gewässern hielt sich noch eine Laubmischwaldvegetation, die an trockeneren Standorten längst verschwunden war. Diese Landschaft bot den eiszeitlichen Jägern fast alles, was die Gruppe benötigte.

Das Fundareal in der B1-Schicht, das sich auf rund 80 000 Quadratmeter erstreckt, weist verschiedene Fundstreuungen mit Orten spezifischer Tätigkeiten auf. Der Platz konnte seit 1964 aber verständlicherweise nur auf kleineren Teilflächen genauer untersucht werden. Neben anderen Tätigkeiten ist vor allem die Zurichtung von Holzschäften durch Steingerätschaften belegt, die man vermutlich zum Sägen und Raspeln nutzte.[109]

In der Fläche der Grabung 1964/65 zeichnete sich anhand der Fundstreuung ein runder Befund mit einem Durchmesser von fünf Metern ab, den der Ausgräber[110] als eingetieften Behausungsgrundriss interpretierte. Nach dieser Beschreibung war die flache Mulde mit einem Kranz kleiner Pfostenlöcher umgeben, welche die Stämmchen einer aufragenden Karkasse aufgenommen haben sollen. Im Osten vor diesem Befund lagen verbrannte Feuersteinartefakte, die auf eine hier ehemals betriebene Feuerstelle hinweisen.

Im Bereich der Grabung 1984/85 zeigte sich im Fundverteilungsplan eine fast fundleere Fläche von etwa vier Metern Durchmesser; östlich davor fanden sich weitere Hinweise auf den Gebrauch von Feuer: Holzkohlen und verbrannte Steingeräte.[111] Ob es sich dabei um einen vormals vorhandenen Hüttengrundriss handelt, muss offen bleiben. Auch eine windschirmartige Konstruktion wäre denkbar, wobei das Betreiben der Feuerstelle im Eingangsbereich beziehungsweise im Windschatten und die Steinbearbeitung vor der potenziellen Behausungskonstruktion stattfanden. Fundplätze, wie wir sie in der Fundschicht B1 in der Ziegelei Dreesen untersuchen konnten, waren sicherlich ideale Standorte, um hier wiederholt Station zu machen.

1984 habe ich in der Ziegelei Dreesen mit meinen Grabungen angefangen. Ich war damals im vierten Semester und Grabungsleiter in Rheindahlen. Auch Ralf war in jenem Jahr für zwei Wochen als Ausgräber dabei. Ich erinnere mich noch gut daran, wie er sich am Ende der ersten Grabungswoche – ich

Ralf und sein verletzter Fuß 1984.

Jürgen als Zuschauer bei der Grabung Hartmut Thiemes 1973.

hatte gerade zur Mittagspause gerufen – mit dem angeschliffenen Spaten am Fuß verletzte. Er war aber am Montag der darauf folgenden Woche wieder an Bord.

In Rheindahlen zu graben, davon hatte ich geträumt, seit ich 1973 erstmals die Grube besucht und Hartmut Thieme und seinem Team bei den Grabungen in der Ostecke zugesehen hatte. Wenn ich mich recht entsinne, wurde ich aber schon in der Quinta am Gymnasium Odenkirchen 1969 von meinem Geschichtslehrer Hans-Jürgen Bitter mit den ersten neandertalerzeitlichen Gerätschaften konfrontiert.

Nach zehn Jahren Grabungsunterbrechung ging es 1995 in der Fundschicht B1 weiter. Jetzt war Ralf als zweiter Grabungsleiter dabei – und wir waren beide promoviert. Im Dezember 1995, ich kann mich lebhaft erinnern, war der Boden knüppelhart gefroren und zwei Gasheizstrahler erwärmten das Grabungszelt. Gegraben haben wir meistens selber, da wir keine Mannschaft hatten. Die extrem kalte Witterung verschaffte uns ein ausgesprochen authentisches Lösssteppenerlebnis. Im März 1996 – endlich Frühjahr und dazu noch Semesterferien – bekamen wir dann Verstärkung. Zahlreiche Studenten aus ganz

Deutschland und dem benachbarten Ausland reisten an, um an unserer Grabung teilzunehmen und praktische Erfahrungen zu sammeln. Insgesamt sind es wohl über 100 Mitstreiter, die bisher an unseren Grabungen dort teilgenommen haben. (JT)

***Stein*zeitmenschen?**

Spricht man über die Neandertaler als Steinzeitmenschen, so liegt das daran, dass diese Jäger und Sammler lange Zeit vor der Entdeckung der Metallverarbeitung lebten und ausschließlich auf Geräte aus Stein, aber auch aus organischen Materialien wie Holz, Knochen und Geweih angewiesen waren. Da letztere sich je nach der Bodenbeschaffenheit in der Erde meist nicht erhalten haben, sind die Stein*artefakte*, also die steinernen Gerätschaften und die Abfälle ihrer Herstellung, in vielen Fällen die letzten, verwitterungsbeständigsten Relikte eines eiszeitlichen Wohn- oder Jagdplatzes. Daher kommt diesen Fundstücken nach wie vor ein hoher Stellenwert bei der Interpretation steinzeitlicher Fundplätze zu. Die meisten dieser Werkzeuge sind aus gut spaltbaren Gesteinen mit glasähnlichem Bruchverhalten hergestellt worden. Wohl jeder, der schon einmal ein dickwandiges Glasgefäß oder einen Flaschenboden zerbrochen hat, weiß aus eigener schmerzhafter Erfahrung, welche hauchdünnen und scharfen Splitter hierbei entstehen. Die einfache Spaltbarkeit dieser homogenen Steinmaterialien – hier sei exemplarisch Feuerstein genannt – erlaubte den eiszeitlichen Menschen eine kontrollierte Verarbeitung.

Dabei schlug man mit einem rundlichen *Schlagstein* aus zähem Gestein gezielt auf eine Kante eines *Rohmaterial*stückes. Durch das Auftreffen des Schlagsteines lösten sich Gesteinsspäne in ganz unterschiedlicher Größe und Dicke, die größeren *Abschläge* und die kleinen *Absplisse*.

Zunächst hat man von der Rohmaterialknolle die oft mürbe äußere *Rinde* (Cortex) entfernt. Erst danach begann der eigentliche *Abbau* der Gesteinsknolle, die man nun als *Kern* oder *Nukleus* bezeichnet. Dieser besitzt eine oder mehrere Schlagflächen, die durch gezielte Präparation vorbereitet wurden. So entstanden Bereiche mit regelmäßiger Oberfläche, die es gestatteten, den Impuls des auftretenden Schlagsteines kontrolliert in das Material des Kernes weiter zu leiten. Von diesem Kern trennte man nun die eigentlichen, zur späteren Weiterverwendung vorgesehenen Abschläge ab. Besonders regelmäßig geformte Abschläge, deren Länge mindestens das Doppelte der Breite beträgt, nennt man *Klingen.*

Während man die störenden Rindenpartien einer Knolle sowie größere und dickere Abschläge in *harter Schlagtechnik* mittels Schlagstein abgetrennt hat, stellte man dünnere Abschläge oder Klingen häufig in *weicher Schlagtechnik* mit einem Schlägel aus Geweih, Knochen oder Holz her.

Die Fertigung von Steingeräten erfolgt nach Regeln, die den physikalischen Eigenschaften der verwendeten Rohmaterialien unterworfen sind, und es ist davon auszugehen, dass die urgeschichtlichen Menschen über Jahrzehntausende einen hohen Kenntnisstand über die Eigenschaften unterschiedlicher, für sie relevanter Gesteine erworben hatten. Durch Materialuntersuchungen und die experimentelle Herstellung von Steingeräten weiß man, dass sowohl der jeweilige Abschlag als auch das auf der Knolle entstehende Negativ des Abschlags charakteristische, aus den Eigenschaften des Materials resultierende Schlagmerkmale aufweisen, anhand derer man in den meisten Fällen Steingeräte und ihren Herstellungsabfall sicher ansprechen kann. So erkennt man noch häufig den *Schlagpunkt* als kleine zerrüttete Stel-

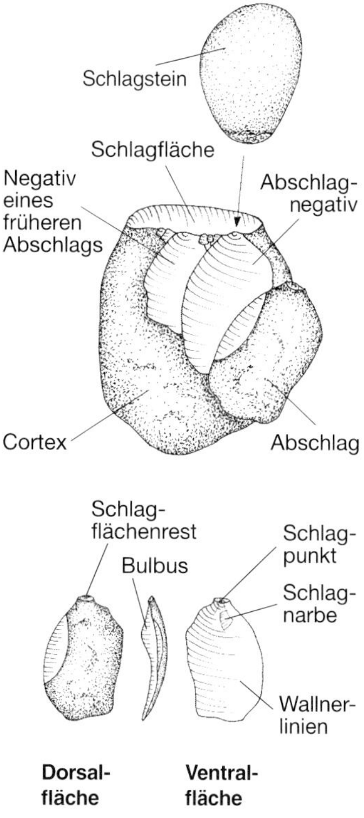

Herstellung von Abschlägen und die entsprechenden Schlagmerkmale.

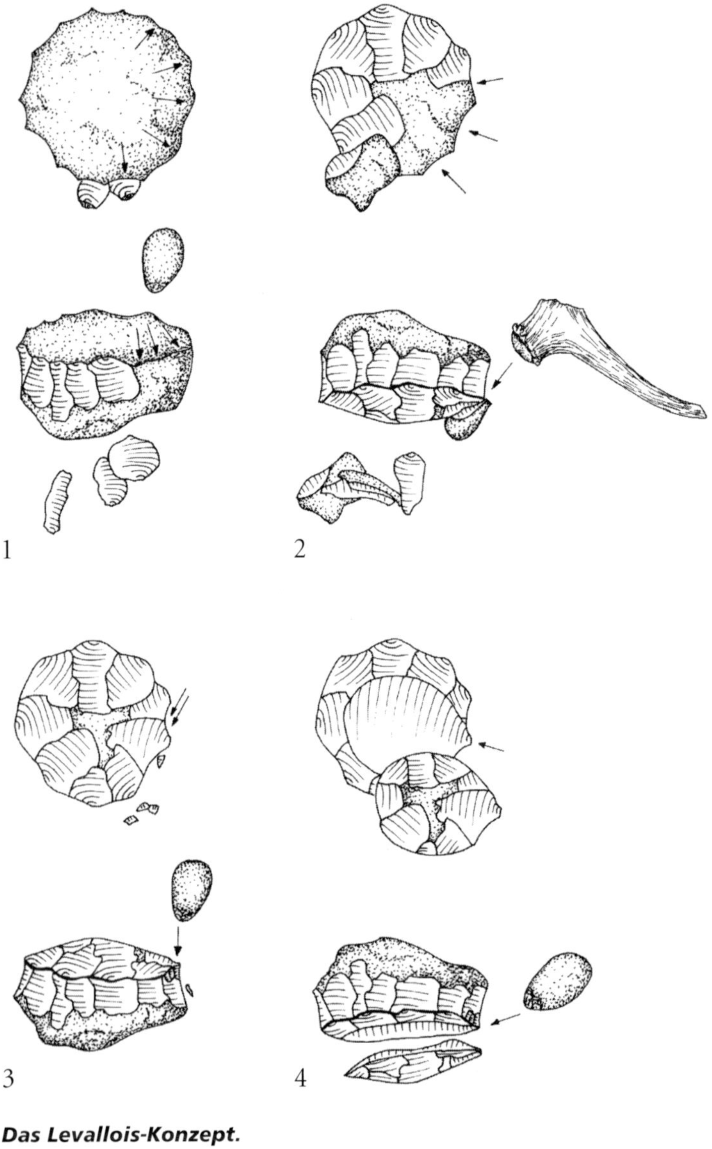

Das Levallois-Konzept.

le am Abschlag. An dieser Stelle traf der Schlagstein auf die Knolle. Unterhalb dieses Schlagpunktes zeigt die Trennfläche von Knolle und Abschlag, die *Ventralfläche*, einen Buckel (*Bulbus*).

Das entsprechende Bulbusnegativ ist in der Abschlagbahn auf dem Kern zu beobachten. Weiterhin erkennt man auf den Trennflächen an Kern und Abschlag quer zur Schlagrichtung verlaufende Wellenlinien (Wallnerlinien). Diese Merkmale entstehen bei der kegelförmigen Ausbreitung der Schlagenergie im Material und sind umso deutlicher ausgeprägt, je glasähnlicher das bearbeitete Gestein ist.

Im Laufe der Entwicklung der Steinbearbeitungstechnologie haben sich spezielle Typen von Kernen herausgebildet; hierzu zählen die für die Zeit der Neandertaler typischen Kerne mit *Levallois-Konzept*. Levallois ist ein Fundort in Frankreich vor den Toren von Paris. Die nachfolgende Beschreibung und bildliche Darstellung dieses Verfahrens bezieht sich auf Levallois-Kerne, die man für einen einzelnen *Ziel-Abschlag* angelegt hat: Bei diesen „klassischen" Levallois-Kernen erfolgt zunächst die *Präparation* der Unterseite durch Abtrennen von Abschlägen (1). Die so vorbereitete Unterseite dient in einem zweiten Arbeitsschritt als Schlagfläche für die Präparation der Oberseite (2). Sie ist die eigentliche Abbaufläche, also die Fläche, von welcher der zur Weiterverwendung vorgesehene Abschlag gewonnen werden soll. Die Abbaufläche von fertig präparierten Levallois-Kernen ist konvex; durch die randliche Absenkung der Fläche läuft der Schlagimpuls wieder aus dem Material heraus. Hierdurch gewinnt man Abschläge mit regelmäßigem Umriss. Die Arbeit gelingt jedoch nur, wenn man mit dem Schlagstein millimetergenau auf einen bestimmten Punkt der Schlagfläche trifft. Diese wird daher besonders sorgfältig vorbereitet (3). Zur Konzentration des Schlagimpulses auf einen einzigen Punkt ist häufig noch ein Vorsprung der Schlagfläche besonders herauspräpariert worden. Der exakt vorherbestimmte Auftreffpunkt leitet den Schlagimpuls kontrolliert in das Material des Kernes und führt somit zum Erfolg (4).

Diese Zerlegungstechnik ist perfektioniert und recht erfolgreich anzuwenden. Doch benötigt man schon Übung, um eine Feuersteinknolle nicht nur sehr schnell in viele kleine Trümmerstücke zu verwandeln. Wir haben in unserem Urgeschichtsstudium dieses Konzept der Steinbearbeitung experimentell nachvollzogen. Nach einigem Training stellen sich erste Erfolge ein. Schließlich gelingt auch das gezielte Präparieren und das Abtrennen eines regelmäßigen Levallois-Abschlags. Dabei fällt auf, dass auch die Präparationsabfälle zum Teil recht gute Abschläge mit sehr scharfen Kanten sind, die früher sicherlich auch eine Nutzung erfuhren. Die erfolgreiche Anwendung des Levallois- Konzeptes belegt ein ausgeprägtes Abstraktionsvermögen der Neandertaler.

Eine andere Art von Kernen ist auf die Gewinnung von Klingen ausgerichtet. Während man früher den Neandertalern die Fähigkeit zu einer solchen Klingenproduktion absprach und diese nur mit den jungpaläolithischen Kulturen der modernen Menschen in Verbindung brachte, kennen wir heute eine Reihe von Siedlungsstellen aus der Zeit der Neandertaler, an denen man Klingen hergestellt und verwendet hat. Hierzu zählen unter anderem die Fundstellen auf dem Tönchesberg in der Osteifel und in Mönchengladbach-Rheindahlen, Fundschicht B1.[112] Die Klingentechnologie nutzt das Rohmaterial Stein am effektivsten aus. Erreicht man bei einem Faustkeil eine umlaufend schneidende Kante von maximal etwa 30–40 Zentimetern, so ist diese bei Klingen, die aus einem gleichgroßen Stück des Rohstoffs hergestellt werden, um ein Vielfaches länger. Fertigt man aus einem Klingenkern etwa 30 Klingen, so dürfte die addierte Schneidenlänge insgesamt etwa fünf Meter betragen haben: eine hocheffiziente Nutzung der Ressource Stein. Einen Faustkeil hat man sicherlich häufiger nachgeschärft, so dass sich das Längenverhältnis der Schneiden etwas relativiert. Trotzdem ist die Herstellung von Klingenserien sehr fortschrittlich, was besonders in der verschiedenartigen und spezifischen Weiterverarbeitung zu spezialisierten Klingengeräten zum Ausdruck kommt. Viele Abschläge und Klingen sind, wie ihre Gebrauchsaussplitterungen belegen, ohne weitere Bearbeitung zum Schneiden oder Schaben benutzt worden; andere hat man vor ihrer Verwendung durch viele kleine Schläge zu speziellen Geräten geformt. Diese sogenannte *Retuschierung* erfolgte mit kleineren Schlaginstrumenten (Retuscheuren) aus Stein, Knochen, Geweih oder Holz. Typische Abschlaggeräte der Neandertaler sind beispielsweise Schaber und Spitzen. Einige davon setzte man sicherlich in organische Schäfte ein, andere führte man vermutlich ungeschäftet in der Hand. Das Schleifen von Steingeräten war zu dieser Zeit noch nicht bekannt.

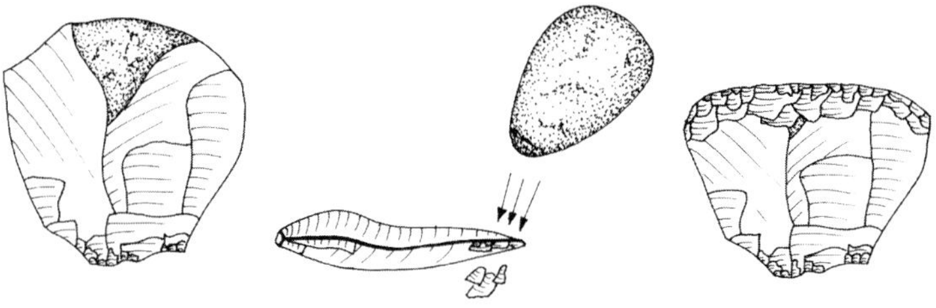

Retuschierung und Retuscheur.

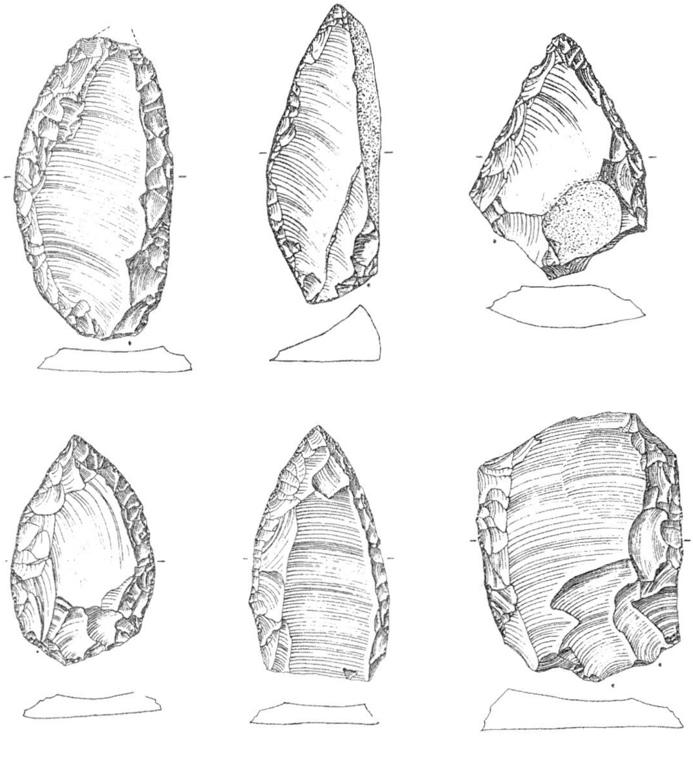

Schaber und Spitzen des Moustérien. Das Gerät links oben ist acht Zentimeter lang.

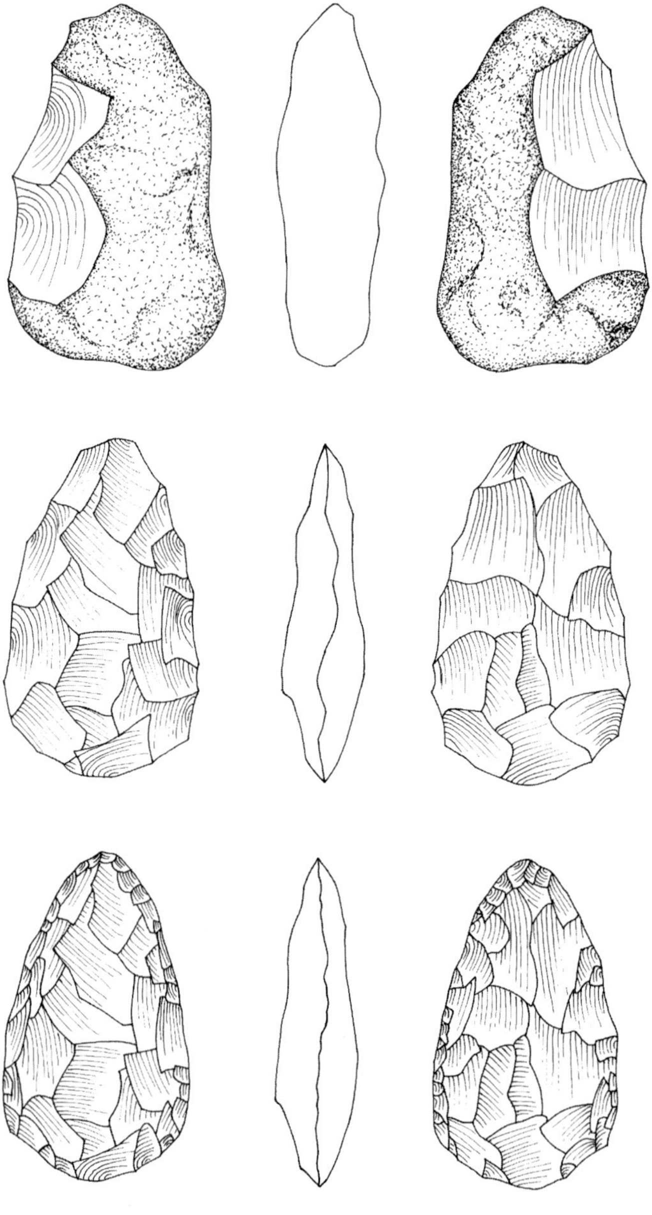

Stadien der Herstellung eines Faustkeils.

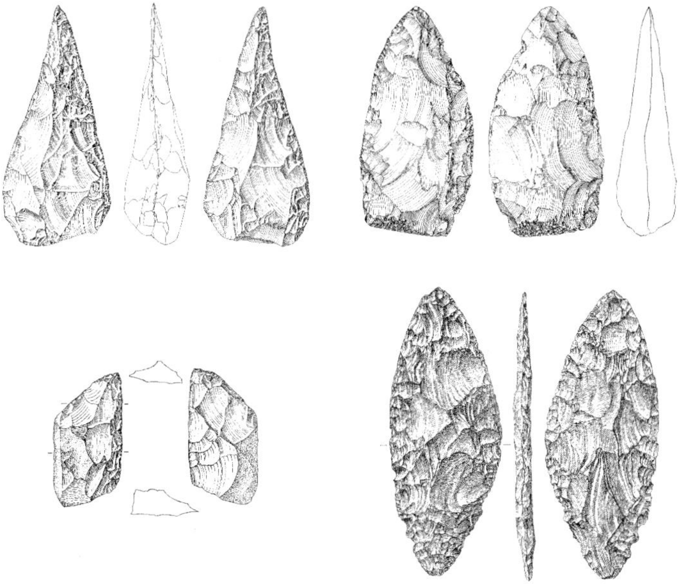

Kerngeräte: Faustkeile, Keilmesser, Blattspitze. Das Gerät links oben ist zwölf Zentimeter lang.

Im Gegensatz zur *Abschlagtechnik*, bei der Abschläge oder Klingen das Zielprodukt darstellen, wird bei der *Kerntechnik* ein Gesteinsstück durch Abtrennen von Abschlägen so weit zugeformt, dass ein *Kerngerät*, zum Beispiel ein *Faustkeil*, entsteht. Einige Steingeräte erwecken den Eindruck, dass bei ihrer Herstellung nicht nur die reine Funktion, sondern auch ästhetisches Empfinden eine Rolle spielte. So sind viele mittelpaläolithische Steingeräte sorgfältiger und symmetrischer gefertigt worden, als es für ihre angenommene Nutzung notwendig gewesen wäre (Farbtafel 12). Man darf den materiellen „Wert" selbst eines perfekt gefertigten Faustkeiles für den urgeschichtlichen Menschen jedoch nicht überschätzen; nahezu jedes neandertalerzeitliche Steingerät lässt sich, entsprechende Fertigkeiten vorausgesetzt, binnen Minuten herstellen. Daher ließen die Menschen dieser Zeit, wenn sie weiterzogen, häufig noch voll funktionsfähige Geräte auf ihren Siedlungsplätzen zurück.

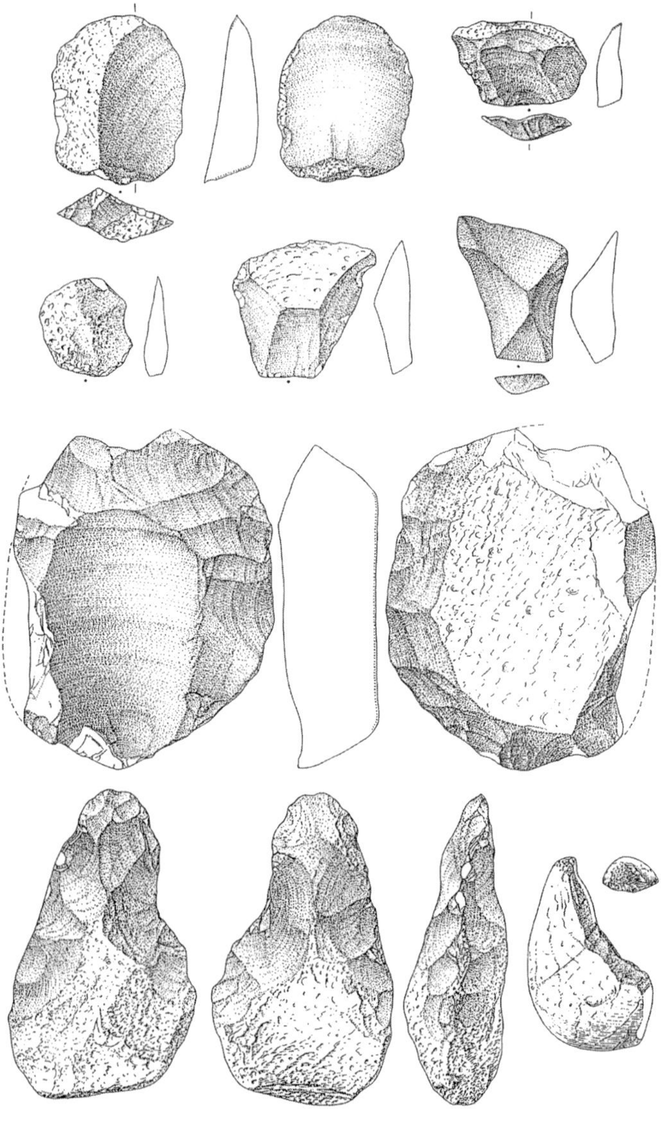

Produktionsabfälle aus dem Atelier von Ratingen bei Düsseldorf. Die Länge des Levallois-Kerns (dritte Reihe von oben) beträgt 18 Zentimeter.

Mittelpaläolithische Menschen suchten auch gezielt größere Rohmaterialvorkommen auf, um dort die geeigneten Steinvarietäten zu nutzen. Diese speziellen Werkstattplätze für die Serienproduktion von Abschlag- und Kerngeräten nennt man Ateliers.

Die jeweiligen Lagerstätten von Feuerstein, Quarzit oder anderen Gesteinen mit günstigen Spalteigenschaften erfuhren über längere Zeiträume – in einigen Fällen über Zehntausende von Jahren – wiederholt Nutzung. Dabei blieben zahllose Abfälle zurück: Abschläge von der Entrindung und Präparation der Rohmaterialstücke und Kerne, misslungene oder zerbrochene Abschläge, Klingen und Kerngeräte, weiterhin Restkerne und zerbrochene Schlagsteine. Auffällig ist das weitgehende Fehlen von Grundformen und Kerngeräten „erster Wahl"; diese wurden nach ihrer Herstellung entweder zum Siedlungsplatz der jeweiligen Gruppe oder zum Gebrauch an andere Stellen mitgenommen. 1984 entdeckte der Düsseldorfer Hobbyarchäologe Reinhardt Busch das bisher einzige mittelpaläolithische Atelier des Niederrheingebietes in Ratingen bei Düsseldorf.

Wie bereits erwähnt, findet man Steinartefakte auch dann noch, wenn alle organische Substanz eines Siedlungsplatzes schon längst zu Staub zerfallen ist. Es verwundert daher nicht, dass man gerade die intentionell erstellten Steingeräteformen schon früh in der Urgeschichtsforschung klassifizierte und verschiedenen „Kulturen" zuwies. In den sechziger Jahren des 20. Jahrhunderts entstand der neutralere Begriff der „Formengruppen" für eine Anzahl räumlich und zeitlich zusammenhängender Fundplätze mit ähnlichem Werkzeugbestand und spezifischen Leitformen.[113] Zu diesen Formengruppen gehören das Moustérien, das Micoquien, das Moustérien de tradition acheuléenne und die Blattspitzengruppen. Ob es sich hierbei tatsächlich in jedem Fall um eigenständige Formengruppen mit eigener, vielleicht sogar ethnisch begründeter kultureller Tradition handelt, wird derzeit vermehrt diskutiert. Denkbar wäre auch ein Modell, nach dem uns das Mittelpaläolithikum je nach den Gegebenheiten des jeweiligen Fundplatzes in dieser oder jener Gestalt erscheint. Beispielsweise können die verfügbaren Rohmaterialien, die vorgesehene Funktion der Geräte oder die Aufenthaltsdauer an einem Ort das Fundinventar beeinflusst haben. So ist zu erwarten, dass man in einem lange bewohnten Basislager andere Geräte verwendete als bei einem Jagdaufenthalt. Auf dem berühmten Fundplatz in Lehringen/Niedersachsen fanden sich neben einer hölzernen Lanze (Seite 154) lediglich einige Abschläge, die man ohne weitere Überarbeitung als Messer zum Zerlegen des Tieres verwendet hatte.[114]

Steinartefakte lassen unter günstigen Erhaltungsbedingungen sogar Rückschlüsse auf längst vergangene organische Materialien zu: Bei 200- bis 400-facher Vergrößerung sieht man unter dem Mikroskop an den Arbeitskanten ausreichend lange benutzter Geräte Oberflächenveränderungen, die je nach dem bearbeiteten Material teils stark voneinander abweichen. Im Idealfall kann durch den Vergleich mit experimentell erzeugten Benutzungsspuren die ehemalige Verwendung eines Steingerätes rückerschlossen werden.[115]

So verrieten die Werkzeuge der Neandertaler indirekt, dass ihre Hersteller wesentlich häufiger Holz bearbeiteten, als dies durch Funde zu vermuten war. Dabei sollte man über solch spektakuläre Holzfunde, wie etwa der oben genannten und sorgfältig zugerichteten Holzlanze von Lehringen, allerdings nicht vergessen, dass diese Menschen eine Fülle von Holzgeräten besessen haben dürften, von denen uns schlicht jede Vorstellung fehlt. Sicher ist aber, dass ein guter Teil der Steingeräte früher als Wechseleinsätze in Schäftungen aus organischen Materialien eingesetzt waren. Größe und Form mancher Objekte lassen keine andere Handhabung zu. Bisher sind auch auf Fundplätzen mit sehr guter Erhaltung von Knochen und Geweih keine Schäftungen aus diesem Material gefunden worden. Dies legt nahe, dass sie in erster Linie aus Holz oder harzigen Substanzen bestanden. Als große Rarität und als ein Indiz zur Untermauerung dieser These ist ein Fund von entsprechenden Harzstückchen aus Königsaue in Thüringen zu werten.

> »Sie sind deutlich durch Kneten in jeweils länglich-ovale Form gebracht worden. ... An dem größeren Stück (L 2,7; B 2,0; D 1,15 cm) ... sind einzelne Partien weggebrochen. An der aufgebrochenen Seite wird der Negativabdruck eines flächig retuschierten Artefaktes sichtbar. Es handelt sich um vier flachmuschelige Retuschen mit ihren Schlagbuckelnegativen, die auf der Harzmasse nun im Ausguß erscheinen. ... Auch die Kante des Artefaktes

Harzstück aus Königsaue und Rekonstruktion der Schäftung.

wird in einer Abdruckbreite von mindestens 3 mm und Hinweisen auf ihre Stumpfung erkennbar. Auf der gewölbten Außenseite trägt das Harzstück einen 1,1 Zentimeter breiten, eingetieften Abdruck. Er rührt von einem quer verlaufenden gespaltenen Holzstück her, wie es die Maserung zu erkennen gibt ... Auf dem breitgedrückten Ende und auf der Außenfläche sind in der Harzmasse schwache Abdrücke von Fingerlinien zu erkennen.«[116]

Hölzerne Funde wie die unlängst entdeckten schräg gekerbten Holzstücke aus rund 400 000 Jahre alten Ablagerungen der Fundstelle Schöningen in Niedersachsen belegen, dass Schäftungen zur Zeit der Neandertaler schon eine lange Tradition besaßen.[117] Die zur Retuschierung von Steingeräten verwendeten Schlaginstrumente aus organischen Materialien konnte man einerseits indirekt über charakteristische Merkmale des „weichen Schlages" an den Steingeräten selbst erkennen; aus Salzgitter-Lebenstedt/Niedersachsen und aus der Kulna-Höhle in Mähren liegen andererseits massive Knochensplitter vor, die man zum Retuschieren benutzt hatte.[118] In Rhede/Westfalen kam sogar ein aus einem Mammutknochen zurechtgeschlagener Faustkeil zutage.[119] Der Nachweis von Knochen- und Geweihgeräten für die Zeit der Neandertaler gelang, selbst bei guten Erhaltungsbedingungen, bisher jedoch nur vereinzelt.

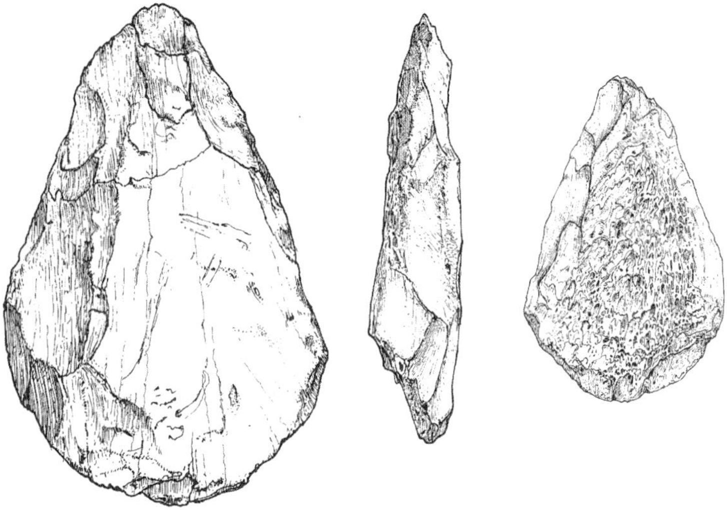

Faustkeil aus Tierknochen vom Fundplatz Rhede/Westfalen. Die Länge des Stückes beträgt 15 Zentimeter.

Die auf den Siedlungsplätzen der modernen Menschen der jüngeren Altsteinzeit häufigen geschliffenen Knochenspitzen finden sich bereits – wenn auch wesentlich seltener – in Fundinventaren aus der Zeit der Neandertaler, etwa in der Vogelherd-Höhle in Süddeutschland (Farbtafel 13)[120]. Die aus der äußeren kompakten Schicht des Knochens durch Schaben und Schleifen hergestellten Stücke stellen, ebenso wie verschiedene steinerne Spitzenformen, wahrscheinlich Speerbewehrungen dar. Diese Annahme ließ sich leider bisher noch nicht durch geschäftete Funde bestätigen. Auch die 25 Fundstücke von Salzgitter-Lebenstedt, darunter zugespitzte Mammutrippen unbekannter Funktion und eine Knochenspitze, belegen eindrucksvoll die Knochenverarbeitung durch den eiszeitlichen Menschen.[121] Insgesamt muss aber festgestellt werden, dass die Neandertaler anscheinend nicht regelhaft Geräte aus Knochen, Geweih oder Elfenbein herstellten. Die später vom anatomisch modernen Menschen zur Blüte geführte Technologie war in ihren Grundzügen jedoch bereits vorhanden.

Jäger und Sammler

Die Menschen des Paläolithikums lebten – wie heute noch einige Naturvölker – vom Jagen und Sammeln. Dabei nutzten sie von den natürlichen Ressourcen nur so viel, wie sie benötigten. Ihre Lebensweise stand also weitgehend im Einklang mit der Natur, da das ressourcengebende Ökosystem niemals ernsthaft Schaden nahm.

Doch wie lässt sich aus den spärlichen Hinterlassenschaften der Neandertaler etwas über ihre Lebensweise ablesen? Was wissen wir von ihrem Verhalten, beziehungsweise was glauben wir zu wissen? Wahrscheinlich gab es in der Zeit der Neandertaler zwischen Männern und Frauen eine Arbeitsteilung: Der Mann ging auf die Jagd, die ihn gelegentlich auch weiter vom Lager wegführte, während die Frau im näheren Umkreis pflanzliche Nahrung und Heilpflanzen sammelte. Diese Vorstellungen beruhen vorwiegend auf dem ethnologischen Vergleich mit heutigen Naturvölkern.

Prinzipiell sind zwei Verhaltensmuster der Neandertaler zu klären: 1. Waren ihre Aneignungsstrategien vorausschauend geplant oder eher zufällig? 2. Welche Geräte stellten sie her, um an die nötigen Ressourcen und Nährstoffe zu gelangen?

Wie bereits besprochen, bewohnten die Neandertaler ökologisch unterschiedliche Landschaften. Die verschiedenen Lebensräume erforderten jeweils spezifische Überlebensstrategien. Wollte man zum Beispiel ein Rentier oder ein Mammut jagen, so hatte es keinen Zweck, der Herde hinterherzulaufen, um ein Tier mit dem Speer zu erlegen. Die altsteinzeitlichen Jäger wussten aber genau, dass die großen Tierherden zu bestimmten Jahreszeiten auf ihren Wanderungen immer wieder die gleichen Landmarken passierten. Darin bestand die Chance für die Jäger: Wenn sie sich in einen Hinterhalt legten – die Herden waren sicherlich schon von weitem zu sehen – und an einem Engpass in Deckung auf die Tiere warteten, bestand die Chance, nah an ein Tier heranzukommen und es tödlich zu verletzen. Sollte die erwartete Tierherde jedoch ausbleiben, so drohte der Gruppe Not und Entbehrung. Daher dürfte es Späher gegeben haben, die beobachteten, ob sich eine Herde näherte. Kam es dennoch einmal zu einem

Nahrungsengpass, musste man auf andere Naturprodukte zurückgreifen: Dies konnten Pflanzen, Kräuter, Früchte, Pilze, aber auch Rinden und Wurzeln sein; oder man sammelte Eier, jagte Kleintiere aller Art, fischte und verzehrte womöglich Aas von verendeten Tieren. Die Neandertaler jedoch ausschließlich für Aasfresser zu halten, wie bisweilen behauptet wird, erscheint uns absurd. Andererseits schmälert es unser Bild von den Neandertalern keinesfalls, wenn wir ihnen zutrauen, dass sie in winterlichen Notzeiten ein verendetes Tier verwerteten, statt stolz, aber hungrig auf den nächsten Jagderfolg zu warten.

Es gibt Kollegen, die den Neandertalern grundsätzlich die Fähigkeit zur gezielten Jagd absprechen.[122] Die hölzerne Lanze von Lehringen ist allerdings ein gutes Beispiel dafür, dass die Neandertaler schon vor 120 000 Jahren Waffen besaßen, mit denen sie Großtiere erlegten. Man fand die Lanze in den vierziger Jahren des 20. Jahrhunderts am Rand eines verlandeten Sees zwischen den Rippen eines Waldelefanten; vermutlich war das Tier mit dieser 2,45 Meter langen Eibenholzlanze getötet worden. Die Waffe war im Bereich der Spitze sorgfältig zugerichtet und im Feuer gehärtet worden.[123]

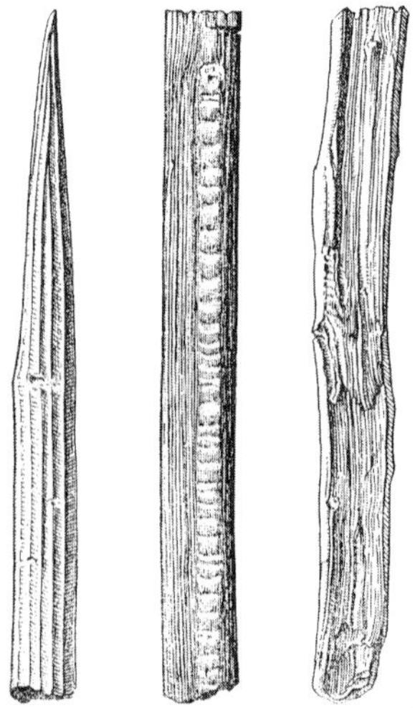

Die Lanze von Lehringen: Spitzenpartie, Schaftteil und unteres Ende.

Einige dabeiliegende Feuersteinabschläge hat man vermutlich nach dem Jagderfolg ad hoc von einem Kern abgeschlagen und zum Zerlegen der Beute genutzt.[124] Anzunehmen, die Jäger hätten den übrigen Gruppenmitgliedern kein Fleisch ins Lager mitgebracht, wie es Binford schildert[125], erscheint unvorstellbar, da das Überleben der Gruppe vom Wohlergehen aller abhing. Hier zeigt sich erneut ein prinzipielles Problem unseres Faches: Die Befunddichte, die Menge an „harten Fakten“, ist so gering, dass oft eine Interpretation in viele Richtungen möglich ist. Die Deutungsansätze gehen daher bisweilen sehr weit auseinander.

Die Jagd auf Elefanten und Nashörner wird jedoch die Ausnahme gewesen sein; die alltägliche Jagdbeute bestand – den Knochenfunden nach zu urteilen – eher aus kleinen bis mittelgroßen Tieren. Dabei ist meist keine einzelne Tierart besonders häufig erbeutet worden.

In Salzgitter-Lebenstedt, einem frühweichselzeitlichen Fundplatz am Fuß des Harzes hingegen fanden sich neben einigen tausend Steingeräten die Jagdbeutereste von 86 Rentieren, deren Skelette regelhaft Schlachtspuren zeigten. Es spricht einiges dafür, dass die Neandertaler hier ein spezielles Lager aufgeschlagen hatten, in dem die Jagd auf Rentiere eine entscheidende Rolle spielte. Nach der Entwicklung der Zähne und Geweihe mussten die Tiere im Herbst, genauer noch September/Oktober getötet worden sein. Dies war der Zeitpunkt, zu dem die Rentierherden die Mittelgebirgsregionen verließen, um ihre Wintereinstandsgebiete in den Tiefländern aufzusuchen. Die Wanderroute führte die Herden an dieser Stelle durch ein schmales, recht steiles Tal, in dem die Tiere kaum ausweichen konnten. Und genau hier erwartete die Neandertalergruppe die Tiere. Das anschließende Zerlegen der Beute diente eindeutig der Fleisch- und Knochenmarkgewinnung.[126]

Auch in Mauran am Fuße der Pyrenäen fand sich ein neandertalerzeitliches Lager, wo zahlreiche Wisente erbeutet und zerlegt worden sind. Die Steingeräte dazu hat man ebenfalls gefunden; auch weisen die Knochen wieder die typischen Schnittmarken auf. Dieser Platz lag vermutlich nicht zufällig genau an jenem Weg, auf dem die Wisente im Herbst ihre Winterweidegebiete aufsuchten. Eine besonders günstige Stelle war es insofern, als hier das Flusstal durch eine Reihe von Hügeln und einen Felsvorsprung verengt war. Der Platz versprach Jagderfolg, und so ist es auch nicht verwunderlich, dass die Neandertaler ihn immer wieder aufsuchten.[127]

In der Regel gelangten nur Kleintiere vollständig auf die Siedlungsplätze, ansonsten wurde die Beute bereits am Tötungsplatz zerteilt, nicht Benötigtes zurückgelassen. In Mauran lagen Tötungsplatz und Siedlungsstelle in unmittelbarer Nachbarschaft, für Salzgitter-Lebenstedt wird ebenfalls eine geringe Entfernung der nicht entdeckten Jagdstellen vom eigentlichen Lagerplatz der Gruppe angenommen.

Hölzerne Lanzen stellten vermutlich die einzigen Jagdwaffen der Neandertaler dar, die Distanzwaffen Speerschleuder und Bogen waren noch nicht erfunden. Ob es auch Lanzen mit geschäfteten Steinspitzen gegeben hat, ist offen, da man bisher eine solche nicht gefunden hat. In diese Richtung deuten jedoch zum Beispiel die Feuersteinspitzen der B3-Fundschicht in Rheindahlen[128], die bisweilen ein stielartig verjüngtes Ende aufweisen und demnach für eine solche Schäftung geeignet wären. Auch einige Moustérien-Spitzen von La Cotte de Saint Brelade (Kanalinsel Jersey) werden als Lanzenspitzen diskutiert. Gestützt wird diese Annahme durch charakteristische Aussplitterungen im Spitzenbereich der Stücke, die beim Auftreffen auf Knochen des Beutetieres entstanden sein können.[129]

Was das Wanderverhalten betrifft, so stellten Liebermann und Shea speziell im Nahen Osten (wo Neandertaler und frühe anatomisch moderne Menschen nahezu gleichzeitig lebten) fest, dass es grundsätzlich zwei verschiedene Strategien gab. Eine nannten sie *circulating mobility* (Rundwanderstrategie): Darunter verstanden sie ein regelmäßiges Aufsuchen der Lagerplätze während der Wanderungen innerhalb eines größeren Gruppenterritoriums. Dadurch konnten die Gruppen auf die im jahreszeitlichen Wechsel veränderten Bedingungen und die unterschiedliche Zugänglichkeit von Ressourcen reagieren. Vorteil war eine geringe ökologische Belastung des Lebensraumes. Die entsprechenden Fundplätze, die man dem anatomisch modernen Menschen zugeschrieben hat, wiesen meist ein Spektrum von Faunenresten aus einer einzigen Jahreszeit und nur wenige zerbrochene Steingeräte auf – ein Hinweis darauf, dass diese Stellen von der Gruppe jeweils nur relativ kurzfristig aufgesucht wurden, um dann in andere Gebiete abzuwandern. Die andere Methode der Erschließung eines Lebensraumes bezeichneten Liebermann und Shea als *radiating mobility* (Ausstrahlungsstrategie): Von einem mehr oder weniger permanenten zentralen Basislager brach man zu peripheren Plätzen auf, um von dort wichtige Rohstoffe zu besorgen. Gruppen mit dieser Strategie jagten und sammelten so lange in einem Territorium, bis die Ressourcen erschöpft waren. Dann erst wechselten sie den Standort. Liebermann und Shea stellten fest, dass auf diesen Fundplätzen, die sie den Neandertalern zuwiesen, Jagdbeutereste aus allen Jahreszeiten und viele zerstörte Geräte lagen; die Gruppen nutzten diese Siedlungen also über das ganze Jahr – zumindest aber über längere Zeit.[130]

Liebermann und Shea zufolge waren die Neandertaler durchaus in der Lage, vorausschauend zu planen. Aber sie hatten ein weniger komplexes Verständnis ihrer Umgebung als der *Homo sapiens.* Die von den Neandertalern praktizierte Nutzung eines Habitats durch die Ausstrahlungsstrategie war aufwendig und mit zunehmender Aufenthaltsdauer immer weniger effektiv, da die Wege zu den Nahrungsquellen immer länger wurden. Schließlich war die Belastung, ausreichend Ressourcen zu finden, so groß, dass dies zum Verlagern des Basislagers führte. Diese anstrengende Form des Nahrungserwerbs, so vermuteten einige Forscher, könnte in Kombination mit häufig harten klimatischen Bedingungen dazu geführt haben, dass die Neandertaler im Laufe ihres Lebens einen besonders robusten und kräftigen Körperbau entwickelten.[131] Allerdings muss die genetische Disposition bei ihnen eine viel stärkere Muskelausprägung möglich gemacht haben als bei einem gleichermaßen trainierten modernen Menschen. Die Vorstellung, dass Neandertaler schon von Geburt an auf kräftigeren Körperbau angelegt waren, wird dadurch gestützt, dass schon ihre Kinder eine ähnliche Robustheit besaßen.

Spuren eines harten Lebens

Sicherlich brachte das Leben einer jagenden und sammelnden Neandertalergruppe viele Gefahren, hohe körperliche Beanspruchungen und gelegentliche Zeiten des Mangels mit sich. Es musste mit relativ einfachen Mitteln bewältigt werden; so standen zum Beispiel weder Pfeil und Bogen noch Reit- oder Tragtiere zur Verfügung. Auch der Hund, in späteren Zeiten Jagdhelfer und Wächter des Menschen, hatte den Weg an die Lagerfeuer noch nicht gefunden.

An den Neandertaler-Skelettresten hat man eine Reihe von Verletzungen, Krankheiten und Mangelerscheinungen nachweisen können, Zeugen dieses harten, gefährlichen Lebens. Auch in dieser Hinsicht ist der Urmensch aus dem Neandertal hochinteressant; schon Schaaffhausen diagnostizierte, dass dieser eine Schädelverletzung überlebt und einen Bruch im Ellbogenbereich des linken Unterarmes überstanden hatte. Diese in der Jugend erlittene Verletzung machte ein vollständiges Beugen im Ellbogengelenk unmöglich.[132] Im Rahmen der Neubearbeitung des Neandertalerfundes hat der Göttinger Pathologe Michael Schultz auch Knochenproben aus beiden Ellen verglichen. Dabei zeigte sich, dass der Knochen des linken Armes in seiner mikroskopischen Struktur charakteristisch verändert war: Nach dem Bruch hatte sich über Jahre eine Schwächung der Knochensubstanz entwickelt (Inaktivitätsatrophie), die belegt, dass dieser Arm nach der Verletzung tatsächlich nicht mehr belastet werden konnte (Farbtafeln 14 und 15).[133]

Man hatte seinerzeit gerade den „alten Mann“ von La Chapelle-aux-Saints als einen in seiner Physiognomie typischen Neandertaler charakterisiert. Bei einem Teil der von Boule als artspezifisch herausgestellten Merkmale des Skeletts handelt es sich aber in Wirklichkeit um krankhafte Gelenkveränderungen (Arthritis). Nacken, Rücken und die Schultern waren hiervon besonders betroffen; die Gelenke des Bewegungsapparats zeigen Spuren starker Überbeanspruchung (Arthrose). Weiterhin sind ein verheilter Rippenbruch und der Verlust der Backenzähne bemerkenswert. Dieses Individium muss sprichwörtlich „auf dem Zahnfleisch gekaut“ haben.[134]

Noch wesentlich härter hatte es den in der Shanidar-Höhle im Irak ausgegrabenen männlichen Neandertaler (Shanidar 1) getroffen: Ein Schlag auf die linke Kopfseite hatte die Augenhöhle gebrochen und das Auge so verschoben, dass es wahrscheinlich erblindete. Eine Verletzung der rechten Körperseite machte den entsprechenden Arm unbrauchbar. Rechter Fuß und Unterschenkel sind, vielleicht zum selben Zeitpunkt, ebenfalls schwer verletzt worden. Neben dem Bruch des Fußknochens liegen weitere Spuren von Krankheiten vor, die darauf schließen lassen, dass der Fuß wohl nur wenig und unter großen Schmerzen zu bewegen war. Schließlich weisen das rechte Knie und Teile des linken Fußes ebenfalls krankhafte Veränderungen auf, welche die normale Funktion einschränkten.

Ein weiterer Neandertalermann (Shanidar 3) erlitt durch einen Unfall oder den agressiven Akt eines Gegners eine Stichverletzung, die durch die Verletzung einer Rippe dokumentiert ist. Diese hat ihn vermutlich handlungsunfähig gemacht. Da die Rippe Spuren einer beginnenden Verheilung aufweist, muss er das Ereignis einige Wochen überlebt haben, bevor der Tod – möglicherweise durch eine Infektion der Lunge – eintrat.

Eine Vergleichsstudie des amerikanischen Anthropologen Thomas Berger, eines Schülers von Eric Trinkaus, ergab, dass die bei Neandertalern häufig beobachteten Verletzungen des Kopfes und der oberen Körperregion am ehesten denen von Rodeoreitern gleichen. Dieser auf den ersten Blick etwas belustigend wirkende Vergleich hat einen wertvollen Informationsgehalt: Viele Verletzungen der Neandertaler sind vergleichbar mit denen, die Personen auch heute erleiden, wenn sie sich in Reichweite größerer Tiere begeben und diese in Rage versetzen. Da die Neandertaler nicht über Fernwaffen verfügten, mussten sie beispielsweise Wildpferde oder Rinder aus kurzer Distanz mit der Stoßlanze erlegen – ein lebensgefährliches Unterfangen, besonders wenn das Wild nicht sofort tödlich getroffen wurde.

Die hier geschilderten Beispiele stehen für eine Vielzahl nachgewiesener Verletzungen und krankhafter Veränderungen, die wichtige Einblicke in die Lebensumstände des jeweiligen Individuums, aber auch der Neandertaler insgesamt gewähren.[135]

Dass nach solch schweren Verletzungen die Betroffenen teils monate- oder jahrelang weiterlebten, kann nur bedeuten, dass sowohl die anfängliche Krankheit und Verletzung als auch bleibende Behinderungen durch Mitgefühl und soziales Denken innerhalb der Gruppe aufgefangen wurden. Die Kranken und Verletzten wurden „medizinisch" versorgt, gepflegt und, obwohl sie zum Teil kaum noch einen Beitrag zum Überleben der Gruppe beisteuern konnten, „durchgefüttert". Die teils extremen körperlichen Verschleißerscheinungen an den Skeletten der Neandertaler führten zunächst zu einer zu hohen Berechnung des Lebensalters dieser Menschen. So nahm Boule für den Mann von La Chapelle-aux-Saints ein Alter von über 50 Jahren an. Der Mensch aus dem Neandertal wurde nach Schätzungen rund 60 Jahre alt. Berücksichtigt man jedoch die ungewöhnlich harten, den Organismus belastenden Lebensumstände und die Tatsache, dass die Pflege kranker oder verletzter Gruppenmitglieder schnell an die eng gesteckten Grenzen der „naturmedizinischen" Möglichkeiten jener Zeit stieß, verwundert es nicht, dass die durchschnittliche Lebenserwartung der Neandertaler in Wirklichkeit nur bei etwa 30 bis 40 Jahren lag.

Bewusstsein, Spiritualität und Artikulationsvermögen

Der Nachweis, dass die Neandertaler Kranke und Verletzte pflegten, gewährte wichtige Einblicke in die geistig-soziale Welt dieser Menschen; aber auch andere materielle Hinterlassenschaften oder fossile Reste lassen Schlüsse auf weitere spezifisch menschliche Eigenschaften zu.

Künstler und Schmuck-Designer?

Es wird immer wieder diskutiert, ob die Neandertaler Schmuck herstellten oder künstlerisch tätig waren. So hat man wiederholt Funde in diese Richtung gedeutet und entsprechend weitreichende Schlussfolgerungen über symbolisches Denken und künstlerische Fähigkeiten der Neandertaler hergeleitet. Es wäre wünschenswert, wenn auf alle in diesem Zusammenhang diskutierten Objekte das nachfolgende Szenario zuträfe:

> *Der Kollege X führt eine Ausgrabung in einer Höhle durch. Zur Zeit gräbt man zwei Meter unter dem heutigen Laufhorizont der Höhle in horizontal verlaufenden Schichten, die bereits Hunderte typischer Artefakte des Moustérien erbracht haben. Da sich die Gelenke der gefundenen Tierknochen noch im anatomischen Verband befinden, ist die Fundschicht sicherlich nicht durch geologische Bodenbewegungen gestört worden; auch die dicht unter dem Höhlenboden entdeckten Gruben einer jüngeren Besiedlungsphase reichen nicht in die neandertalerzeitli-*

che Schicht hinein. Bei der Ausgrabung wurden einige Tierbauten gefunden, die sich aber klar gegen die übrige Fundschicht abgrenzen lassen. Diese konnte man durch verschiedene naturwissenschaftliche Verfahren auf ein Alter von rund 43 000 Jahren datieren.

Als vor einem halben Jahr der fast komplette Schädel eines Neandertalers zutage kam, war der Kollege überglücklich; völlig in Verzückung gerät er jedoch, als eine Grabungshelferin, Fachstudentin im zwölften Semester mit großer Grabungserfahrung, ihn zu einem aufsehenerregenden Fund ruft: Sie hat ein längliches Knochenstück freigelegt, das ein symmetrisches Loch aufweist, – eine Durchbohrung? Wenig später entdeckt sie drei Zentimeter neben dem ersten Fundstück einen Fuchszahn, der ebenfalls eine mögliche Bohrung zeigt.

Das gesamte Grabungsteam ist in heller Aufregung; es wird gemessen, gezeichnet, fotografiert. Sedimentproben aus der Umgebung der Fundstücke werden genommen, und man achtet peinlichst auf jede noch so schwache Verfärbung im Umfeld der Stücke, einige unbearbeitete Knochenstückchen aus der unmittelbaren Umgebung packt man separat ein.

Die Pulsfrequenz des Kollegen erhöht sich: „Wenn das stimmt ....“ Doch es stimmt! Mikroskopische Untersuchungen belegen eindeutig, dass sowohl der Knochen als auch der Zahn künstlich durchbohrt worden sind. Der Erhaltungszustand der Bohrungen entspricht dem der restlichen Objektoberfläche, so dass die Bohrungen tatsächlich „alt“ sind; die oberen Partien der Bohrungen sind sogar geringfügig abgenutzt. Das die beiden Fundstücke ehemals umgebende Sediment wird gründlich analysiert: Es ist mit der übrigen Fundschicht absolut identisch. Die unbearbeiteten, separat eingepackten Knochenstücke datiert man mit der ^{14}C-Methode: Das Alter entspricht den übrigen datierten Objekten aus der Fundschicht. Nachdem alle Informationen innerhalb der Arbeitsgruppe nochmals diskutiert worden sind, steht fest: Es handelt sich hier um zwei dicht beieinanderliegende, künstlich durchbohrte Objekte aus einem datierten, gesicherten Fundzusammenhang mit Steingeräten und Skelettresten eines Neandertalers. Der Gedanke, sie als Schmuckanhän-

ger zu deuten, erscheint durchaus legitim. Die Arbeitsgruppe schreibt einen Fachartikel und reicht diesen der angesehenen Wissenschaftszeitschrift „Nature" zum Druck ein.

Die Redaktion benennt anonyme Gutachter ihrer Wahl. Kollege X hatte zuvor gebeten, nicht Herrn Professor Y zu benennen, da dieser ihm seine Erfolge seit Jahren missgönnt. Die Redaktion ist mit derartigen Dingen bestens vertraut und folgt der Eingabe.

Die Gutachter sprechen sich für die Annahme des Beitrags aus und schicken das mit ihren Anmerkungen versehene Manuskript an die Redaktion zurück, die ihrerseits die Anmerkungen anonymisiert an die Autoren weiterleitet. Die teils kritischen Fragen, aber auch einige für das Team zur Selbstverständlichkeit gewordene und daher nur unzureichend erklärte Sachverhalte werden von der Arbeitsgruppe analysiert und erläutert. Anschließend wird der überarbeitete Text erneut eingereicht. Endlich – seit der ersten Abgabe des Manuskriptes sind sieben Monate vergangen – liegt zur großen Freude des Kollegen X der frisch gedruckte Artikel vor, der aufgrund seiner Transparenz, guten Beweisführung und ausgezeichneten mikroskopischen Aufnahmen von kaum jemandem angezweifelt wird (lediglich Professor Y lässt in einer e-mail an einen anderen Kollegen durchblicken, das sei alles nicht so bedeutend, da gäbe es ganz andere Grabungen, auf die man sich konzentrieren müsse).

Leider weicht die archäologische Wirklichkeit in der Regel von diesem konstruierten Idealfall ab. In Höhlen, die über lange Zeiträume immer wieder besiedelt waren, stellen unregelmäßig verlaufende, durch geologische Bodenbewegungen gestörte Schichten mit wechselnder Mächtigkeit selbst bei modernsten Grabungsmethoden eine große Herausforderung dar. Auch bodengrabende Tiere oder später siedelnde Menschen können Störungen verursacht haben. Potenziell besteht hier stets das Risiko der Einmischung von Gegenständen aus verschiedenen Schichten. Solange diese Objekte eindeutig als nicht zugehörig zu identifizieren sind oder es sich um Stücke von geringerer Bedeutung handelt, kann man dieses Problem weitgehend vernachlässigen. Kritisch wird es jedoch stets dann, wenn die Zuordnung besonders aussagekräftiger Fundobjekte unsicher ist. Bedauerlicherweise ist davon auszugehen, dass aufgrund der noch deutlich geringer entwickelten Grabungs- und Dokumentationsmethoden die Ergebnisse älterer Grabungen nur mit Einschränkungen in die heutigen Diskussionen einbezogen werden können. So haftet gerade aus dem Rahmen des üblichen Fundmaterials hinausfallenden Einzelstücken stets ein Rest bohrenden Zweifels an. Aber auch andere Annahmen unserer fiktiven Grabung implizieren durchaus Schwierigkeiten: Ob die Durchbohrung eines Objekts tatsächlich vorsätzlich durch den altsteinzeitlichen Menschen erfolgte oder ob das Loch eine Folge natürlicher Phänomene wie Beschädigungen durch scharfkantige Steine, Tierverbiss oder die Erweiterung eines Gefäßkanales durch Verwitterung ist, kann je nach dem Erhaltungszustand des Fundstückes schwer zu beurteilen sein.

Ebenso problematisch ist die Interpretation von Ritz- und Schnittlinien auf Knochenoberflächen. Schnittspuren entstehen beispielsweise beim Zerteilen der erbeuteten Tiere oder durch Verwendung größerer Knochen als Schneideunterlage für Fleisch, Leder oder andere Materialien. Gerade die Schnittspuren auf Arbeitsunterlagen können recht interessante Symmetrien aufweisen, wie jedermann leicht in der eigenen Küche feststellen kann. Unterlagen, die wiederholt in der gleichen Orientierung durch Rechtshänder verwendet wurden, weisen von links oben nach rechts unten verlaufende Schnitte auf; noch wesentlich interessanter sind solche Stücke, auf denen man in verschiedene Richtungen geschnitten hat. Bei der Verarbeitung von Tierhäuten sind eine Reihe gewundener Schnittverläufe zu erwarten, die ebenfalls ihre Spuren auf den Unterlagen hinterlassen haben werden. Derartige Schnitt- und Schabspuren können noch durch natürliche Erscheinungen, wie etwa Knochenstrukturen, feine Risse oder später im Sediment entstandene Kratzer zu einem Gesamtbild abgerundet werden, das insbesondere bei schlechterer Oberflächenerhaltung zu Fehlbeurteilungen führen kann. Hinzu kommen Phantasie und Begeisterung, die gelegentlich ebenfalls derartige Spuren auf Knochenstücken zur Neandertalerkunst „befördert" haben. Leider sind allzu oft von derartigen Fundstücken lediglich Zeichnungen veröffentlicht worden, die zwangsläufig den subjektiven Eindruck und die Deutung einzelner Spuren durch den jeweiligen Bearbeiter in einem Gesamtbild manifestieren.

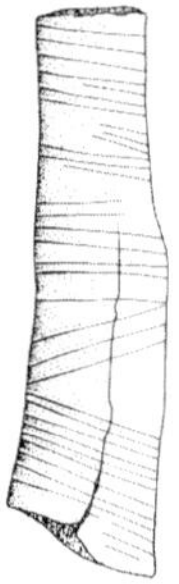

Ritzlinien auf einem Knochenstück von La Ferrassie (Länge: 11,5 Zentimeter).

Hier kommt nun noch ein weiterer Faktor ins Spiel, dem, obwohl bestens bekannt, schon eine Reihe von Wissenschaftlern unterschiedlichster Fachrichtungen erlegen sind: der „Wunsch als Vater des Gedankens“. Natürlich möchte man etwas Besonderes entdecken, etwas, das über den Durchschnitt hinausragt, das die Bedeutung der eigenen Arbeit unterstreicht und stolz auf Kongressen präsentiert werden kann.

Vor dem Hintergrund der soeben geschilderten Probleme seien einige Beispiele kurz beleuchtet: Auf dem Fundplatz La Ferrassie (Dordogne)[136] fand sich zu Beginn des 20. Jahrhunderts ein Kalksteinblock mit grübchenartigen Vertiefungen, die man als Beleg für künstlerische Äußerungen der Neandertaler betrachtete. Besondere Brisanz erhielt der Fund durch den Umstand, dass der Block, scheinbar als Abdeckung, über einem Kindergrab lag. In den letzten Jahren mehrten sich jedoch Zweifel an dieser Interpretation, da die Verzierung für die Zeit der Neandertaler ohne Parallele ist, sich derartige Grübchenornamente hingegen in den höheren Fundschichten des anatomisch modernen Menschen (Aurignacien) häufiger fanden. Es liegt der Verdacht nahe, dass während der frühen Ausgrabungen die Schichten stellenweise nicht klar getrennt werden konnten.

Vom selben Fundplatz stammt ein Knochenstück mit regelmäßigen Schnittlinien, die kaum beim Zerteilen von Jagdbeute oder der Verwendung als Arbeitsunterlage entstanden sein können. Allerdings muss auch bei diesem Stück die Frage nach der sicheren Schichtzuweisung gestellt werden. Vergleichbare Knochenstücke mit Ritz- und Schnittlinien liegen von der mit fast 400 000 Jahren wesentlich älteren Fundstelle Bilzingsleben in Thüringen aus der Zeit des *Homo erectus* vor.[137] Über die Interpretation solcher Fundstücke – Symbolik, Kunstäußerungen, simples Wiederholen von Linien aus einer Laune heraus oder schlicht Arbeitsspuren – lässt sich indes trefflich streiten.

Durchbohrte Knochenstücke und Tierzähne, die man als Schmuck interpretieren kann, spielten offensichtlich kaum eine Rolle im Leben der Neandertaler. Zu den wenigen auch heute noch diskutierten Objekten, die vermutlich oder sicher durchbohrt sind, gehören ein Fuchszahn aus La Quina (Charente), ein Mittelfußknochen und ein Schwanzwirbel vom Wolf aus der Bocksteinschmiede in Süddeutschland sowie ein flaches Knochenstück und ein Wolfszahn aus der Repolusthöhle in Österreich.[138]

Bei einer Überprüfung der Zähne von La Quina und aus der Repolusthöhle ließen sich zwar die Bohrungen bestätigen, Zweifel an der Zugehörigkeit zu den mittelpaläolithischen Schichten konnten aber nicht ausgeräumt werden.[139] Derartige Zweifel bestehen für die Funde aus der Bocksteinschmiede nicht, jedoch wurde hier vermutet, dass die Stücke reine Gebrauchsfunktion, etwa im Kleidungsbereich, gehabt haben könnten.[140]

Fast alle „Belege“ für Schmuck oder gar Kunstäußerungen der Neandertaler stammen auffälligerweise aus alten Grabungen, die unter Felsdächern oder im Bereich von Höhlen mit Horizonten unterschiedlicher Zeitstellung vorgenommen wurden. Dies lässt den Kontext der betreffenden Fundstücke mit den Siedlungsspuren der Neandertaler in einem kritischen Licht erscheinen. Eine Überprüfung der Schichtzuweisung, soweit dies

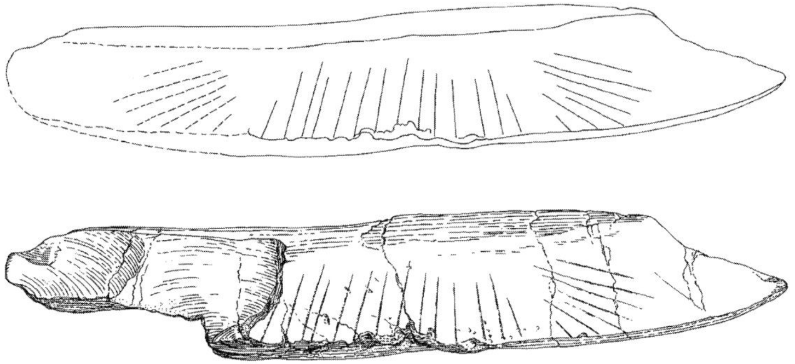

Ritzlinien auf einem Knochenfragment aus Bilzingsleben (Länge: 43 Zentimeter).

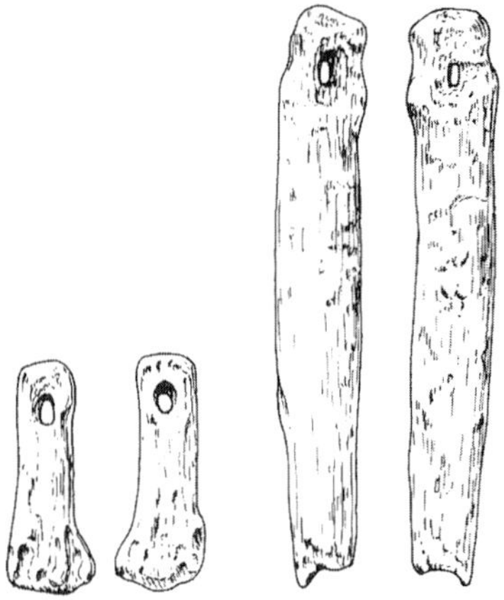

Durchbohrte Knochen aus der Bocksteinschmiede (Länge: vier und neun Zentimeter).

überhaupt noch möglich ist, und weitere Untersuchungen der Objekte mit modernen Verfahren wären daher wünschenswert. Zu den wenigen in den letzten Jahrzehnten ausgegrabenen und sicher stratifizierten Objekten gehören die Funde aus der Cueva Morín (Cantabrien, Spanien)[141] und Arcy-sur-Cure (Yonne, Frankreich). Während die Schnittspuren auf den Knochen des erstgenannten Fundplatzes jedoch kaum als Verzierungen zu deuten sind, handelt es sich bei den noch zu erwähnenden Stücken aus Arcy um den vielleicht einzigen gesicherten Beleg für Schmuck aus der Zeit der Neandertaler.

Dagegen stellt sich der Sachverhalt für die als Farbstoffe der Neandertaler interpretierten schwarzen, roten und gelben Mineralstücke von Fundstellen wie La Ferrassie, Pech de l'Azé (Dordogne, Frankreich), La Chapelle-aux-Saints (Corrèze, Frankreich) und Molodova (Ukraine) klarer dar. Die entsprechenden Stücke stammen aus den Siedlungsschichten der Neandertaler und zeigen zum Teil eindeutige Kratzspuren und Abreibfacetten, die bei der Gewinnung von Farbpulver entstanden.[142] Wofür man derartige Farbpigmente verwendete, ist allerdings unklar, da im Gegensatz zum nachfolgenden Jungpaläolithikum aus der Zeit der Neandertaler weder Malereien noch Farbstreuungen in Gräbern bekannt sind.

Auch das wiederholt angeführte Sammeln oder Aufbewahren von Mineralien und Fossilien als „Kuriositäten" oder „Kostbarkeiten" sollte man kritischer betrachten, als dies bisweilen geschehen ist. Da die meisten Rohmaterialien für die Steingeräteproduktion vor Jahrmillionen durch Ablagerungsvorgänge entstanden, sind in diesen versteinerten Sedimenten häufig Fossilien von Pflanzen und Tieren eingeschlossen. So finden sich beispielsweise im oft verwendeten Feuerstein immer wieder gut erhaltene, verkieselte Seeigel, Muscheln und andere Versteinerungen, die zwangsläufig mit dem Rohmaterial auf die Siedlungsplätze gelangten und beim Schlagen von Steingeräten ans Tageslicht kamen.

War es tatsächlich so, dass die Neandertaler solche und ähnliche Objekte als Besonderheiten betrachteten und aufhoben? Ein Fossil mit einer natürlichen und einer wahrscheinlich eingeritzten Linie, die sich zu einem Kreuz ergänzen, sowie eine ovale, flache Lamelle eines Mammut-Backenzahnes mit Farb- und Abnutzungsspuren aus Tata (Ungarn) könnte man so deuten.[143]

Die sichersten Belege für das Aufbewahren besonderer Objekte stammen von zwei nordfranzösischen Höhlenfundstellen: In Merry-sur-Yonne fand man einen fossilen Seeigel und ein Stück des Bleiminerals Galenit. In der Grotte de l'Hyène in Arcy-sur-Cure sorgten zwei Fossilien und ein Stück des Schwefel-Eisen-Minerals Pyrit für Aufsehen.[144] Man glaubt, dass die hier lebenden Menschen die Mineralien und Fossilien als Besonderheiten von ihren Streifzügen mitbrachten und verwahrten; dass die Stücke von Arcy zusammenliegend entdeckt wurden, unterstützt diese These.

Die Funde von Merry und Arcy stehen im Zusammenhang mit dem Châtelperronien, einer durch ihre fortschrittliche Steingerätetechnologie und entsprechende Geräteformen gekennzeichnete Kulturgruppe aus der Spätphase der Neandertaler. In Arcy konnte man neben Steinartefakten des Châtelperronien Schmuckgegenstände bergen, wie sie sonst nur von Fundplätzen des anatomisch modernen Menschen bekannt sind. Dabei handelt es sich um durchbohrte und mit Befestigungsrillen versehene Tierzähne und Fossilien, die ohne Zweifel nur als Schmuckanhänger zu interpretieren sind. Insbesondere ein Elfenbeinanhänger mit großer, ausgeschnittener Durchlochung findet Entsprechungen im Aurignacien.[145] Aufgrund der Schmuckgegenstände und der progressiven Steingeräte hat man insbesondere für das Inventar von Arcy überlegt, ob das Châtelperronien eine Kulturerscheinung des modernen Menschen darstellt. Doch konnte man vor wenigen Jahren ein hier gefundenes Knochenstück mit moderner Röntgentechnik als Schädelfragment eines Neandertalers identifizieren. Die Sensation war perfekt, als das renommierte

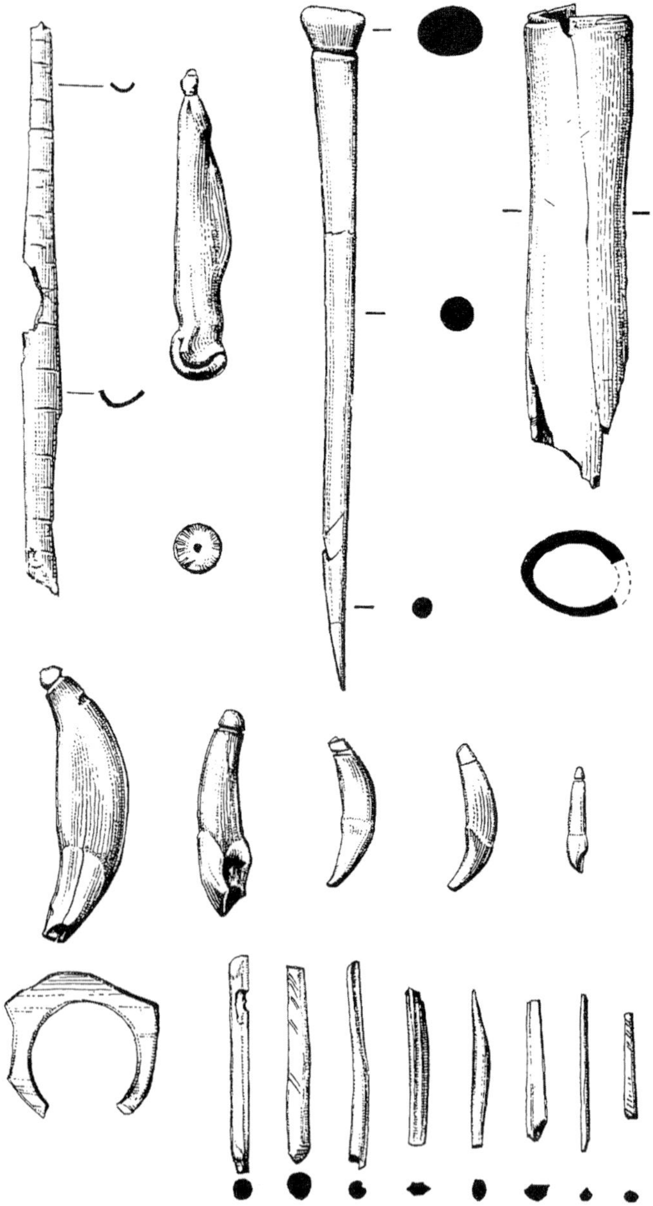

Schmuckgegenstände aus Arcy-sur-Cure. Das linke obere Stück ist zehn Zentimeter lang.

Wissenschaftsmagazin *Nature* die Schmuckstücke mit der Unterschrift *Neanderthal fashion* auf seinem Titelblatt platzierte.

Dass es sich bei den Menschen des Châtelperronien tatsächlich um Neandertaler handelte, ist insgesamt durch die Skelettreste von Arcy-sur-Cure und Saint-Césaire in Frankreich gut dokumentiert.[146] Da zur Zeit der Neandertaler von Arcy vor etwa 37 000 Jahren in derselben Region bereits moderne Menschen lebten, wäre es aber auch möglich, dass die Schmuckgegenstände von den Neandertalern imitiert, eingetauscht oder erbeutet wurden.

Im krassen Gegensatz zum nachfolgenden Jungpaläolithikum kennt man aus der Zeit der Neandertaler nur sehr wenige Belege für Schmuck. Sichere Hinweise auf künstlerische Äußerungen fehlen vollständig. Dabei wird es sich kaum um eine Überlieferungslücke handeln, da hinreichend viele Fundplätze mit Knochen- und Geweiherhaltung bekannt sind. Auch das Gerätespektrum für die Herstellung derartiger Objekte stand den Neandertalern durchaus zur Verfügung. Die These, viele ihrer Schmuck- und Kunstgegenstände könnten – wie bei heutigen Naturvölkern – aus vergänglichen Materialien wie Holz, Federn, Leder oder Geflecht bestanden haben[147], ist derzeit weder zu bestätigen noch zu widerlegen.

Der entscheidende Schwachpunkt dieser Vermutung könnte jedoch prinzipiell im Vergleich von Kulturerscheinungen des modernen Menschen mit denen des Neandertalers liegen. Dürfen wir die kulturellen Äußerungen der Neandertaler überhaupt mit den unseren vergleichen?

Gräber und Bestattungen

Bislang sind Skelettreste von rund 300 Neandertalern bekannt; viele dieser Individuen sind jedoch nur durch einzelne oder wenige Fragmente von Schädeln oder anderen Knochen repräsentiert. Besonders wertvoll sind daher vollständige beziehungsweise weitgehend komplette Skelette, die sich als in Gräbern niedergelegte Körper interpretieren lassen. Es ist nicht geklärt, ob die Neandertaler eigenständig derartige Beerdigungspraktiken entwickelten oder sie von den anatomisch modernen Menschen im Nahen Osten übernahmen. Unumstritten ist jedoch, dass wir dieser Sitte zweifellos einen Großteil unserer Kenntnisse über die Neandertaleranatomie verdanken. Durch die Bestattung waren die sterblichen Reste besser vor der Verwitterung und dem Zugriff Fleisch und Knochen fressender Tiere geschützt. Hierzu zählen neben Wolf und Hyäne auch kleinere Tiere, wie etwa Nager. Hinzu kommt, dass sich im basischen Milieu der Höhlen und Abris in Kalkformationen Knochen besonders gut erhalten.

Die bisher entdeckten Neandertalergräber stammen ausnahmslos aus dem Bereich von Höhlen oder Felsdächern; im Zusammenhang mit Freilandstationen sind noch keine derartigen Befunde beschrieben worden. Hierfür dürften mehrere Ursachen verantwortlich sein: Höhlensedimente sind wesentlich besser vor geologischen Abtragungsvorgängen geschützt als Ablagerungen im Freiland, wo viele Bestattungen mit den dazugehörenden Fundschichten erodiert und vernichtet worden sein können. So finden sich im Bereich von Freilandstationen immer wieder menschliche Skelettreste, die aus ehemaligen, durch Bodenbewegungen oder Aasfresser zerstörten Gräbern stammen könnten. Da alle bekannten Gräber der Neandertaler weniger als einen Meter eingetieft waren, werden letztgenannte Prozesse recht bald nach Verlassen des Siedlungsplatzes durch den Menschen wirksam geworden sein.

Ein weiterer Faktor ist die Konzentration von Siedlungsaufenthalten im Bereich von Höhlen und Abris. Als festgelegte Orte in der Landschaft wurden sie durch Jahrzehntausende wahrscheinlich jährlich oder im Abstand von wenigen Jahren aufgesucht, während die entsprechenden Plätze im Freiland an jedem gerade günstig erscheinenden Ort liegen konnten.

Eine Höhle kann also theoretisch einige tausend Mal von Neandertalern aufgesucht worden sein; entsprechend groß ist die Wahrscheinlichkeit, dass hier irgendwann Menschen verstarben und beigesetzt wurden. Ein Höhlenfundplatz kann somit einigen tausend Freilandstationen mit Knochenerhaltung entsprechen, die erst einmal entdeckt und untersucht sein wollen. Vor diesem Hintergrund ist die recht geringe Zahl von rund drei Dutzend Neandertalergräbern wohl damit zu erklären, dass auch unter Abris und in Höhlen durchaus Zerstörungsmechanismen wirksam wurden. Beispielhaft seien die Wühltätigkeit von Tieren und das Ausräumen früherer Siedlungsschichten durch nachfolgende Generationen menschlicher Höhlenbewohner genannt.

***Farbtafel 1:** Die Schädelkalotte des Neandertalers in der Ausstellung im Rheinischen Landesmuseum Bonn.*

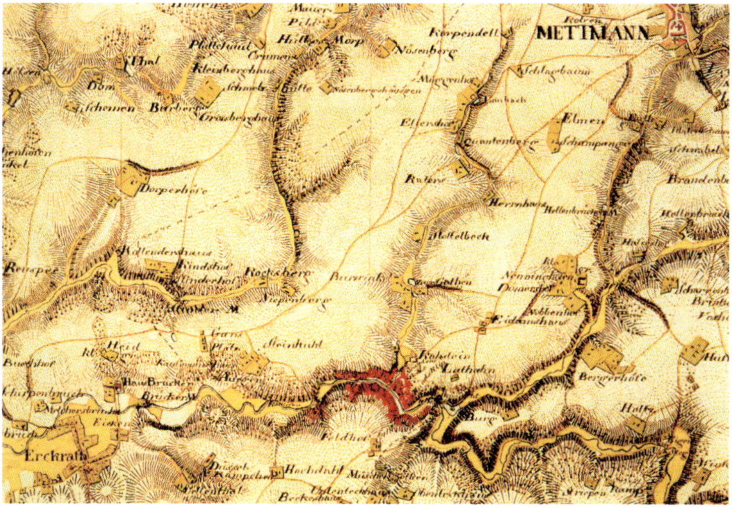

***Farbtafel 2:** Die Umgebung des Neandertals (Karte von 1824).*

Farbtafel 3: Das Neandertal vor der Zerstörung. Ölgemälde von Koekkoek 1843.

Farbtafel 4: Steinbruchlandschaft im Neandertal. Ölgemälde von E. Rocholl um 1890.

Farbtafel 5: Flussstudie an der Düssel vor 1850. Ölgemälde von J. W. Schirmer.

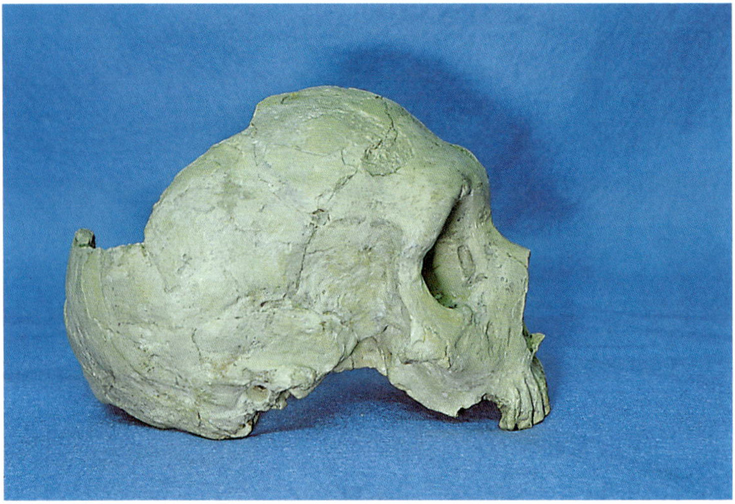

***Farbtafel 6:* Der Schädel von Gibraltar.**

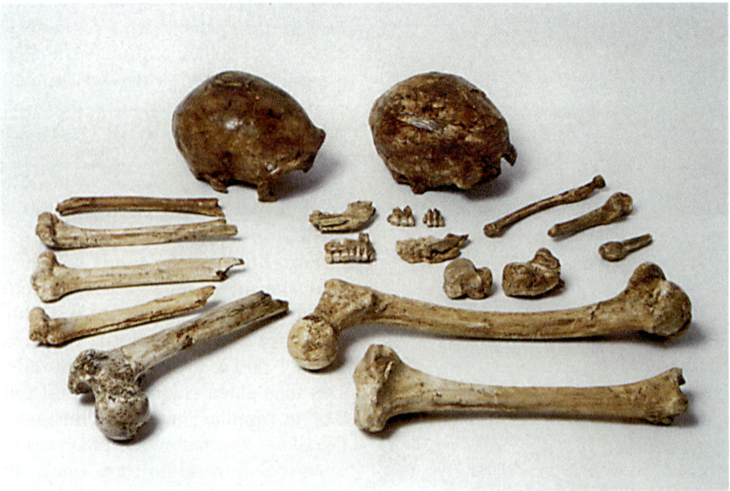

***Farbtafel 7:* Skelettreste von Spy.**

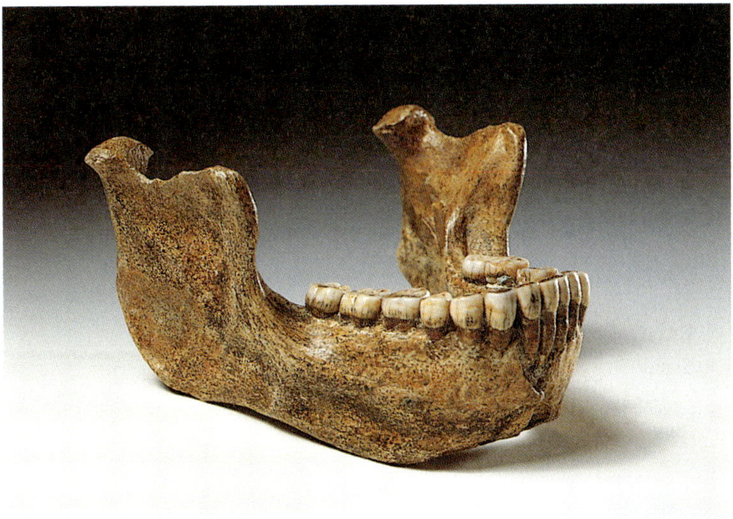

Farbtafel 8: Der Unterkiefer von Mauer.

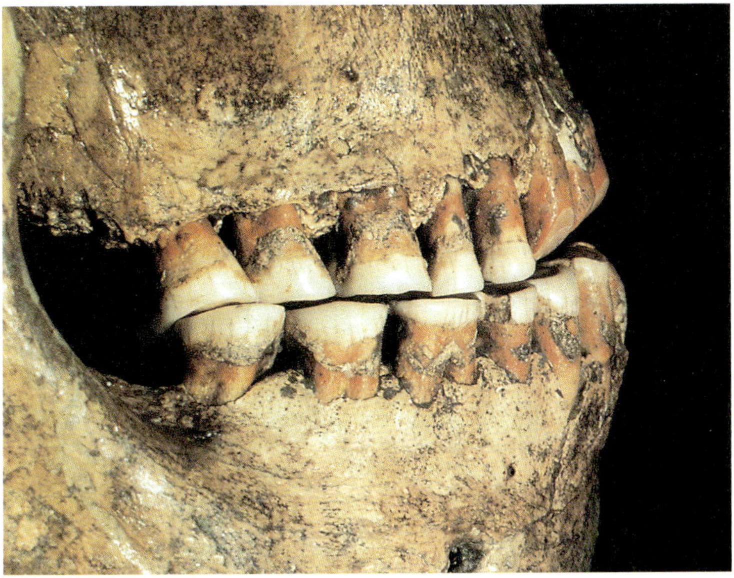

Farbtafel 9: Stark abgenutzte Zähne des Individuums 1 von Shanidar.

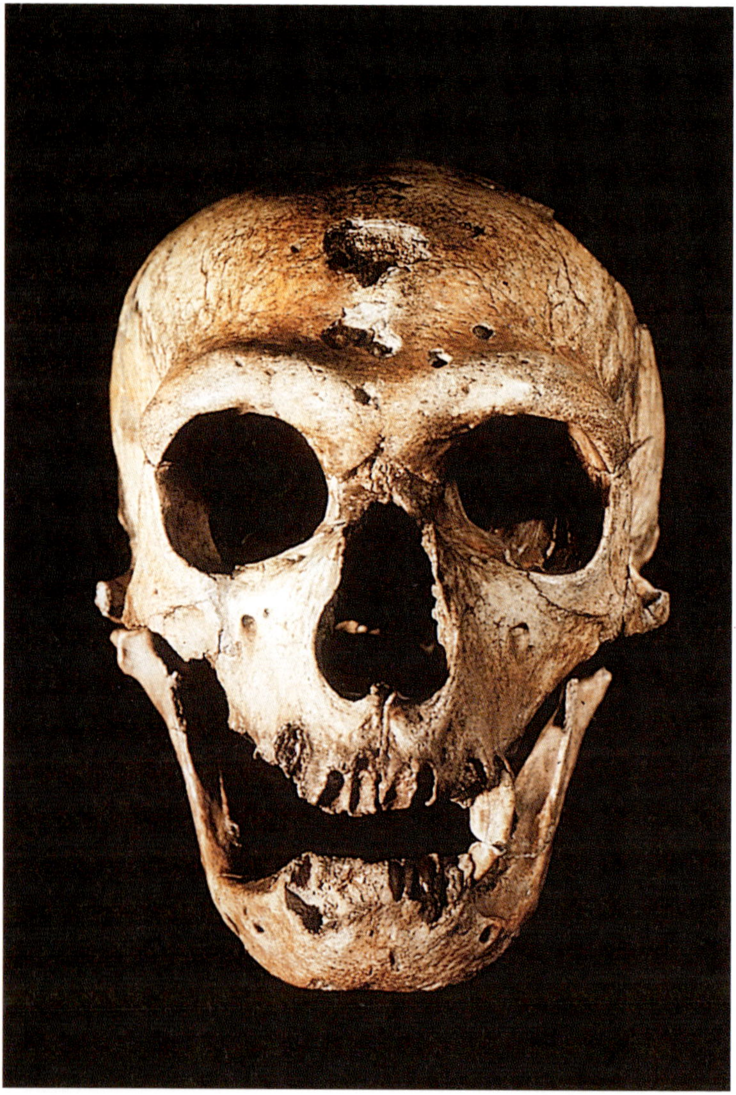

Farbtafel 10: ***Der Neandertaler von La-Chapelle-aux-Saints.***

Farbtafel 11: Der Schädel von Steinheim an der Murr.

Farbtafel 12: ***Flächenretuschierter Abschlag von Herne/Westfalen.***

***Farbtafel 13:** Knochenspitzen von Salzgitter-Lebenstedt (links) und aus dem Vogelherd (rechts, Originalgröße 10 Zentimeter).*

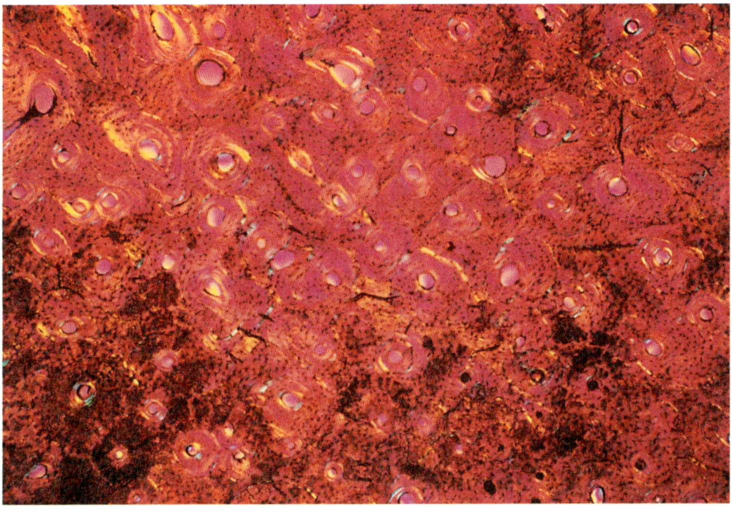

***Farbtafel 14:** Dünnschliff einer Knochenprobe aus der gesunden rechten Elle des Neandertalers von 1856. Breite des Bildausschnitts: 1,4 Millimeter.*

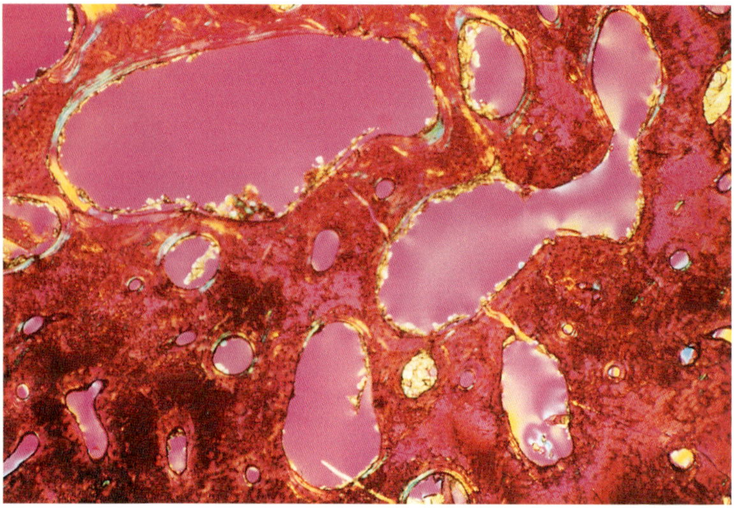

***Farbtafel 15:* Dünnschliff einer Knochenprobe aus der krankhaft veränderten linken Elle des Neandertalers von 1856. Die Aufnahme zeigt eine deutliche Schwächung der Knochensubstanz. Breite des Bildausschnitts: ca. 1,5 Millimeter.**

***Farbtafel 16/17:* Zwei unterschiedliche Formen von Oberflächenbeschädigungen der Neandertalerknochen: moderner Kratzer auf der rechten Speiche (links; Breite des Bildausschnitts: ca. 1,1 Millimeter); Schnittspur auf dem rechten Scheitelbein, die vor der Einbettung in das Sediment der Kleinen Feldhofer Grotte entstanden ist (rechts; Breite des Bildausschnitts: ca. 5 Millimeter)**

Farbtafel 18: Der rechte Humerus (Oberarmknochen) von 1856.

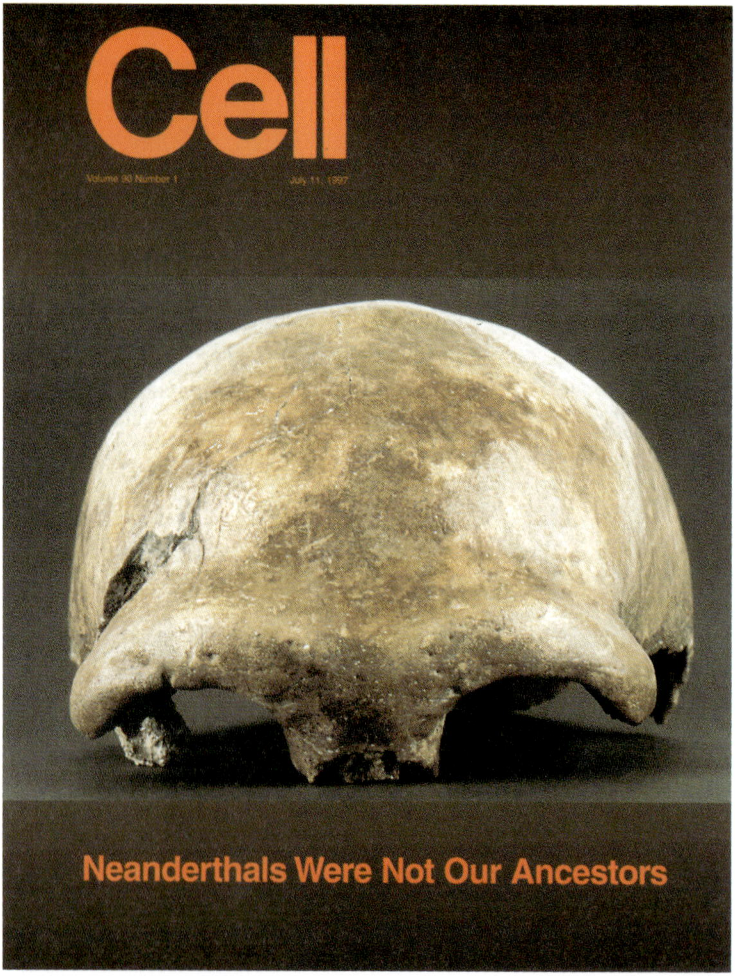

Farbtafel 19: Das Titelblatt „Cell".

Farbtafel 20: Die Gedenktafel am Rabenstein heute.

Farbtafel 21: Abschlag, Cleaver und Faustkeil vom Fundplatz Hochdahl.

Farbtafel 22: ***Neandertalergruppe im Neanderthal Museum.***

Farbtafel 23:** **Neandertal 1997. Menschliche Knochen.

Farbtafel 24/25: Neandertal 1997. Menschlicher Halswirbel und Backenzahn.

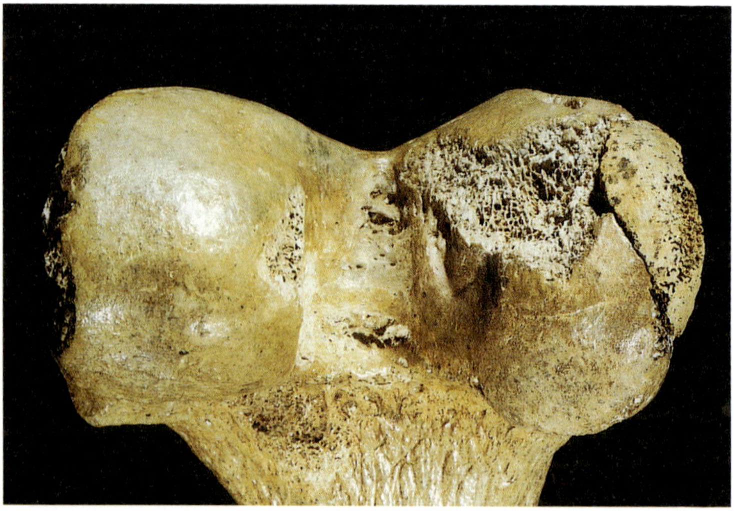

Farbtafel 26: Kniegelenk des linken Oberschenkelknochens von 1856 mit anpassendem Knochenstück aus der Grabung 1997.

Die Untersuchung des Verhaltens bestimmter Fleischfresser und der Verbreitung von Neandertalerbestattungen ergab einen interessanten Zusammenhang: Die bekannten Bestattungen haben Schwerpunkte in Westeuropa und dem Nahen Osten, während im mittleren und östlichen Europa Neandertalerskelettreste auch in Höhlen beinahe ausschließlich nur fragmentarisch überliefert sind. So stellt denn auch der Fund aus der Kleinen Feldhofer Grotte im Neandertal noch immer das vollständigste Neandertalerskelett letztgenannter Region dar. Untersuchungen der in den Höhlen erhaltenen Faunenreste ergaben, dass die mittel- und osteuropäischen Höhlen in wesentlich stärkerem Umfang von Bären, Hyänen und Wölfen aufgesucht wurden als die in Westeuropa und im Nahen Osten. Hieraus hat man gefolgert, dass Bären bei der Vorbereitung ihres Winterschlafs sowie Hyänen und Wölfe während der Aufzucht ihrer Jungen die Bestattungen wahrscheinlich durch Wühltätigkeiten zerstört haben dürften.[148]

Neandertalergräber fand man meist einzeln; in La Ferrassie und Shanidar waren es aber sieben beziehungsweise fünf Bestattungen. Die Skelette lagen durchweg in weniger als einen Meter tiefen Gruben; anscheinend sind sowohl natürliche Bodenvertiefungen als auch künstlich angelegte Gruben für die Niederlegung der Verstorbenen benutzt worden. Ein schönes Beispiel für eine gezielt eingetiefte beinahe rechteckige Grabgrube bietet die Bestattung von La Chapelle-aux-Saints mit einer Abmessung von 1,45m × 1,0 m × 0,3 m.[149]

Die Lage der Skelette innerhalb der jeweiligen Grube lässt darauf schließen, dass man Verstorbene sowohl in Rückenlage als auch auf der Seite liegend in der sogenannten Hockerstellung beigesetzt hat. Eine bevorzugte Ausrichtung auf eine Himmelsrichtung ist dabei ebensowenig zu erkennen wie alters- oder geschlechtsspezifische Unterschiede. Ein Bestreuen des Verstorbenen mit dem blutrot färbenden Mineral Hämatit – ein später im Jungpaläolithikum geläufiger Brauch – ließ sich bisher für Neandertalerbestattungen nicht nachweisen. Die Frage nach „Grabbeigaben" der Neandertaler ist aufgrund unzureichender Grabungsmethoden und -dokumentationen vor der Mitte des 20. Jahrhunderts in vielen Fällen aus heutiger Sicht nicht sicher zu beantworten: Stellt das oberhalb des Kopfes des Verstorbenen von La Chapelle-

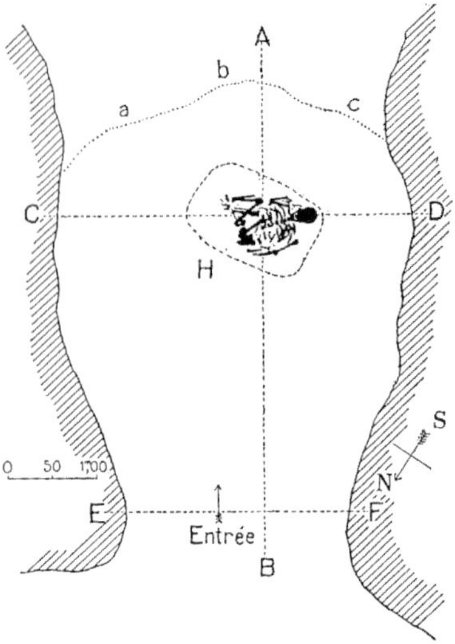

Plan der Bestattung von La Chapelle-aux-Saints.

aux-Saints entdeckte unvollständige Bein eines Rindes tatsächlich eine Grabbeigabe dar? Dies vermuteten jedenfalls die Ausgräber. Oder handelte es sich hierbei lediglich um zufällig im Bereich des Grabes umherliegende Abfälle, die beim Zuschütten der Grube in die Umgebung des Verstorbenen gelangten? Für die ebenfalls beim Toten gefundenen Steingeräte und Farbmineralstücke ist dies jedenfalls anzunehmen, da sich entsprechende Stücke auch in der übrigen archäologischen Schicht fanden.[150]

Für das 1938 entdeckte Kindergrab von Teshik Tash in Usbekistan ist ein Kranz von Bergziegenhörnern beschrieben worden, der angeblich gezielt um den toten Körper aufgestellt worden ist.[151] Andere Autoren sahen in der Anordnung lediglich ein natürliches Verteilungsmuster.[152] Sollte es sich nicht um Zufall oder ausgewählt kartierte Jagdbeutereste handeln (Bergziegen sind unter den Knochen dieses Höhlenfundes am häufigsten), so läge hier tatsächlich ein höchst interessanter Befund vor. Ob die Beigabe aber als Schutz des Grabes vor Tieren oder als Totenritual zu deuten ist, lässt sich nicht abschließend beantworten. Auch den Befund von Regourdou (Dordogne) hat man inzwischen erheblich angezweifelt.[153] Hier deutete man ein Grab und angebliche „Kisten“ aus Kalksteinplatten mit enthaltenen Bärenknochen als rituelles Ensemble. Es ließ sich jedoch nicht beweisen, dass diese „Steinkisten“ von Menschen errichtet wurden, so dass hier wohl nur ein Neandertaler und einige Bären – jeder auf seine Weise – ihre letzte Ruhe fanden.

Eine äußerst interessante Beobachtung wird von dem kleinen Friedhof von La Ferrassie berichtet. Während der Grabungen entdeckte man neun Erdhügel mit einem Durchmesser von je-

Die Hockerbestattung von La Ferrassie.

weils etwas über einem Meter. Unter einem der Hügel fanden sich die Knochen eines neugeborenen Kindes, die übrigen erwiesen sich als fundleer.[154] Handelt es sich um die symbolische Darstellung einer neunmonatigen Schwangerschaft, an deren Ende nur

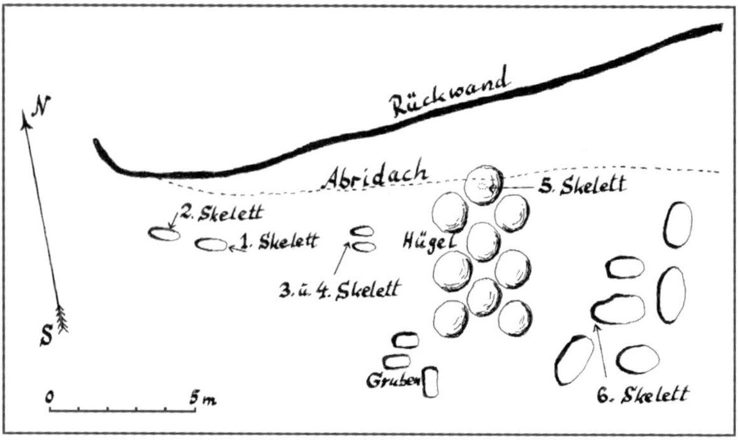

Der Friedhof von La Ferrassie in Aufsicht.

das Grab eines Kindes blieb, dessen Lebensweg eigentlich hier beginnen sollte? Oder erzeugten natürliche Phänomene wie etwa Frosthebung die Erdhügel? In diesem Fall wäre auch für andere Bereiche der Grabung mit derartigen Erscheinungen zu rechnen, und die Ausgräber hätten die neun Hügel beim Kartieren aus einer größeren vorhandenen Anzahl ausgewählt und so einen künstlichen Befund erzeugt – eigentlich kaum vorstellbar.

Das inzwischen legendäre „Blumengrab von Shanidar" erregte das größte Aufsehen. 1960 konnte man in der Shanidar-Höhle die Bestattung eines erwachsenen Mannes freilegen und untersuchen; das Sediment in der Umgebung des Skeletts wies Pollen von sieben Blumenarten auf, die nach Umfang und Zusammensetzung von vollständigen Pflanzen oder Blüten stammen sollen.[155] Eine 1971 erschienene Veröffentlichung trug, dem Zeitgeist gemäß, den Titel *Shanidar: The First Flower People.*[156] Andere Erklärungen für die entdeckte Pollenanhäufung, wie etwa der Transport in die Höhle durch Wind oder das Einschleppen durch bodengrabende Tiere wurden den Publikationen zufolge bei den Untersuchungen berücksichtigt und konnten ausgeschlossen werden. Der Befund von Shanidar scheint tatsächlich Licht auf die ansonsten weitgehend im Dunkeln verborgene Gefühlswelt der Neandertaler zu werfen.

Kannibalismus oder Totenriten?

Geheimnisvoll sind auch Schnitt-, Schab- und Schlagspuren, die man gelegentlich auf den Knochenoberflächen von Neandertalern beobachtet hat. Handelt es sich hierbei wirklich um Spuren von Kannibalismus, wie dies bereits kurze Zeit nach der Entdeckung der Funde von Krapina vermutet wurde? Oder sind es Hinweise auf besondere Bestattungspraktiken, wie sie noch vor einigen Jahrzehnten verschiedene Naturvölker durchführten? Ethnografischen Untersuchungen zufolge, zum Beispiel vom Malaiischen Archipel oder aus Melanesien, wurde noch im 20. Jahrhundert bei verschiedenen Völkern der Leichnam unter freiem Himmel „bestattet", bis die Weichteile vergangen oder vertrocknet waren. Anschließend reinigte man die Knochen von noch anhaftenden Resten des Körpergewebes; einige Teile des Skeletts wie Schädel, Unterkiefer und größere Arm- und Beinknochen wurden zur Erinnerung beziehungsweise als Talisman gesondert aufgehoben, andere lediglich in eine andere Bestattungsform überführt. Die zunächst aufbewahrten Knochen setzte man später endgültig bei oder deponierte sie schlicht. Auch die Öffnung der Schädelbasis im Bereich des Hinterhauptsloches (Eintritt des Rückenmarks) zum rituellen Verzehr des Gehirns ist bei Naturvölkern belegt.[157]

Verfolgt man die Spuren einer gesonderten Behandlung menschlicher Skelettelemente zurück in die Vergangenheit, so stößt man unter anderem auf die Beinhäuser mit sorgfältig beschrifteten Schädeln im alpinen Raum, auf Knochenreliquien des europäischen Mittelalters, auf goldverzierte skythische Schädel und auf die kultische Behandlung einzelner Schädel als „Sitz der Seele" durch die Kelten; entfleischte und mit Lehm überzogene beziehungsweise bandagierte Schädel finden sich im prädynastischen Ägypten, und aus Jericho kennt man 7 000 Jahre alte Schädel mit gipsmodellierten Gesichtern, deren Augen mit Muscheln ausgelegt sind.

In der Großen Ofnet-Höhle in Bayern bestatteten mesolithische Jäger und Sammler in zwei Gruben insgesamt 34 vom Rumpf getrennte Schädel[158]; in der Höhle von Mas d'Azil in Frankreich fand sich ein separat deponierter Schädel aus dem Magdalénien, in dessen Augenhöhlen Knochenplättchen eingesetzt waren.[159]

Schließlich liegen auch aus dem Jungpaläolithikum weitere Skelettreste mit Schnitt- und Kratzspuren vor, die für ein anatomisch sachkundiges Zerteilen des Körpers und eine Beseitigung der Weichteile sowie für eine spätere Beisetzung an einem anderen Ort sprechen. In der Brillenhöhle (Süddeutschland) und in Gough's Cave (Somerset, England) gelangte jeweils nur noch ein kleiner Teil der vier beziehungsweise fünf Individuen zur endgültigen Niederlegung.[160]

Dies passt zu den eingangs geschilderten ethnografischen Parallelen, nach denen die Aufbewahrung einzelner Knochen des Verstorbenen auszureichen scheint, um sowohl die Erinnerung an diese Person als auch den von ihr ausgehenden Schutz für die Lebenden zu gewährleisten. Insgesamt erscheint die gesonderte Behandlung einzelner Skelettteile beim anatomisch modernen Menschen breit angelegt zu sein. Derartige rituelle Handlungen deuten auf komplexe Glaubensvorstellungen hin. Nachfolgend soll die Frage erörtert werden, ob von den Fundstellen der Neandertaler vergleichbare Hinweise vorliegen.

Das Jahr 1939 brachte einen äußerst spektakulären Fund: In der bis dahin unbekannten Guattari-Höhle im Monte Circeo zwischen Rom und Neapel entdeckten Arbeiter den Schädel eines Neandertalers. Der italienische Anthropologe Alberto Carlo Blanc befragte den Entdecker und erhielt die Auskunft, dass der Schädel mit der Unterseite nach oben in einem Steinkreis gelegen hatte. In der stark beschädigten Basis des Schädels sahen er und Sergio Sergi von der Universität Rom eine Parallele zu den von Melanesiern durchgeführten Öffnungen von Schädeln zur Gehirnentnahme. Nach Blancs Ansicht hatte man den Neandertaler vom Monte Circeo erschlagen, ihm anschließend den Kopf abgetrennt, die Schädelbasis geöffnet und das Gehirn zum rituellen Verzehr entnommen.[161]

Während ähnliche Beobachtungen an anderen Fundstellen wie etwa Krapina oder Choukoutien, der Fundstelle des „Pekingmenschen“, die Vorstellung vom „menschenfressenden Wilden“ stützen, schuf Blanc die Theorie eines religiös begründeten Schädelkultes der eiszeitlichen Menschen, die das Bild der Neandetaler in den folgenden Jahrzehnten nachhaltig beeinflusste.

Andere Funde wie der 1933 in einer Kiesgrube in Steinheim an der Murr (Süddeutschland) entdeckte Schädel fügten sich in dieses

Bild: Auch an diesem war die Schädelbasis scheinbar absichtlich geöffnet worden.[162] Neuere Untersuchungen konnten diese Vorstellungen allerdings nicht bestätigen: Das Fundstück vom Monte Circeo weist keinerlei Spuren auf, die an melanesischen Schädeln mit geöffneter Basis regelmäßig vorhanden sind; im Gegenteil gehen die Beschädigungen ganz offensichtlich auf nichtmenschliche Einflüsse wie Hyänenverbiss und Verwitterung zurück.[163] Auch der vielbeschriebene „Steinkreis" konnte durch spätere Recherchen nicht bestätigt werden. Offensichtlich hatte man nur die in der unmittelbaren Umgebung des Schädels liegenden Steine dokumentiert, die zahlreichen überall auf dem Höhlenboden herumliegenden gleichartigen Steine jedoch nicht beachtet.[164] Der dem Steinheimer Fund zugeschriebene Schädelkult hielt einer kritischen Nachprüfung letztlich ebenfalls nicht stand; in diesem Fall macht man nunmehr Verwitterung und Sedimentdruck für die Erweiterung des Hinterhauptsloches verantwortlich.[165] Mit diesen Untersuchungen wurden die Schädel vom Monte Circeo und von Steinheim wieder zu dem, was sie wirklich sind: beschädigte, aber wertvolle Zeugen der menschlichen Entwicklungsgeschichte.

Im Fall der schon erwähnten Funde von Krapina in Kroatien ist die Befundlage ganz anders: An ihnen waren schon bald nach der Bergung Spuren entdeckt worden, in denen der Ausgräber Gorjanović-Kramberger Belege für kannibalische Praktiken sah.[166] Auch in späterer Zeit wiesen verschiedene Anthropologen auf Schnitt- und Schabspuren hin, die als Folge des Zerschneidens und Entfleischens von Leichnamen interpretiert wurden.[167] Fred Smith und anfänglich auch Herbert Ullrich betrachteten diese Spuren als einen Beleg für Kannibalismus, während Mary Russell ein Reinigen der Knochen von Weichteilen vor der Beisetzung für möglich hielt. Eric Trinkaus hingegen sprach die Spuren als rein natürliche Beschädigungen an.[168] Auch den hohen Fragmentierungsgrad der Funde deutete man unterschiedlich: Smith und Ullrich meinten, dass die Knochen in frischem Zustand aufgeschlagen worden waren, und erkannten darin einen weiteren Beleg für Kannibalismus, während Russell und Trinkaus natürliche Phänomene wie etwa Sedimentdruck für die Knochenzerkleinerung verantwortlich machten.[169]

Anläßlich des 100-jährigen Jubiläums der Krapina-Ausgrabungen fand im August 1999 eine internationale Konferenz in Zagreb und Krapina statt. In deren Verlauf stellte Herbert Ullrich eine aktualisierte Version seiner These vor. Danach liegen deutliche Belege für das Zerteilen und Entfleischen von Leichnamen, das Aneignen von Knochen Verstorbener sowie das Zerschlagen und die gezielte Auswahl von zerbrochenen Knochen, die man mit zum Felsdach brachte und schließlich hier deponierte, vor. Nach Ullrich spiegeln sich hierin Bestattungspraktiken der Neandertaler wider.

Aber auch Beweise für Kannibalismus sind seiner Meinung nach vorhanden: Aufgeschlagene Arm- und Beinknochen mit offenen Markhöhlen deuten auf die Entnahme von Knochenmark hin. Bruchmuster und Schlagmarken an Schädelfragmenten sind offensichtlich eine Folge des Zerschlagens des Schädels zur Entnahme des Gehirns; einige Knochen zeigen Brandspuren. Darin sieht Ullrich jedoch keinen Hinweis auf Nahrungskannibalismus, sondern auf rituellen Kannibalismus im Kontext mit den erwähnten Bestattungspraktiken der Neandertaler.[170] Ein vergleichbarer Befund trat ab 1991 unter dem Abri Moula-Guercy in Südostfrankreich zutage; 1993 stellte man in einem Fachartikel zunächst sieben Schädelfragmente, drei Zähne und drei postcraniale Knochenbruchstücke von zwei Individuen vor. An drei Schädelfragmenten und dem Bruchstück eines Unterarmknochens (Radius) sind Schnittspuren vorhanden, und alle Anzeichen deuten darauf hin, dass diese Knochen nicht in späterer Zeit durch Sedimentdruck, sondern gezielt in frischem Zustand zerbrochen worden sind.[171] Durch weitere Ausgrabungen besitzt man inzwischen insgesamt 78 Knochenfragmente von mindestens sechs Neandertalern aus der Zeit vor 100 000 bis 120 000 Jahren; darunter zwei Erwachsene, zwei Heranwachsende und zwei sechs bis sieben Jahre alte Kinder. Die menschlichen Skelettelemente lagen inmitten anderer, als Speiseabfälle interpretierter Knochenreste, die unter anderem von Rothirschen und Ziegen stammen; alle Knochen zeigen gleichermaßen Schnitt- und Schabspuren und das Öffnen der Markhöhlen durch Schlag oder Bruch. Von den menschlichen Knochen sind speziell die Schädel und die großen Arm- und Beinknochen mit Gewalt aufgebrochen worden, um an Gehirn und Knochenmark zu gelangen.

Ob Hunger oder soziale Faktoren das Motiv für den hier offensichtlich praktizierten Kannibalismus gewesen ist, könne derzeit noch nicht entschieden werden, so Alban Defleur und seine Mitautoren.[172] Ein Beerdigungsritual scheide ihrer Ansicht nach aber aus. Vergegenwärtigt man sich jedoch die eingangs geschilderten, bis in die Gegenwart andauernden Bräuche anderer Völker, so erscheint die Deutung als Bestattungspraktiken ebenso gut möglich. Oft ist es die tiefe Verwurzelung in unserer eigenen Kultur, die westlichen Archäologen die Interpretation solcher Befunde erschwert. Es stellt sich die Frage, wie ein noch mit den Traditionen seines Volkes vertrauter melanesischer oder australischer Ureinwohner die Funde von Krapina oder Abri Moula werten und im Gegensatz dazu die Körperbestattungen von La Chapelle-aux-Saints oder La Ferrassie beurteilen würde.

Kannibalismus ist ein Thema, über das sich die Kollegen immer wieder erbittert streiten. Ein Teil der Urgeschichtler lehnt den Gedanken, die Hinweise auf eine „Bearbeitung" menschlicher Knochen aus dem Mittelpaläolikum in Zusammenhang mit profanem Kannibalismus zu sehen, kategorisch ab. Deshalb möchte ich hier gesondert Stellung beziehen. Ralf hat bereits weiter oben den interessanten Befund vom Abri Moula-Guercy beschrieben; er widerspricht der Interpretation der Ausgräber im Sinne eines möglichen Nahrungskannibalismus und hat kürzlich in einer dpa-Meldung hierzu Stellung bezogen. Er schrieb, die Skelettteile der Verstorbenen seien möglicherweise auf diese Art zur weiteren Aufbewahrung präpariert worden. Wahrscheinlich spiegele sich hier ein uns heute fremdes Bestattungsritual wider, das auch das Verzehren von Teilen dieser Toten beinhaltete.

Mag sein, dass weitere Skelettteile dieser sechs Individuen an anderer Stelle rituell behandelt worden sind. Dies ist jedoch eine unbewiesene Vermutung. Die beschriebenen Knochen waren nicht bestattet und lagen verstreut unter den ebenso behandelten Jagdbeuteresten. Warum kann hier nicht auch profaner Kannibalismus praktiziert worden sein?

Warum bloß, so frage ich mich, wäre es so etwas Unvorstellbares, wenn die Neandertaler tatsächlich Kannibalen waren?

Belegt ist, dass sie Schädel geöffnet und Langknochen zerschlagen haben, um an Hirn und Knochenmark zu gelangen. Ritueller Kannibalismus der Neandertaler wird längst nicht mehr in Frage gestellt. Und der Nachweis solcher Praktiken macht sie uns auch nicht fremd. Man könnte gar argumentieren, dass praktizierter Kannibalismus, wenn man es auf die Spitze treiben will, die Neandertaler sogar an unsere Seite stellt – sie uns näher bringt. Denn dieses Verhalten ist typisch (!) menschlich, wobei der Begriff Kannibalismus im Sinne von „Menschenfresserei" für den Homo sapiens der Jetztzeit definiert wurde.

Dieses Verhalten in allen Fällen als ein rituelles zu deuten, entspricht nach meiner Auffassung nicht der Realität. Ich zitiere aus Irenäus Eibl-Eibesfeldts Werk „Krieg und Frieden aus der Sicht der Verhaltensforschung":[173]

»Häufig tritt im Gefolge eines bewaffneten Konfliktes Kannibalismus auf. Die Motive dafür wechseln. Oft wird der Getötete als Nahrungsmittel betrachtet. Die Jalé (Westirian) versicherten ..., sie würden den toten Feind verzehren, „weil er gut schmecke, so gut wie Schweinefleisch, wenn nicht sogar besser". Man hat dem Toten gegenüber keine besonderen Hemmungen, es sei denn, man hätte ihn gekannt. ... Profaner Kannibalismus war früher ziemlich weit verbreitet. Beispiele dafür liegen unter anderem aus Südamerika, Afrika, Neuguinea, Australien und Ozeanien vor ... Unter bestimmten Umweltbedingungen spielt der Kannibalismus sogar eine Rolle im Ernährungshaushalt der Gruppe, da bei manchen Gruppen großer Mangel an hochwertigem Eiweiß herrscht ... Ein weiteres Motiv für Kannibalismus ist die Rachsucht. Man will den Gegner auf diese Weise völlig vernichten. So war auf den Salomonen die äußerste Erniedrigung, die man einem Feind zufügen konnte, die, daß man ihn verspeiste.«

Beim anatomisch modernen Menschen war der profane Kannibalismus weit verbreitet. Rache und Hunger waren häufig die Motive für das Töten und Verspeisen von Menschen.

In besonderen Notsituationen ist selbst der moderne Homo sapiens zu diesem Verhalten fähig. Extremstes Beispiel ist der Fall eines Flugzeugabsturzes im Hochgebirge der Anden im Oktober 1972. Das Flugzeug mit 50 Passagieren, vorwiegend Sportlern aus Uruguay, war bei schlechter Sicht abgestürzt, wobei zunächst 20 Menschen den Tod fanden. Die Überlebenden haben nach einigen Tagen des Hungerns und nachdem weitere Menschen gestorben waren, das getrocknete, aber rohe Fleisch ihrer toten Mitpassagiere verzehrt. Am Schluss überlebten 16 Menschen, wenn auch mit arg strapazierter Seele. Die Nachricht von den „Kannibalen in den Anden" ging um die ganze Welt. Papst Paul VI. versicherte den 16 nach ihrer Rückkehr, dass sie nicht gesündigt hätten. Doch waren diese Menschen in einer Extremsituation zu „Menschenfressern" geworden. (JT)

Zurück in die Zeit der Neandertaler. Auch von anderen Fundorten sind – wenn auch deutlich weniger spektakulär – ähnliche Beobachtungen bekannt geworden. So lieferte beispielsweise die französische Fundstelle Marillac mehrere Schädelfragmente und isolierte Zähne.[174] Hier weist ein Hinterhaupt Spuren der Entfleischung auf; wahrscheinlich war der Kopf zuvor vom Rumpf abgetrennt worden.[175] Weiterhin sind von Combe-Grenal (Frankreich) und Teshik-Tash (Usbekistan) Neandertalerskelettreste mit Schnittspuren bekannt geworden.[176] Es ist davon auszugehen, dass auf den häufig seit Jahrzehnten durch Klebung, Lackierung, Konservierung und Abformungen verunreinigten Knochenoberflächen älterer Fundstücke noch einige Überraschungen ihrer Entdeckung harren.

Eine weitere, höchst interessante Facette der Totenbehandlung offenbarte sich 1984 in der israelischen Kebara-Höhle. Hier stießen die – mit modernen Methoden sorgfältig arbeitenden – Ausgräber auf das etwa 60 000 Jahre alte Skelett eines jungen Mannes, den man in Rückenlage bestattet hatte. Im Verlauf der Grabungen erzählte das Grab eine der spannendsten Geschichten aus der Zeit der Neandertaler: Das Skelett hatte keinen Schädel mehr ... Die Erhaltung der vorhandenen Knochensubstanz wird als ausgezeichnet beschrieben, selbst das sehr fragile Zungenbein ist – erstmals bei einem Neandertaler! – erhalten geblieben. Weiterhin konnte nicht der geringste Hinweis auf eine spätere Störung der Schichten im Kopfbereich der Bestattung festgestellt werden; sowohl die Halswirbel als auch der Unterkiefer lagen in der zu erwartenden Position, eine Störung des Grabes durch

Raubtiere kommt somit nicht in Betracht. Was war hier geschehen?

Ein Indiz fand sich mit dem rechten dritten oberen Backenzahn, der neben seinem Unterkiefergegenstück liegend aufgefunden wurde. Demnach muss der Schädel anfänglich vorhanden gewesen sein. Aufgrund der vorliegenden Fakten wird angenommen, dass der Schädel nach Vergehen der Weichteile und aller verbindenden Sehnen und Häute wieder aus dem Grab entnommen worden ist – eine in dieser Form für die Zeit der Neandertaler einzigartige Beobachtung.[177]

Aber nicht nur neue, spektakuläre Funde können unsere Kenntnis über die Zeit des altsteinzeitlichen Menschen erweitern, gelegentlich gehen auch von „alten Bekannten" neue Impulse für die Forschung aus ...

Die Anspannung der beiden Männer war deutlich zu spüren. „Fest?" fragte der eine. „Ja, fest. Und jetzt vorsichtig!" antwortete der andere. Zentimeter für Zentimeter hoben die beiden Museumsarbeiter die schwere Panzerglasglocke vom Ausstellungspodest. Der kritischste Moment war das kurze Hinweggleiten der schwebenden Last über die Schädelkalotte des Neandertalers. Ich dachte mit Grauen daran, was geschähe, wenn sich in diesem Augenblick eine der Saugglocken lösen würde, und verkrampfte mich ein wenig. Aber die beiden hatten die entsprechende Aktion für Wissenschaftler aus dem In- und Ausland schon oft durchgeführt und verstanden ihr Handwerk.

Als Schüler, später als Student hatte ich wiederholt vor der Vitrine gestanden und die wenigen Informationen, die zum Fund vorlagen, verinnerlicht. An diesem Tag im Juli 1991 kehrte ich jedoch mit einem weiterreichenden Anliegen nach Bonn zurück: Heute durfte ich im Rahmen der Materialaufnahme für meine Dissertation die Reste des Neandertalers erstmals ohne trennendes Glas begutachten.

Hans-Eckart Joachim, der zuständige Kurator, nahm die Kalotte behutsam von der auf dem Podest montierten Drahtkonstruktion und ging zum Fenster des Ausstellungsraumes, da die Innenbeleuchtung für meine spezielle Fragestellung nicht ausreichte. Ich folgte ihm, und nun war es mir vergönnt, das Schä-

deldach des weltberühmten Neandertalers in meinen Händen zu halten und ausgiebig betrachten zu können. Angeregt durch einen Artikel des Tübinger Anthropologen Alfred Czarnetzki zogen Schnittspuren am Knochenmaterial meine besondere Aufmerksamkeit auf sich. Czarnetzki hatte die von Wilhelm Gieseler entdeckten Spuren der Fachwelt vorgestellt, um das Verdienst dieses Forschers posthum zu würdigen.[178] *Die zahlreichen Möglichkeiten der Entstehung von Kratzern und Schnitten zum Beispiel durch Bergung, Reinigung und Abformungen dürften der Grund dafür gewesen sein, dass dieser interessante Beitrag zunächst keine angemessene Beachtung erlangte.*

Ich untersuchte die Knochenoberfläche eingehend mit einer starken Lupe und war erstaunt, wieviele Kratzer sich darauf befanden. Diejenigen, die im Verlauf der vergangenen rund 130 Jahre den Konservierungslack beschädigt hatten, waren leicht auszusondern; die Beurteilung der unter dem Lack liegenden, zusätzlich stellenweise noch von Gipsresten früher Abformungen verunreinigten Spuren gestalteten sich dagegen deutlich schwieriger. Ich konzentrierte mich schnell auf diejenigen Bereiche, für die mutmaßliche altsteinzeitliche Schnittspuren beschrieben worden waren – potenzielle „Helfer“ hatte ich bereits auf der Knochenoberfläche ausgemacht! Es handelte sich dabei um dünne, moos- oder bäumchenförmige dunkle Mineralablagerungen, sogenannte Dendriten, die nur während der Lagerung der Knochen im Sediment der Kleinen Feldhofer Grotte entstanden sein konnten. Jede in der Altsteinzeit entstandene Schnittspur musste diese Ablagerungsphase mitgemacht haben und im Gegensatz zu modernen Spuren unzerstörte Dendriten in ihrem Schnittkanal aufweisen. An den erwarteten Stellen fanden sich in der Tat Schnittlinien, die denjenigen glichen, die von scharfen Feuersteingeräten verursacht werden, und sie waren von wunderschönen Dendriten bedeckt ... Ich jubelte innerlich, und auch Hans-Eckart Joachim war sichtlich zufrieden. Da die Spuren bisher nur vorläufig untersucht und auch die Dendriten noch nicht zur Altersunterscheidung herangezogen worden waren, bot sich nunmehr die Gelegenheit, am altbe-

kannten Neandertalerfund tatsächlich noch etwas Neues zu erforschen. An diesem Tag konnte niemand ahnen, dass die Beobachtung der Beginn eines interdisziplinären Forschungsprojekts war, in dessen Verlauf wir bis zu den Genen des Neandertalers vorstoßen sollten. *(RWS)*

Einige weitere Untersuchungen am Neandertaler hatten verdeutlicht, dass die Fragestellungen wesentlich breiter gelagert waren, als zunächst abzusehen war. In Absprache mit der Direktion des Museums erging daher die Einladung an die Düsseldorfer Gerichtsmediziner Peter Pieper und Wolfgang Bonte, ihre speziellen Kenntnisse über Verletzungen menschlicher Knochen in das Projekt einzubringen. Die nachfolgenden gemeinsamen Untersuchungen mit dem Auflichtmikroskop bei 6- bis 50-facher Vergrößerung erlauben eine Unterteilung der Spuren auf den Skelettresten in drei Hauptgruppen:

1. Kratzer, die den Lacküberzug, die Dendriten und die Knochenoberflächen beschädigen. Sie sind nach der Lackierung des Fundes entstanden, also rezent (Farbtafel 16).

2. Defekte, die zwar unter der Lackschicht liegen, aber die Dendriten deutlich stören oder zerstören. Sie sind im Zeitraum zwischen der Dendritenbildung und der Lackkonservierung des Fundes entstanden, zum Beispiel mögliche Wurzelspuren oder Bergungsbeschädigungen.

3. Spuren auf den Knochenoberflächen, die Dendriten in ihrem Verlauf aufweisen und damit vor der Dendritenbildung entstanden sein müssen (Farbtafel 17). Letztere finden sich hauptsächlich auf der Schädelkalotte; alle Beobachtungen sprechen dafür, dass sie von Zeitgenossen des Neandertalers mit Steingeräten verursacht worden sind.[179] Die Schnittspuren liegen über den Augenhöhlen, auf beiden seitlichen Schädelpartien sowie am Hinterhaupt; sie entstanden vielleicht beim Entfernen der Kopfhaut. Die Frage, ob der Bruchrand der Schädelkalotte ebenfalls eine Folge menschlicher Einflussnahme ist, kann erst nach einer noch anstehenden Reinigung des Knochens von Lacken und anderen Substanzen im Rahmen weiterer Untersuchungen entschieden werden. Im Gegensatz zu den Befunden von Krapina und Abri Moula-Guercy ist das übrige (postcraniale) Material aus

der Kleinen Feldhofer Grotte weder äußerlich erkennbar verbrannt noch kleinstückig zerschlagen: Schnitt- oder Schabspuren ließen sich auf diesen Skeletttteilen wegen der Verunreinigung der Knochenoberflächen noch nicht sicher nachweisen.

Insgesamt kann es als erwiesen gelten, dass die Neandertaler Körperbestattungen in Gräbern vornahmen. Daneben gab es möglicherweise auch andere, weit schwieriger zu fassende Formen der Behandlung der Verstorbenen. Zu diesen Praktiken könnten durchaus das gelegentlich oder regelhaft von rituellem Kannibalismus begleitete Zerteilen und Entfleischen von Leichnamen gehört haben. Auch das unmittelbare Aneignen oder das Exhumieren menschlicher Knochen, die später – vielleicht wenn sie ihre wie auch immer geartete Erinnerungs- oder Schutzfunktion verloren hatten – an anderem Ort einfach zurückgelassen wurden, ist möglich. Wie aber trennt man im archäologischen Befund derartige Praktiken von einer ebenfalls hypothetischen Vorgehensweise ab, deren Ziel es ist, sich beispielsweise „die Kraft“ eines getöteten Feindes und entsprechende Trophäen anzueignen? Hier könnte man argumentieren, dass die Kinder vom Abri Moula-Guercy sicherlich das falsche Ziel für ein solches Verhalten waren. Aber wer weiß schon, welche Handlungen aus der geistigen Welt der Neandertaler heraus möglich, sinnvoll oder sogar vorgeschrieben waren.

Selbst der mit großer Sorgfalt dem Grab von Kebara entnommene Schädel kann diesbezüglich durchaus in verschiedene Richtungen interpretiert werden. Bei der Beurteilung vieler Befunde wird eines sehr klar: Hier deuten moderne Menschen den archäologischen Nachlass einer anderen Menschenform und versuchen dabei, sich deren geistiger Welt über eine Kluft von 2 000 Generationen hinweg anzunähern – ein nahezu hoffnungsloses Unterfangen.

Sprache

Sprache formt unsere Gedanken und beschreibt die Welt, in der wir leben; Lernen und Verständigung werden von ihr bestimmt. Der Neandertaler war uns sehr ähnlich und legte teilweise komplexe Verhaltensformen an den Tag. Daher ist anzunehmen, dass er ein differenziertes Kommunikationssystem besaß.[180] Hatten die Neandertaler aber auch eine artikulierte Sprache, die mit einem komplexen Denken in Symbolen einherging? Die Hirnfunktion „Sprache" ist nur schwer zu belegen. Betrachtet man die Innenseite eines menschlichen Hirnschädels, kann man auf dem Knochen Abdrücke der Gehirnoberfläche erkennen. Gießt man den Schädel nun mit Gips oder Kunststoffmasse aus, so erhält man einen sogenannten Hirnschädelausguss, der eine Reihe von Details der ehemaligen Gehirnoberfläche erkennen lässt. Ein für die Sprache besonders wichtiger Bereich ist das als Brocasche Region bekannte Areal der Großhirnrinde; es ist für die Koordination von Zunge, Lippen und Kehlkopf zuständig. Untersuchungen belegen, dass die entsprechende Hirnregion bereits bei *Homo erectus* gut entwickelt war.[181]

Für die menschliche Lautbildung sind Lippen, Zunge, Rachen und Kehlkopf von großer Bedeutung. Diese vergänglichen Elemente sind an den Fossilien der Neandertaler nicht erhalten. Auch das Aussehen des zwischen Unterkiefer und Kehlkopf sitzenden, die Zunge bei der Wortbildung stützenden Zungenbeines war bis zur sensationellen Entdeckung des ersten Exemplars in der israelischen Kebara-Höhle im Jahre 1984 unbekannt. Der Fund aus der Kebara-Höhle belegt nunmehr, dass das Neandertalerzungenbein von einem modernen nicht zu unterscheiden ist;[182] es wurde in der Folgezeit wiederholt als Beleg für eine motorisch ausgereifte Artikulationsfähigkeit der Neandertaler betrachtet.[183] Andere Autoren merkten hingegen an, dass nur ein Teil des Zungenbeines verknöchert und daher der Rest nicht rekonstruierbar sei.[184]

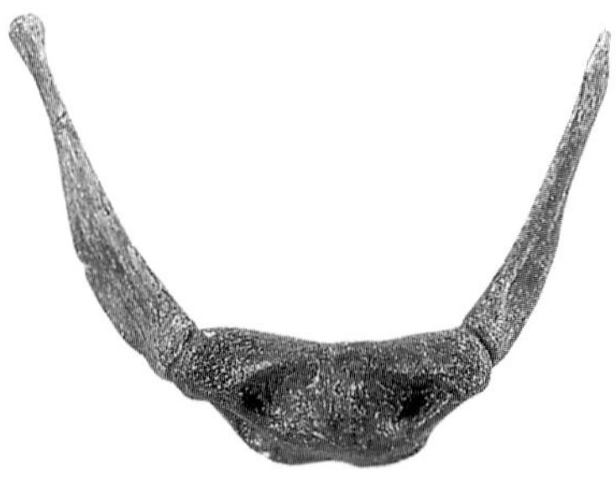

Zungenbein von Kebara.

Bei der Interpretation der Sprachfähigkeit eines Individuums sind jedoch auch andere anatomische Gegebenheiten zu berücksichtigen, wie etwa die Position des Kehlkopfes im Hals. Bei heutigen Menschen sitzt der Kehlkopf tief und ist durch einen langen, röhrenförmigen Abschnitt, den Rachen, mit der darüberliegenden Mundhöhle verbunden.

Diese tiefe Position und die sich daraus ergebende Länge des Rachens ermöglichen uns die Erzeugung der grundlegenden Laute unserer artikulierten Sprache. Die Form der Schädelbasis erlaubt nun Rückschlüsse auf die Position des Kehlkopfes im Hals und die Länge des Rachens: Beim heutigen Menschen ist die Schädelbasis stark nach unten gebogen, bei den Neandertalern ist sie flacher ausgeprägt. Dies spricht bei den Neandertalern für einen hochgelegenen Kehlkopf und einen kurzen Rachen, was die Bandbreite der möglichen Laute begrenzt haben wird.

Interessanterweise haben auch hier die Neandertaler morphologisch einen eigenen Weg beschritten, denn die frühen afrikanischen *Homo sapiens*-Formen weisen bereits vor rund 400 000 Jahren gebogene Schädelbasen auf; vor 150 000 Jahren war der heutige Zustand weitgehend erreicht. Bei den Anthropologen besteht aufgrund der geschilderten Sachverhalte derzeit verstärkt die Tendenz, den Neandertalern lediglich eine schwerfälligere und weniger artikulierte Sprache zuzugestehen, als sie uns eigen ist.[185]

Alle Befunde und kritischen Deutungen zeigen, dass die Neandertaler intelligente, tüchtige, mitfühlende und mit Einschränkungen wohl auch spirituell denkende Menschen waren. Aber sind sie auch unsere Vorfahren?

5. Sind die Neandertaler unsere Vorfahren?

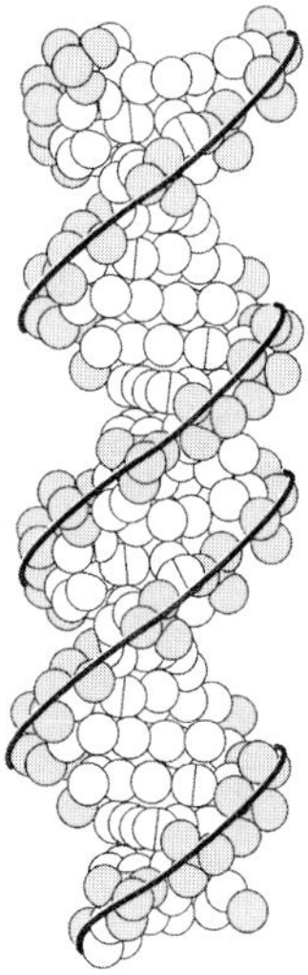

Erneut eine heftige Kontroverse

Zwei konträre wissenschaftliche Theorien versuchen die menschheitsgeschichtliche Entwicklung des *Homo sapiens* zu erklären: das „Multiregionale Modell" und das „Out-of-Africa-2-Modell" (auch „Monogenetisches Modell" genannt). Die Vertreter beider Richtungen nehmen an, dass sich vor über 1,5 Millionen Jahren, ausgehend von Afrika, der *Homo erectus* über die gesamte Alte Welt verbreitete („Out-of-Africa-1-Modell"). Weitgehende Einigkeit besteht auch darüber, dass sich aus diesen Menschen regional unterschiedliche Bevölkerungen entwickelten, wie zum Beispiel die Neandertaler Europas. Damit sind die Gemeinsamkeiten beider Modelle jedoch erschöpft; die weitere Entwicklung zum anatomisch modernen Menschen wird sehr unterschiedlich beschrieben.

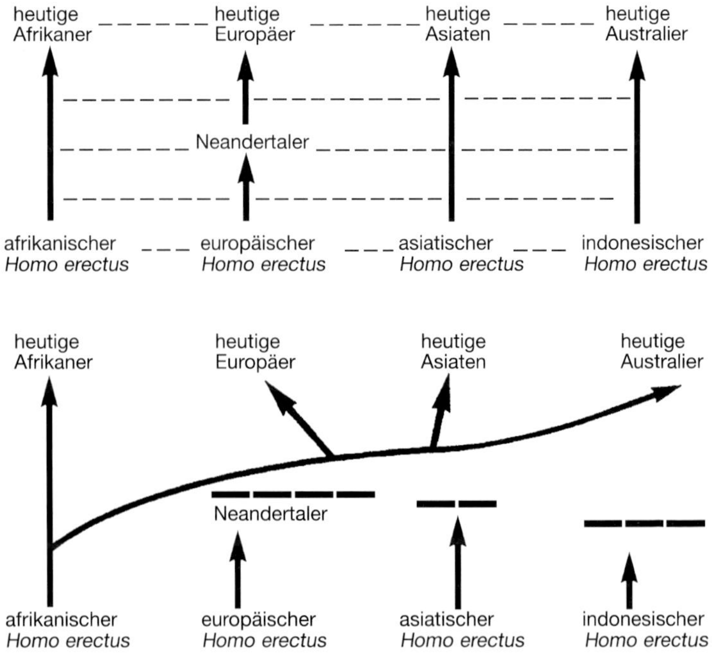

Out-of-Africa-2 (unten) und Multiregionales Modell (oben).

Die Anhänger des Multiregionalen Modells um den amerikanischen Anthropologen Milford Wolpoff gehen davon aus, dass sich der anatomisch moderne Mensch an verschiedenen Orten der Alten Welt jeweils aus den archaischen Vorgängerpopulationen entwickelt hat (multiregionale Kontinuität). Für Europa etwa gilt der Neandertaler als Vorfahre der heutigen Europäer. Nach Ansicht der Multiregionalisten ist es einem interkontinentalen Genfluss – also dem Kontakt zwischen den Populationen Asiens, Afrikas und Europas – zuzuschreiben, dass die Ergebnisse der jeweiligen regionalen Entwicklung so ähnlich sind.[186]

Hingegen sehen die Vertreter der „Out-of-Africa-2-Theorie", hier in vorderster Linie der englische Anthropologe Chris Stringer, Afrika als ausschließlichen Ort der Menschwerdung, wo sich schon sehr früh die Entwicklung des *Homo sapiens* aus archaischen Vorfahren (*Homo erectus*) vollzogen hat. Spätestens vor 40 000 Jahren sollen dann anatomisch moderne Menschen nach Europa eingewandert sein und die dort lebenden Neandertaler ersetzt haben (*replacement*). Diesem Modell zufolge haben die Neandertaler keinen oder nur einen sehr geringen genetischen Beitrag zur Entstehung der heutigen Europäer geleistet.[187]

Eine vermittelnde Position zwischen den beiden Hauptmodellen bezieht unter anderem der amerikanische Anthropologe Fred H. Smith, der eine afrikanische Entstehung des anatomisch modernen Menschen annimmt und eine spätere wesentliche Vermischung mit den Neandertalern diskutiert.[188] Der Widerstreit der verschiedenen Schulen ist nach wie vor Gegenstand internationaler Tagungen, und keine Theorie vermag schon jetzt alle Fragen zu beantworten, die sich zur menschheitsgeschichtlichen Entwicklung und zum Schicksal der Neandertaler stellen. Welche Vorstellung wird schließlich Recht bekommen – die der Kontinuität (*continuity*) oder die des *replacement*?

Die Bemühungen der Anthropologen, die verschiedenen Hominiden aufgrund ihrer Skelettmorphologie einzustufen, sind oft mit vielfältigen Schwierigkeiten behaftet. Deren Ursache liegt teils im fragmentarischen Erhaltungszustand vieler Fossilien, teils aber auch im Ringen um verbindliche Merkmale der unterschiedlichen Menschenformen. So erwies sich selbst für den Neandertaler, die am besten erforschte fossile Menschenform überhaupt, die Definition eindeutiger Merkmale als recht schwierig. Beispielsweise fand man die als neandertalerspezifisches Merkmal beschriebene Lücke zwischen dem hintersten Backenzahn und dem aufsteigenden Kieferast auch bei Jungpaläolithikern unserer Art.[189] Selbst die Definition der Morphologie des anatomisch modernen Menschen – bezogen auf die gesamte Weltbevölkerung – ist schwierig. So fallen zum Beispiel nach Wolpoff die Schädel der australischen Aborigines aus der Variationsbreite des anatomisch modernen Menschen gemäß der Definition von Stringer und Andrews heraus.[190]

Seit etwa zwanzig Jahren beteiligen sich verstärkt Molekularbiologen an der Diskussion. Ihr Ziel war zunächst eine Klärung des Verwandtschaftsgrades der heute auf der Erde lebenden Völker. Bereits 1953 hatten James Watson und Francis Crick die Struktur jenes Moleküls beschrieben, das die genetische Information eines Lebewesens in sich trägt: die DNS (**D**esoxyribo**n**uclein**s**äure) oder DNA (*deoxyribonucleic acid*).[191] Die im Kern jeder Zelle unseres Körpers enthaltene DNA hat vier Bausteine (Basen): **A**denin, **C**ytosin, **G**uanin und **T**hymin. Die DNA besteht aus Doppelsträngen, in denen sich die Bausteine A und T sowie C und G jeweils paarweise gegenüberliegen. In der spezifischen Abfolge der vier Basen, der sogenannten Basensequenz, ist die Erbinformation codiert. Insgesamt umfasst das menschliche Genom rund drei Milliarden Basenpaare, die auf 23 Chromosomenpaare verteilt sind; je ein Chromosom eines Paares wird vom Vater, eines von der Mutter ererbt. Das internationale Projekt der Untersuchung und Entschlüsselung des gesamten menschlichen Genoms wird voraussichtlich im Jahr 2001 abgeschlossen sein.

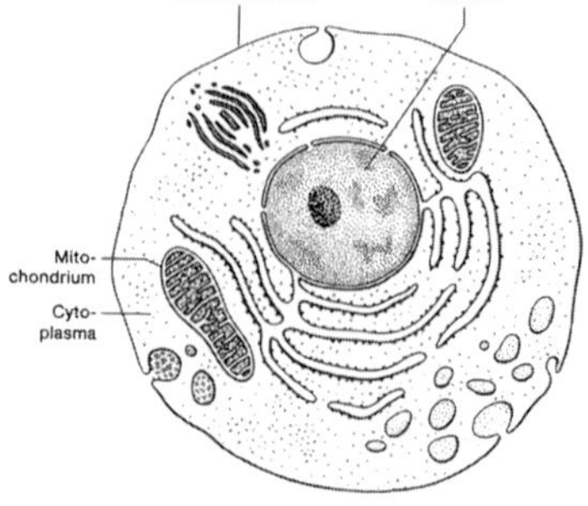

Aufbau einer Zelle.

In der ersten Hälfte der sechziger Jahre wurde entdeckt, dass nicht nur der Zellkern DNA enthält, sondern auch die im Zell- oder Cytoplasma befindlichen „Kraftwerke“ der Zelle, die

Mitochondrien. Allerdings erfolgt die Weitervererbung der mitochondrialen DNA (mtDNA) ausschließlich mütterlicherseits, denn während es sich bei der Eizelle um eine vollständige Zelle handelt, die auch Mitochondrien enthält, ist der in die Eizelle eindringende Kopf eines Spermiums im Prinzip nicht mehr als ein Zellkern. Bei der Vervielfältigung jeder DNA können Fehler auftreten, sogenannte Mutationen. Außerdem führen auch normale Umwelteinflüsse gelegentlich zu Schäden, die, falls sie nicht repariert werden, bestehen bleiben. Solche Mutationen können dann weitervererbt werden und sind beim Vergleich der DNA- Sequenzen verschiedener Individuen als Unterschiede erkennbar.

In den Mitochondrien treten derartige Fehler und Schäden häufiger auf, weil die Reparaturmechanismen dort weniger effizient arbeiten als im Zellkern. In der gleichen Zahl von Generationen entstehen also in der mtDNA mehr Mutationen als in der Kern-DNA. Durch diese größere Anzahl an Unterschieden eignet sich mtDNA gut zum Vergleich naher Verwandter und ansonsten nahezu identischer Organismen – zum Beispiel verschiedener Populationen derselben Art oder verschiedener menschlicher Individuen.[192]

Ein entscheidender weiterer Schritt für die Forschung war die Erkenntnis von Allan Wilson und Vincent Sarich in Berkeley, dass die Anzahl solcher Abweichungen in der mtDNA, durch die sich zwei Arten unterscheiden, die Zeitdauer widerspiegelt, die seit der Trennung der beiden Arten vergangen ist. Diese gleichermaßen simple wie geniale Idee war die Geburt der „molekularen Uhr“. Deren praktische Anwendung ließ nicht lange auf sich warten: Eine in den späten siebziger Jahren durch Wesley Brown durchgeführte Studie an mtDNA aus 21 Plazenten von Müttern unterschiedlicher geographischer Herkunft ergab, dass sich die einzelnen Gruppen nur durch sehr wenige Mutationen unterschieden. Dies ließ darauf schließen, dass sich die verschiedenen Menschenpopulationen erst vor relativ kurzer Zeit getrennt hatten. Browns Arbeiten wurden auf der breiteren Basis von 147 Individuen durch Wilsons Doktorandin Rebecca Cann weitergeführt. 1987 publizierten Cann, Wilson und Mark Stoneking in *Nature* ihren berühmten Artikel *Mitochondrial DNA and Human Evolution*, der sofort für ungeheures Aufsehen sorgte.[193]

Die untersuchten DNA-Sequenzen unterschieden sich unabhängig davon, von welchem Kontinent die Proben stammten, nur durch wenige Abweichungen – die separaten genetischen Wurzeln reichen also nicht sonderlich tief. Den größten Grad der Abweichung wiesen die afrikanischen Bevölkerungen auf, was nur bedeuten konnte, dass deren „molekulare Uhr“ bereits länger läuft und alle anderen Populationen aus der afrikanischen hervorgegangen sind. Das Team nahm daher an, dass die Wurzeln der heutigen Menschheit in Afrika liegen, und datierte die Gruppe unserer gemeinsamen Vorfahren auf rund 200 000 Jahre. Dies bedeutete insgesamt eine Bestätigung des „Out-of-Africa-2-Modells“. In den Medien reduzierten sich die für diese Zeit angenommenen weiblichen Vorfahren des gleichen mtDNA-Typs bald auf eine einzelne Frau, die man „Eva“ (*mitochondrial Eve*) nannte – eine Verzerrung, die bis heute fortlebt. Teils durch begründete methodische Kritik wurden in den folgenden Jahren weitere Untersuchungen an mitochondrialer, aber auch an Kern-DNA angeregt, die das erste Ergebnis in seinen Grundzügen zu bestätigen vermochten.[194]

Gen-Archäologie

Bereits in der ersten Hälfte der achtziger Jahre hatten sich Wilson und seine Mitarbeiter auch mit der Untersuchung von DNA aus Resten ausgestorbener Tiere beschäftigt, um Informationen über deren Stellung im Tierreich zu erhalten. Dabei hatten sie mit einem generellen Problem zu kämpfen: Nach dem Tod eines Lebewesens kommt es mit fortschreitender Zeit durch biologischen Abbau und chemisch-physikalische Einflüsse zu einem Zerfall der DNA, so dass diese schließlich nur noch in einer vergleichsweise geringen Anzahl von kurzen Abschnitten vorliegt. Dennoch gelang ihnen 1984 die sensationelle Aufklärung eines alten zoologischen Problemfalles. Bis dahin war unklar gewesen, ob das vor rund 100 Jahren ausgerottete afrikanische Quagga, wie vielfach angenommen, tatsächlich ein enger Verwandter des Pferdes war oder eher zur Gruppe der Zebras gehörte. Aus einem kleinen Stück eingetrockneten Muskelgewebes von einem der wenigen

Svante Pääbo.

erhaltenen Quagga-Felle ließ sich genug mtDNA für eine Analyse gewinnen. Diese belegte, dass das Quagga eng mit dem Zebra verwandt war.[195]

Parallel zu den Arbeiten des Berkeley-Teams begann im schwedischen Uppsala eine ungewöhnliche wissenschaftliche Karriere. Neben den Arbeiten für seine molekular-virologische Doktorarbeit beschäftigte sich Svante Pääbo dort mit der Möglichkeit, DNA aus ägyptischen Mumien zu gewinnen. Da er auch Ägyptologie zu seinen Studienfächern zählte, fand er offensichtlich einen Zugang zu den entsprechenden Museumskuratoren, die ihm einige Proben aus ihren Fundstücken überließen. Tatsächlich gelang es Pääbo, aus einer fast 2 500 Jahre alten Mumie DNA-Fragmente zu isolieren – der Beginn der Gen-Archäologie.[196] Vor allem aufgrund des natürlichen DNA-Abbaus erschien es kaum möglich, aus noch älterem Gewebe eine ausreichende Menge DNA zur Untersuchung zu gewinnen. Zu jener Zeit waren die Forscher noch darauf angewiesen, die DNA-Bruchstücke durch Einpflanzung in Bakterien vervielfältigen zu lassen. Doch dann half eine geniale Idee weiter. Während einer nächtlichen Autofahrt hatte der amerikanische Biochemiker Kary Mullis den Einfall, die natürliche Verdopplung von DNA-Strängen im Labor nachzuahmen. Wenn man DNA zunächst durch Erhitzen in ihre beiden Einzelstränge trennt, sollte bei anschließender Abkühlung aus den zugesetzten DNA-Bausteinen Adenin, Cytosin, Guanin und Thymin unter Zuhilfenahme des hitzebeständigen Enzyms Polymerase an jedem der Einzelstränge das entsprechende Gegenstück synthetisiert werden. Diese DNA-Stränge hätten sich somit verdoppelt. Dabei sollte besonderen Startmolekülen, die man „Primer“ nennt, die Aufgabe zufallen, speziell den zu vervielfältigenden Abschnitt zu markieren und die Reaktion in Gang zu setzen. Mullis ging davon aus, dass in 30 Durchläufen in etwa drei Stunden weit über eine Milliarde identischer Kopien entstehen würden.

Die Idee der Polymerase-Kettenreaktion oder PCR (*polymerase chain reaction*)[197] war eine geradezu umwälzende Erfindung für Gentechnik und Evolutionsbiologie, und sie wurde zehn Jahre später schließlich mit dem Nobelpreis für Chemie ausgezeichnet. Mullis verließ 1986 seine bisherige Biotechnikfirma und erhielt für das von ihm entwickelte Verfahren eine Prämie von 10 000 Dollar. Nach fünf Jahren wiederum verkaufte sein früherer Arbeitgeber das Patent der Polymerase-Kettenreaktion für 300 Millionen Dollar an einen Schweizer Pharma-Multi.

Mit der Entwicklung der PCR war neben effektiverem Arbeiten an moderner DNA auch der Grundstein für eine anwendbare Paläogenetik gelegt, denn nun konnte man alte DNA in ausreichender Menge für die Analysen kopieren. Allerdings werden bei dieser Technik gegebenenfalls auch Verunreinigungen durch moderne DNA mitkopiert, so dass bereits die kleinste Hautschuppe ausreicht, um ein falsches Ergebnis hervorzurufen. Daher müssen insbesondere alle Arbeiten an menschlicher DNA von der Probenentnahme bis zur PCR unter absolut sterilen Bedingungen stattfinden.

Wilsons Gruppe war eine der ersten, die die neue Methode anwendeten, und es lag nahe, dass Pääbo nach Abschluss seiner Doktorarbeit bald nach Berkeley wechselte. Es folgten weitere erfolgreiche Experimente an Gewebeproben des Quagga und aus 4 400 Jahre alten Mumien. Dabei arbeitete man durchweg an Resten von Weichteilgeweben; da jedoch die meisten Überbleibsel von Lebewesen nur noch aus Knochen bestehen, stellte sich die Frage, ob auch aus solchem alten Knochenmaterial DNA extrahiert werden kann. Den ersten Erfolg in dieser Richtung vermeldeten Erika Hagelberg und Bryan Sykes von der Universität Oxford im Jahre 1989, und weitere Ergebnisse anderer Teams – unter anderem zu den verwandtschaftlichen Beziehungen der ausgestorbenen neuseeländischen Riesenvögel, der Moas – sollten folgen.[198]

Die 5%-Chance

Ein Fauchen und Röcheln klang durch den Raum. Ich atmete tief durch; die Geräusche signalisierten, dass die Kaffeemaschine gleich ihr Werk vollendet haben würde. Nach der langen Fahrt auf der winterlichen Autobahn würde mir eine Kaffeepause gut tun, so dass ich mit der Entscheidung, eine Stunde vor dem anberaumten Termin einzutreffen, recht zufrieden war. „Auch Zucker?" fragte die junge Frau im weißen Laborkittel, während sie die Milch auf den Tisch stellte. Ich schüttelte den Kopf und bemerkte, dass sie mich mit einer Mischung aus Neugier und Ungläubigkeit musterte; offensichtlich hatte es sich in der Arbeitsgruppe Pääbo bereits herumgesprochen, dass jemand wegen einer Analyse an einem Neandertalerfund das Labor besuchen würde. Nun, so weit war es noch lange nicht. Es ging zunächst darum, die prinzipielle Durchführbarkeit eines solchen Vorhabens zu erörtern. Die recht erfolgreiche Untersuchung der Schnittspuren auf dem Schädeldach des Neandertalers hatte bei der Bonner Museumsdirektion bewirkt, dass weitere Vorschläge zur interdisziplinären Neubearbeitung des Fundes gerne aufgegriffen wurden. So hatte ich inzwischen die Düsseldorfer Gerichtsmediziner Peter Pieper und Wolfgang Bonte an der Analyse der Schnittspuren beteiligt und den Göttinger Pathologen Michael Schultz für die Untersuchung auf Verletzungen, Krankheiten und Mangelerscheinungen gewinnen können. Weiterhin waren verschiedene Gespräche wegen spezieller Röntgen- und Datierungsverfahren geführt worden. Die Frage nach der Beeinträchtigung moderner Untersuchungsmethoden durch historische Konservierungsmittel schließlich fiel in das Ressort der Essener Präparatorin Heike Krainitzki, die mich vor dem Hintergrund dieser Fragestellung nach München begleitete.

Einige Monate zuvor hatte sich eine Idee in meinem Kopf festgesetzt: Ein Wissenschaftsartikel in der Frankfurter Allgemeinen Zeitung hatte die wesentlichen Erfolge der sich entwickelnden Paläogenetik kurz umrissen und vor diesem Hintergrund auch die Arbeit des gerade nach München berufe-

nen Molekularbiologen Svante Pääbo vorgestellt. In mir erwuchs die Frage, ob man das Problem der Verwandtschaft der Neandertaler mit dem anatomisch modernen Menschen nicht ebenfalls durch eine DNA-Analyse beleuchten könnte. Mit der zwei Tage später erfolgten telefonischen Anfrage, ob er den Versuch wagen wolle, stieß ich bei Svante Pääbo auf das erhoffte Interesse, so dass wir einen Gedankenaustausch in München vereinbarten.

Schon bald nach unserer Ankunft hatte ich den Eindruck gewonnen, dass dieser Raum des Institutes, den man mit knapp zehn Schritten zu durchmessen in der Lage war, etwas ganz Besonderes darstellte. Es handelte sich, wie die eingebaute Küchenzeile unschwer erkennen ließ, einerseits um den Aufenthaltsraum, andererseits belegte die kleine, mit mir unverständlichen Symbolen und Formeln beschriebene Wandtafel, dass hier auch Arbeitsbesprechungen stattfanden. Das den Fenstern gegenüber gelegene Bücherregal war prall gefüllt mit wissenschaftlichen Zeitschriften, die Couch vor dem Bibliotheksmöbel verriet durch die Anordnung einiger Wolldecken ihre letztnächtliche Nutzung als Schlafstätte.

Die Fachgespräche im Umfeld der stark frequentierten Espressomaschine drehten sich zumeist um irgendwelche Experimente und verrieten, dass in diesem Institut die Apparaturen auch nachts ausgelastet waren. Wiederholt stürmte oder schlurfte jemand, wohl je nach experimentgekoppeltem inneren Spannungszustand, durch eine der beiden offenstehenden Türen des Raumes.

Svante Pääbo zeigte keines der beiden Extreme, als er in Begleitung eines Mitarbeiters den Raum betrat. Nach kurzer, freundlicher Begrüßung und Vorstellung besetzten wir zwei Seiten des quadratischen Tisches, den wir zunächst von einigen Keksdosen und einem großen Stapel „Nature“ befreiten. Ich ging kurz auf die Entdeckungsgeschichte des Fundes ein und beschrieb anhand einer Skizze die vorhandenen Knochen sowie deren Erhaltungszustand. Anschließend erläuterte Heike die verschiedenen Lacke, mit denen das Skelett ihrer Meinung nach seit seiner Entdeckung behandelt worden war. „Offensichtlich ist er nicht in heißem Leim getränkt worden,“ beendete sie die

Vorstellung ihrer Befundaufnahme. … Das ist gut. Sonst hätten wir an diesem Punkt abbrechen können," verlieh Svante Pääbo seiner Erleichterung Ausdruck. „Wasser ist generell schlecht für die Erhaltung von DNA, und heißer Leim …" Er macht eine wegwerfende Handbewegung.

Es war ein sehr entspanntes Klima, und schon nach kurzer Zeit hatten wir die förmliche Anrede abgelegt. Svante zeigte sich sehr interessiert, war aber dennoch zurückhaltend. Er erklärte einige methodische Grundlagen und führte aus, dass es in den letzten Jahren zwar gute Fortschritte gegeben habe, die teils extreme Fragmentierung der alten DNA aber nach wie vor ein großes Problem darstelle. Sein Mitarbeiter verdrehte die Augen und nickte heftig. „Wir haben auch die Schwierigkeit," fuhr Svante fort, „dass wir einfach noch nicht wissen, was die DNA manchmal trotz Erhitzung in der PCR zusammenhält und so eine Vervielfältigung verhindert. Wenn wir da etwas fänden, wären wir einen grossen Schritt weiter."

Er nahm einen kräftigen Schluck aus seiner Tasse, räusperte sich und stellte mit deutlich ernsterem Gesichtsausdruck die Frage nach dem Alter des Neandertalerfundes. „Er ist noch immer undatiert," musste ich einräumen, „sollte aber irgendwo zwischen 80 000 und 40 000 Jahren liegen." Svante nickte und führte aus, dass DNA selbst bei guten Erhaltungsbedingungen des Knochens zerfiele und nach vielleicht 100 000 Jahren vollständig zerstört wäre. Bei dem angenommenen Alter des Fundes wolle er eine Erhaltung von DNA zwar nicht ausschließen, aber auch nicht zu viel versprechen.

„Die Chance liegt bei 5%," brachte er es schließlich auf den Punkt. „Hat es schon mal irgendjemand an einem Neandertaler versucht?" drängte es mich in Erfahrung zu bringen. Er lehnte sich zurück. „Es heißt, dass Eric Trinkaus ein Wirbelbruchstück von Shanidar zur Verfügung gestellt hat, doch es sieht wohl nicht so aus, dass es funktioniert. Das Knochenfragment soll aber auch schlecht erhalten gewesen sein." Er lächelte und fuhr fort: „Es wäre natürlich schön, wenn wir so etwas als Erste machen könnten." Ich lachte und gab ihm recht. Eine Frage aber war aus Verantwortung gegenüber dem Fund unbe-

dingt noch abzuklären, nämlich, ob der aus der Probe gewonnene Extrakt im Falle eines Fehlversuches aufbewahrt und später mit verbesserten Verfahren erneut getestet werden könnte. Svante bejahte dies, und somit gab es für mich keinen Grund mehr, das Unternehmen um fünf oder zehn Jahre zu verschieben.

Durch den anstrengenden Tag erschöpft, folgten wir gerne Svantes Einladung, mit dem Team essen zu gehen. Im italienischen Restaurant stürmten nun auch die Fragen einiger Mitarbeiter auf uns ein, die zuvor nicht an der Besprechung teilgenommen hatten. Obwohl ich später an jenem Abend reichlich müde in das Bett des institutseigenen Gästezimmers fiel, konnte ich nicht sofort einschlafen. War es überhaupt vertretbar, dem wertvollen Fossil eine Probe für eine DNA-Analyse zu entnehmen? Ich führte mir den zu erhoffenden Erkenntnisgewinn vor Augen und beschloss, den entsprechenden Antrag zu stellen. Fünf Prozent. Mir war klar geworden: Wir würden dem Labor die bestmögliche Knochenprobe liefern müssen, die sich am Neandertaler aufspüren ließe. *(RWS)*

Die entsprechenden Recherchen gestalteten sich zeitintensiver als zunächst erwartet. Es war jedoch möglich, eine Reihe von Faktoren herauszuarbeiten, welche bei dem Neandertaler die Suche nach DNA vertretbar erscheinen ließen:[199]

1. Der Neandertaler war etwa 60 Zentimeter tief in das Sediment der Kleinen Feldhofer Grotte eingebettet gewesen. Wegen der beckenförmigen Vertiefung des Felsbodens der Grotte[200] waren die Höhlensedimente besonders geschützt gelagert. Weiterhin hatte Fuhlrott berichtet, dass der „Eingang" vor der Zerstörung durch den Kalkabbau lediglich etwa 60 × 20 Zentimeter maß.[201] Diese kleine Öffnung ist wahrscheinlich auf einen Versturz des Höhleneingangs unbestimmte Zeit nach der Bestattung zurückzuführen, und auch dies dürfte zur weitgehenden Abschottung von Witterungseinflüssen beigetragen haben.
2. Selbst bei kleinen Höhlen stellt sich die Raumtemperatur auf die jeweilige Jahresdurchschnittstemperatur der entsprechen-

den Region ein.[202] Gegenwärtig sind dies im Bergischen Land etwa 10 °C; zusätzlich ist zu berücksichtigen, dass die Höhle und damit das Skelett im Boden während der meisten Zeit den klimatischen Verhältnissen der letzten Kaltzeit unterworfen waren, für die eine noch wesentlich geringere Höhlentemperatur anzunehmen ist.

3. Das Fundsediment wurde als einheitliche, dichte Lehmmasse beschrieben, die den Knochen fest anhaftete.[203] Diese schützende Umhüllung muss den Einfluss von Luftsauerstoff auf die Skelettreste minimiert haben.
4. Durch die Lage der Grotte im Massenkalk ist von einem basischen Einbettungsmilieu der Skelettreste auszugehen, das die Knochenerhaltung förderte.
5. Durch die andauernde tektonische Heraushebung des Rheinischen Schiefergebirges und damit des Neandertaler Massenkalkes wurden auch die Höhlen über das Bachniveau der Düssel emporgehoben, so dass sie selbst bei Hochwasser nicht mehr überflutet werden konnten. Fuhlrott gab 1859 für die Kleine Feldhofer Grotte eine Höhe von rund 20 Metern über dem Talboden an.
6. Die bereits durch Schaaffhausen diagnostizierte Verletzung des linken Armes des Neandertalers zog eine unterschiedliche Einsatzfähigkeit der beiden Arme nach sich und führte so zu einer Schwächung des linken Oberarmknochens (Humerus). Die Knochensubstanz des rechten Oberarmes ist hingegen deutlich kräftiger ausgebildet.[204] Spezialuntersuchungen des Göttinger Pathologen Michael Schultz konnten diese Diagnose inzwischen bestätigen.
7. Wie beschrieben sind Manipulationen der Schädelkalotte durch mittelpaläolithische Menschen belegt, die größeren Langknochen weisen jedoch keine Fragmentierung durch Zerschlagen auf. Durch die geringe Einbettungstiefe des Fundes blieb ein Zerbrechen dieser Knochen durch Sedimentdruck ebenfalls aus; schließlich überstand der robuste rechte Humerus auch die Ausräumung der Grotte durch die Arbeiter ohne wesentliche Beschädigungen. Somit dürfte die Angriffsfläche für DNA-schädigende Einflüsse sowohl während der Lagerung im Sediment als auch nach der Bergung wesentlich

geringer gewesen sein, als dies für fragmentierte Knochen anzunehmen ist.

8. Der sehr gut erhaltene rechte Oberarmknochen erhielt bereits relativ kurze Zeit nach der Bergung einen Lacküberzug, dem in den dreißiger Jahren des 20. Jahrhunderts eine weitere Lackierung folgte. Diese Behandlung entspricht zwar nicht mehr den heutigen konservatorischen Maßstäben, legt aber nahe, dass das Knochenmaterial vor Verunreinigungen aufgrund des häufigen Hantierens in den vergangenen 140 Jahren weitgehend geschützt war.
9. Für eine Durchtränkung der Knochen mit heißem Leim fanden sich keine Anhaltspunkte.

Aufgrund dieser Überlegungen erschien die Annahme gerechtfertigt, dass insbesondere die DNA im rechten Oberarmknochen des Neandertalers (Farbtafel 18) vor schädlichen Einflüssen wie größeren Wassermengen, hohen Temperaturen oder einem sauren Milieu sehr gut geschützt und eine wesentliche

Der Oberarmknochen (Humerus) des Neandertalers. Entnahmestelle der beiden Proben für Knochendünnschliffe und DNA-Analysen sowie eine der entnommenen Halbscheiben.

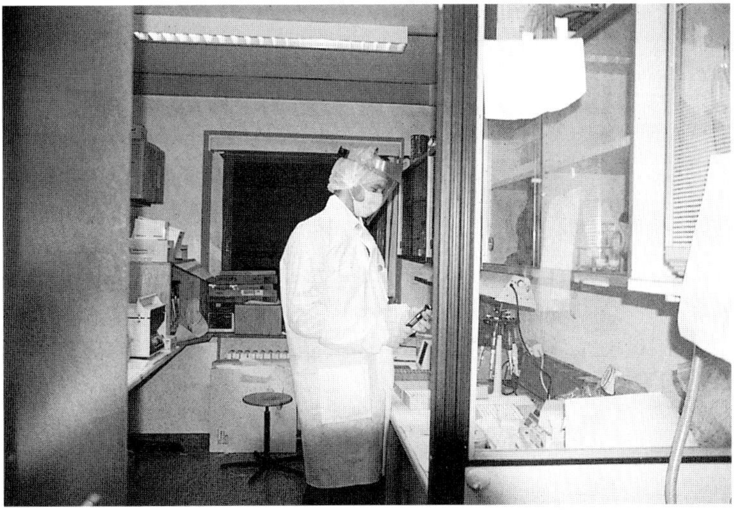

Matthias Krings in voller Montur.

Kontamination des oft angefassten Fundes mit moderner DNA kaum zu befürchten war.

Parallel zu diesen Arbeiten hatte die Direktion des Rheinischen Landesmuseums Bonn auf der Basis einer detaillierten Projektbeschreibung Gutachten zur prinzipiellen Durchführbarkeit und zum wissenschaftlichen Wert des Vorhabens eingeholt. Da diese ebenfalls positiv ausfielen, stand der Probenentnahme nichts mehr im Wege. Ende Juni 1996 – seit der ersten Münchener Besprechung waren dreieinhalb Jahre vergangen – entnahm Heike Krainitzki, ausgerüstet mit klinischer Schutzkleidung und sterilisiertem Arbeitsgerät, aus dem rechten Humerus eine 3,5 Gramm schwere und 1,4 Zentimeter dicke Halbscheibe. Das Stück, kostbarer als Mondgestein, wurde natürlich persönlich nach München gebracht und den Genetikern übergeben. Nun gab es kein Zurück mehr.

Die anschließenden Experimente übertrug Svante Pääbo einem jungen Diplombiologen, der noch einen guten Aufhänger für seine Dissertation suchte: Matthias Krings. Er hatte die Zeit und die Energie, die äußerst aufwendigen Arbeiten durchzuführen, und rein methodisch würde seine Doktorarbeit auch im Falle eines Negativbefundes hinzugewinnen. Seine Analysen zielten ebenfalls auf die mitochondriale DNA ab, die aufgrund ihrer vergleichsweise geringen Länge von 16 569 Basenpaaren in den letzten zwei Jahrzehnten sehr gut erforscht worden war. Ein weiterer Vorteil der mtDNA bei der Untersuchung von fossilem Knochenmaterial ist folgender: Da auf einen Satz Kern-DNA einige hundert bis 10 000 mtDNA-Stränge entfallen, sind die Chancen der Erhaltung von mtDNA entsprechend größer. Die Arbeiten der Genetiker konzentrieren sich insbesondere auf zwei besonders aussagekräftige Abschnitte der mtDNA: die „hypervariablen" Regionen I und II.

Der erste Schritt der Untersuchung galt den im Knochenmaterial des Neandertalers enthaltenen Aminosäuren. Da diese sich mit der Zeit abbauen, erlaubt die Aminosäureanalyse wichtige Aussagen zum „molekularen Erhaltungszustand" eines Knochens. Die in München gewonnenen Werte bestätigten den durch die vorhergehenden Recherchen vermuteten guten Erhaltungszustand der Knochensubstanz. Dies stellte allerdings noch immer keine Garantie für die DNA-Erhaltung dar. So verlief denn auch ein erster Versuch mit 0,1 Gramm Knochensubstanz negativ. Es zeichnete sich ab, dass – wenn überhaupt – nur sehr wenig DNA die Jahrzehntausende überdauert hatte. Vielleicht lag die in der ersten Teilprobe enthaltene Menge unterhalb der Nachweisgrenze? Ein erneuter Anlauf mit 0,4 Gramm Substanz sollte die Entscheidung bringen.

Im Oktober 1996 kristallisierte sich allmählich heraus, dass Matthias möglicherweise nun doch eine Sequenz gefunden hatte, die zudem Abweichungen von der mtDNA moderner Menschen zeigte. Als die Hinweise immer deutlicher wurden, hielt Ralf es nicht länger aus und eilte mit Heike nach München, wo er ein Wochenende lang bei den entscheidenden Experimenten mitfieberte. Ins Rheinland zurückgekehrt, berichtete er erschöpft, aber glücklich, dass nun tatsächlich eine Sequenz mit deutlichen Unterschieden zu moderner mtDNA vorlag. Matthias hatte es also geschafft: Weltweit war es erstmals gelungen, einen DNA-Abschnitt der Neandertaler zu sequenzieren – ein historischer Augenblick.

Hinzu kam, dass dies ausgerechnet am Typusexemplar, dem namengebenden Neandertaler aus der Kleinen Feldhofer Grot-

te, gelungen war. Der Erfolg ist in erster Linie auf Ralfs unbeirrbares Festhalten an dem Projekt zurückzuführen sowie auf seinen Willen, alles zu tun, um die entsprechenden Untersuchungen vornehmen zu können. Immerhin waren diese – da hatten alle Beteiligten Bedenken gehabt – mit einem Substanzverlust am kostbaren Originalfund verbunden. Doch Heike und Ralf hatten mit Bedacht und profunder Kenntnis den rechten Oberarmknochen für die Probenentnahme ausgewählt – eine richtige Entscheidung. Im Nachhinein stellte sich der hypertrophierte rechte Humerus als idealer „DNA-Tresor" heraus, der die empfindliche Substanz Zehntausende von Jahren vor der völligen Zerstörung schützte.

Doch nun hieß es Ruhe bewahren: Alle Beteiligten waren sich einig, dass dieser erste Erfolg nur ein halber war. Erst wenn es ein weiteres Mal gelingen würde, wenn im zweiten Versuch dasselbe Ergebnis zutage käme, könnte man davon ausgehen, dass tatsächlich eine Neandertalersequenz vorliegt.

Heike, Ralf und ich fuhren am 13. November – dem Tag der Entscheidung – nach München. Es schneite, als wir am frühen Nachmittag ankamen. Wir gingen ins Institut, wo wir schon von Svante und Matthias erwartet wurden. Bei den folgenden

Matthias und Ralf im Besprechungs- und Pausenraum.

gemeinsamen Gesprächen, die sich immer nur um das Eine drehten, sah man uns fünf ständig auf Holz klopfen – wir beschworen nervlich angespannt das Gelingen des Projekts. Um 16 Uhr sollte die Sequenzierung gestartet werden.

Es war 16^{10} *Uhr, als es endlich losging. Doch wir mussten Geduld aufbringen. „Bis der Versuch durchgelaufen ist, vergehen einige Stunden", sagte Matthias. Er und wir Niederrheiner beschlossen, uns die Zeit in einer Münchener Kneipe zu vertreiben. Wir aßen eine Kleinigkeit und tranken Kaffee. Gegen 18 Uhr kehrten wir kurz zurück, um nachzusehen, wie es lief – alles o.k.! Die letzten Stunden des Wartens verbrachten wir dann in einem weiteren Gastronomiebetrieb bei Pizza und Bier. Um 21 Uhr kehrte unsere Truppe – nach einem langen Tag schon ein wenig müde – wieder ins Labor zurück. Jetzt stieg die Spannung wieder.*

Um 21^{28} *Uhr war es dann soweit: Matthias kopierte die Sequenzdaten auf Diskette und ließ sie am PC ausdrucken. Ein letztes kollektives Klopfen auf Holz, dann Stille – nur der Drucker ratterte. Matthias nahm den Ausdruck an sich und – jubelte. Es war geschafft, die Reproduktion des Ergebnisses war gelungen! Wir fielen uns in die Arme, alle waren begeistert. Svante hatte leider keine Zeit dabei zu sein: Er war nach Hause gefahren. Ich holte drei Flaschen Champagner, den ich schon am Nachmittag in der Hoffnung auf Erfolg kaltgestellt hatte, aus dem Kühlschrank. Jetzt wurde gefeiert. Ralf war erleichtert, denn der Erfolgsdruck war für ihn zwischenzeitlich schon fast unerträglich. Aber jetzt waren alle Sorgen vergessen. Der Laborraum füllte sich inzwischen mit den Mitarbeitern des Instituts – alle gemeinsam stießen auf den großen Erfolg an. Ein denkwürdiger Tag für Genetik, Anthropologie und Archäologie.*

Im einzigen hell erleuchteten Raum des Instituts lachte und jubelte man, es herrschte eine ausgelassene Stimmung. Matthias und Ralf informierten telefonisch Svante sowie Eltern, Freunde und einige Kollegen. Ich rief Inge in Mönchengladbach an – wir konnten es noch gar nicht glauben.

Inzwischen war es Mitternacht geworden; aus den Zimmern sah man lediglich den Widerschein der Bildschirmschoner, denn die PCs blieben hier Tag und Nacht an. Zum Abschluss dieses aufregenden Tages zog es unsere verschworene Gemeinschaft noch auf ein Bier in eine Kneipe – doch bald waren wir alle zu müde. Wir gingen, die Krägen hochgeschlagen, durch eine verregnete Münchener Nacht – nur noch ins Bett! (JT)

DNA vom namengebenden Neandertaler

Da die Münchener Arbeitsgruppe die Ergebnisse immer und immer wieder durchgesprochen hatte, war der letzte noch ausstehende Test eigentlich eine Formsache: die Wiederholung des Versuches in einem anderen Labor. Die entsprechende Teilprobe ging an das Labor von Mark Stoneking von der Pennsylvania State University, wo seine Schülerin Anne Stone die Experimente durchführte. Wie nach Matthias' sauberer Arbeit nicht anders zu erwarten war, erfolgte noch im Dezember die Bestätigung der bislang ältesten menschlichen DNA-Sequenz.

Nun konnten wir an eine Veröffentlichung denken. Svante hatte sich hierfür eine der weltweit renommiertesten Fachzeitschriften auserkoren, das molekularbiologische Journal *Cell*. Dessen bekanntermaßen äußerst harte Begutachtung von eingereichten Artikeln war bewusst als letzter Check vorgesehen, um gegebenenfalls noch kritische Kommentare von anderen führenden Genetikern und Biochemikern zu erhalten.

Am 11. Juli 1997 erschien der Beitrag *Neandertal DNA Sequences and the Origin of Modern Humans* und wurde in Bonn und London der Weltöffentlichkeit vorgestellt.[205] Auf der Titelseite der *Cell*-Ausgabe prangte jene Schädelkalotte, die Johann Carl Fuhlrott 140 Jahre zuvor erstmals vorgestellt hatte (Farbtafel 19). Die Nachricht jagte in Wort und Bild mehrfach um den Globus, leider allzu oft unter der Headline, die *Cell* ohne Absprache mit den Autoren als Bildunterschrift auf die Titelseite gesetzt hatte: *Neanderthals Were Not Our Ancestors* („Neandertaler waren nicht unsere Vorfahren"); die Aussage dieser Zeile führte unverzüglich zu einer erneuten heftigen Kontroverse innerhalb der wissenschaftlichen Gemeinschaft, insbesondere zwischen *replacement-* und *continuity*-Anhängern.

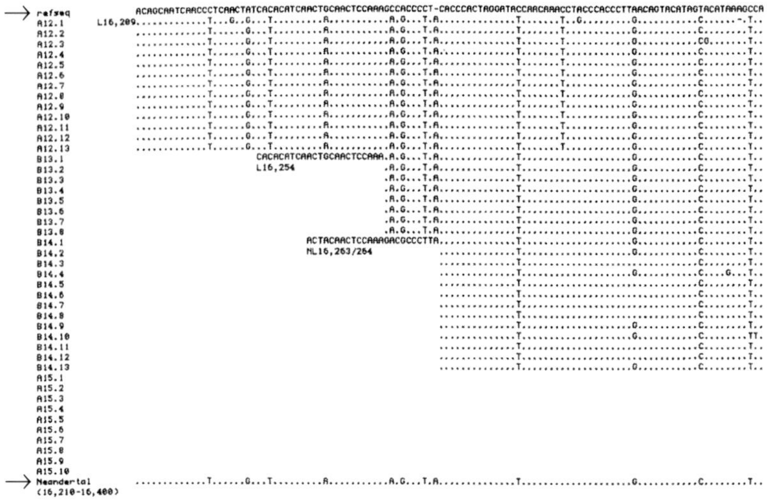

Ausschnitt aus der Neandertaler-DNA-Sequenz (unterste Reihe) mit Unterschieden zum modernen Menschen (oberste Reihe). Buchstaben stellen abweichende, Punkte identische Basen dar.

Dabei wurde die reine Tatsache, dass es gelungen war, die erste DNA-Sequenz eines Neandertalers zu gewinnen, von Vertretern verschiedenster Fachdisziplinen durchweg als großer Fortschritt gewertet. Begriffe wie „Durchbruch“ oder „Meilenstein“ flossen auch aus der Feder seriöser Fachkollegen, die das Resultat in eigenen Fachbeiträgen kommentierten.[206]

Die veröffentlichte Sequenz stellt mit einer Länge von 379 Basen der hypervariablen Region I einen sehr aussagekräftigen Abschnitt der mtDNA dar und ließ sich mit der mtDNA moderner Menschen vergleichen. Dabei zeigte sich eine Reihe von Positionen mit abweichenden Bausteinen.

Die Untersuchung von fast tausend heutigen Menschen verschiedener Kontinente ergab, dass sich diese, unabhängig von ihrer Herkunft, im analysierten Sequenzabschnitt auf durchschnittlich acht Positionen unterscheiden. Im Vergleich hierzu weicht die Neandertaler-mtDNA im Mittel in 27 Positionen ab. Damit liegt der Neandertaler aus der Kleinen Feldhofer Grotte ganz am Rande der Variationsbreite der mtDNA der heute auf der Erde lebenden Menschen.

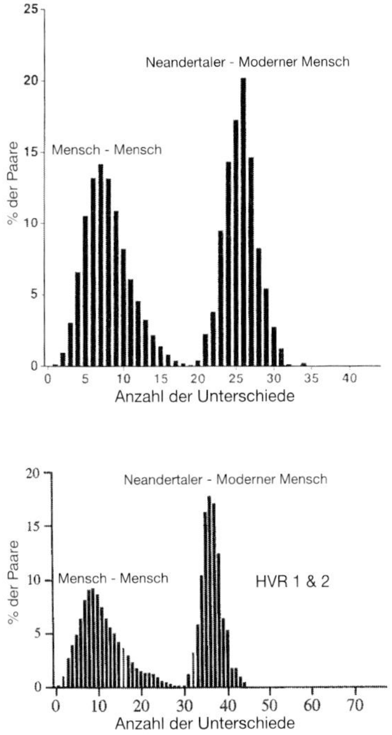

Verteilung der Sequenzunterschiede innerhalb der modernen Menschen sowie zwischen dem Neandertaler und den modernen Menschen beim direkten Vergleich jeweils zweier Individuen. Oben: hypervariable Region I; unten: hypervariable Regionen I und II.

Eine wichtige Frage war auch, wie groß der Unterschied jeweils zu modernen Menschen verschiedener Kontinente ist: Den Forderungen der Multiregionalisten zufolge hätte der Neandertaler als angenommener Vorfahre der heutigen Europäer mit diesen enger verwandt sein müssen als mit modernen Menschen anderer Kontinente. Es zeigte sich aber, dass der untersuchte Neandertaler von den heute auf verschiedenen Kontinenten lebenden Menschen jeweils gleich weit entfernt ist, also den Europäern keinesfalls näher steht als irgendeiner anderen modernen Population.

Insgesamt deuten die Ergebnisse darauf hin, dass die Späten Neandertaler ohne Beitrag mitochondrialer DNA zum heutigen menschlichen Genpool ausstarben und somit nicht zu den Vorfahren der jetzt lebenden Menschen gehören. Inzwischen ist es außerdem gelungen, aus der 1996 entnommenen Probe auch 341 Basen der hypervariablen Region II der mtDNA zu erhalten. Durch diese zusätzliche Sequenz konnten die ersten Ergebnisse grundlegend bestätigt und präzisiert werden.

Ähnliches gilt für die Altersbestimmung des letzten gemeinsamen Vorfahren von Neandertaler und anatomisch modernem Menschen auf der Basis der „molekularen Uhr“: Diese Berechnungen basieren auf dem durchschnittlichen genetischen Abstand zwischen heutigem Menschen und Schimpansen sowie der

Annahme, dass deren letzter gemeinsamer Vorfahre vor etwa vier bis fünf Millionen Jahren lebte.

Für den Neandertaler und heutige Menschen ergaben die Analysen, dass der letzte gemeinsame Vorfahre der beiden vor etwa einer halben Million Jahren lebte.[207] Es ist davon auszugehen, dass es sich dabei um den entwickelten *Homo erectus* handelte, den man gemäß einer anderen Terminologie auch als *Homo heidelbergensis* bezeichnet. In Afrika waren aus dieser Menschenform zunächst der frühe und dann der späte archaische *Homo sapiens* hervorgegangen; für die Zeit ab etwa 150 000 Jahren vor heute lässt sich dort der anatomisch moderne *Homo sapiens* nachweisen.[208] Auch Europa brachte eine vom entwickelten *Homo erectus* ausgehende Linie hervor, die über die Stationen Ante-Neandertaler und Präneandertaler schließlich zu den Späten Neandertalern der letzten Kaltzeit führte. Demzufolge stellen der anatomisch moderne Mensch und der Späte Neandertaler die am weitesten voneinander entfernten Endpunkte zweier Entwicklungslinien dar.

Bedingt durch die klimatischen Großzyklen des Eiszeitalters und die daraus resultierenden Verlagerungen der Klimazonen sind jedoch geographische Verschiebungen von Populationen anzunehmen, so dass ein wiederholter Genfluss zwischen Afrika und Europa wahrscheinlich ist. Dessen Nachweis dürfte allerdings schwer zu führen sein: Die Erstbesiedlung Europas – „Out of Africa 1" – verrät sich durch das erstmalige Auftreten von Menschen in dieser Region, und die Ankunft des anatomisch modernen Menschen im Zuge von „Out of Africa 2" vor etwa 40 000 Jahren ist ebenfalls durch eindeutige Fossilien gekennzeichnet. Wie steht es jedoch um die vielleicht nach Dutzenden zählenden hypothetischen kleineren „Out of Africas", die genetisches Material in die Populationen von *Homo heidelbergensis*, Ante- und Präneandertalern eingebracht haben könnten? Diesen Genfluss für die frühen und mittleren Abschnitte der beiden Entwicklungslinien nachzuweisen, dürfte derzeit äußerst schwierig, wenn nicht sogar unmöglich sein, da sich einerseits die Unterschiede zwischen afrikanischen und europäischen Populationen noch nicht so deutlich herausgebildet hatten, andererseits der Fossilbestand aus der Zeit zwischen 500 000 und 150 000 Jahren vor heute noch immer sehr lückenhaft ist. Selbst ein sporadisches Auftreten des anatomisch modernen Menschen in Europa zwischen 100 000 und 40 000 vor heute ist denkbar, doch sind die bisher bekannten Skelettreste nicht älter als 38 000 Jahre.

Spätestens zu dieser Zeit erreichten die anatomisch modernen Menschen ausgehend vom Nahen Osten – hier waren die Neandertaler bereits abgelöst worden – zunächst Südosteuropa und drangen im weiteren Verlauf jener ersten Phase, die bis vor etwa 35 000 Jahre dauerte, bis nach Frankreich vor.

Für diesen Abschnitt ist eine mehrere Jahrtausende währende Koexistenz von Neandertalern und anatomisch modernen Menschen innerhalb derselben Großräume bei zunächst noch langsamem Schwinden der Neandertalerpopulationen anzunehmen. Dabei dürfte es zu Wechselwirkungen zwischen den unterschiedlichen Individuen und Gruppen sowie einer gegenseitigen kulturellen Beeinflussung gekommen sein. Ein Beleg für diese Annahme sind unseres Erachtens die Schmuckgegenstände von Arcy-sur-Cure (Seite 167ff.), die in dieser Form sonst nur von Fundplätzen des jungpaläolithischen anatomisch modernen Menschen bekannt sind.

Ob es in der Phase des Nebeneinander auch zu genetischen Vermischungen gekommen ist, kann derzeit noch nicht beantwortet werden. Das erste mtDNA-Ergebnis spricht zwar gegen einen solchen Vorgang, doch sind auch andere Möglichkeiten vorstellbar: So könnten beispielsweise die aus derartigen Verbindungen resultierenden Nachkommen (Hybriden) unfruchtbar gewesen sein, was zu einem Erlöschen der Neandertalergene mit diesen Mischlingen geführt hätte. Ebenso gut könnte das Erbgut der Neandertaler im Laufe der folgenden Jahrzehntausende wieder verloren gegangen sein; auch in diesem Falle ließe sich die Vermischung im heutigen Genpool nicht mehr nachweisen. Der gesicherte Nachweis von Hybriden dürfte am insgesamt immer noch geringen europäischen Fossilbestand aus jener Zeit kaum zu erbringen sein. Vor diesem Hintergrund darf man umso mehr auf die abschließenden Untersuchungsergebnisse von Eric Trinkaus gespannt sein, der jüngst an dem rund 24 500 Jahre alten Skelett eines vierjährigen Knaben aus Portugal sowohl Merkmale des anatomisch modernen Menschen als auch des Neandertalers diagnostizierte.

Ab etwa 35 000 Jahren vor heute kam es durch die weitere Ausbreitung des *Homo sapiens* offensichtlich zu einer extremen Abdrängung der Neandertaler in die Randgebiete Europas; die jüngsten Hinweise finden sich im Süden der Iberischen Halbinsel. In der Höhle von Zafarraya konnte man unter anderem einen etwa 32 000 Jahre alten Unterkiefer eines Neandertalers bergen; Moustérien-Geräte aus jüngeren Schichten desselben Fundortes sind rund 27 000 Jahre alt.[209] Sind diese Daten korrekt, so dürften die Funde von Zafarraya zu den letzten Spuren der Neandertaler gehören. Noch deutlicher als in Zafarraya stellt sich die Frage nach der Zuverlässigkeit der Datierungen im Fall zweier Fossilbruchstücke aus Vindija in Kroatien. Der Unterkiefer und das Schädelfragment wurden jüngst in Oxford mit der ^{14}C-Methode auf ein Alter von rund 30 000 Jahren datiert.[210] Man wertet sie nun als erneuten Hinweis darauf, dass in einigen Regionen Europas Neandertaler bis weit in die Zeit des anatomisch modernen Menschen überdauerten. Während dies für das Rückzugsgebiet auf der Iberischen Halbinsel belegt ist, erscheint dieselbe Annahme für das bedeutend früher vom anatomisch modernen Menschen erreichte Südosteuropa eher unwahrscheinlich. Weitere Datierungsergebnisse des renommierten Oxforder Labors werden hier sicherlich bald Klarheit schaffen.

Es ist nach heutiger Sicht jedenfalls wahrscheinlich, dass die weitere Verdrängung eine zunehmende Ausdünnung des Neandertalergenpools nach sich zog, bis die Ureinwohner Europas schließlich von der Bühne der Evolution abtraten.

Seit der Veröffentlichung der ersten Sequenz sind rund zweieinhalb Jahre vergangen, und der Streit um die Ergebnisse hat noch immer kein Ende gefunden. Wie sollte er auch? Insgesamt sehen die „Out of Africa"-Anhänger wohl zu Recht in den Resultaten eine Stütze ihres Modells, doch sind in diesem Zusammenhang auch einige kritische Punkte zu beleuchten: So handelt es sich bisher lediglich um die mtDNA eines Neandertalers, und wir wissen noch nichts über die Variationsbreite der mtDNA innerhalb der europäischen und der Nahost-Bevölkerungen. So könnte es Neandertaler geben, die entweder eine geringere oder eine höhere Zahl an Abweichungen vom heutigen

Menschen aufweisen als das Typusexemplar. Daher erscheint die Untersuchung weiterer Neandertalerreste verschiedenen Alters und unterschiedlicher geographischer Herkunft zwingend notwendig. Und wie sieht die mtDNA zeitgleich lebender anatomisch moderner Menschen aus? Entspricht sie vor 80 000 oder 40 000 Jahren bereits weitgehend der unseren, oder ist die Kluft zwischen dem Neandertaler und diesen Zeitgenossen vielleicht geringer? Ich würde ersteres vermuten, aber sicher ist es nicht. Jedenfalls hat man in den ersten Versuchen Menschen des 20. Jahrhunderts mit einem Menschen der letzten Eiszeit verglichen – vielleicht war der Vergleich nicht ganz fair. Da man auch die anatomisch modernen Zeitgenossen des Neandertalers mit den gleichen Methoden erforschen kann, sollten wir auch in diesem Punkt eine Antwort suchen.

Milford Wolpoff zufolge könnte sehr wohl ein Genfluss von den Neandertalern zum anatomisch modernen Menschen stattgefunden haben. Dieser sei aber vielleicht durch eine fortschreitende Ausdünnung in den folgenden vier Jahrzehntausenden heute schlicht nicht mehr nachweisbar. Ich denke, dass sich diese Frage durch eine Untersuchung der auf die Neandertaler folgenden anatomisch modernen Menschen Europas und des Nahen Ostens beleuchten lässt. Bisher ist allerdings noch kein entsprechendes Fossil aus der Zeit zwischen 40 000 und 20 000 Jahren vor der Gegenwart einer entsprechenden Analyse unterzogen worden. War bisher auch stets von mtDNA die Rede, so sollte man darüber nicht vergessen, dass sich die methodisch schwierigere Sequenzierung von Kern-DNA aus Fossilien des eiszeitlichen Menschen in den nächsten Jahren zu einem weiteren wichtigen Betätigungsfeld der Paläogenetik entwickeln wird.

Vielleicht vermögen die zukünftigen Analysen auch zu verdeutlichen, ob es sich bei den Neandertalern lediglich um eine Unterart „Homo sapiens neanderthalensis“ unserer eigenen Spezies handelt, oder ob sie sich zu einer eigenen Biospezies „Homo neanderthalensis“ mit entsprechenden Fortpflanzungsbarrieren gegen den anatomisch modernen „Homo sapiens“ entwickelt hatten. Da die mtDNA-Abweichungen beispielsweise zwischen einigen Schimpansenunterarten größer sind als zwischen dem untersuchten Neandertaler und heutigen Menschen, sehe ich für eine Rückbesinnung auf die alte Benennung „Homo neanderthalensis" anhand der bisher erfolgten Analysen keinen Grund.

Bereits unmittelbar nach dem ersten Erfolg hatte ich zu weiteren DNA-Analysen zwei Prognosen abgegeben: erstens, dass nun die Kuratoren durch den Anschub des ersten Projektes vermehrt ihre Panzerschränke für Beprobungen öffnen würden, und zweitens, dass aufgrund der Abhängigkeit von besonderen Erhaltungsbedingungen dennoch nicht damit zu rechnen sei, dass in fünf Jahren zehn weitere Sequenzen vorlägen. Beides ist eingetroffen, denn trotz international deutlich verstärkter Probenbereitstellung ist die Hälfte dieser Zeit bereits verstrichen, ohne dass auch nur eine weitere Sequenz veröffentlicht worden wäre. Doch Gerüchte kursieren bereits wieder … (RWS)

6. Das große Abenteuer

Mitte der achtziger Jahre rückte das Neandertal erstmals in den Blickpunkt unseres Interesses. Als Urgeschichtsstudenten an der Universität Köln erfuhren wir Näheres über die Fundstelle und lernten Kollegen kennen, die sich auf die Suche nach ihr begeben hatten. Jedoch mussten wir bis in die neunziger Jahre warten, ehe wir selber dort tätig werden konnten.

Verschollen

Seit der Entdeckung des Neandertalers im Sommer 1856 waren die aus der Kleinen Feldhofer Grotte geborgenen Skelettreste zunehmend ins Rampenlicht des internationalen Forscherinteresses gerückt. Sie erlangten schließlich Weltruhm, während die Fundstelle selbst hingegen kaum noch Aufmerksamkeit erfuhr. Dabei hätte die Geschichte der Altsteinzeitforschung in Deutschland bereits mit der Entdeckung des urzeitlichen Menschen im Neandertal und der Bereitstellung des Fundes für die internationale Wissenschaft durch Johann Carl Fuhlrott beginnen können. Unabhängig von der Diskussion um die Fossilität des Fundes wäre es nach heutigem Verständnis nur konsequent gewesen, die Höhlen des Neandertals zunächst auf weitere Knochenfunde hin zu untersuchen. Solche Aktivitäten fanden jedoch nur sehr sporadisch statt. Dies erscheint rückblickend unverständlich, weiß man doch, wie aufgeschlossen beispielsweise der Bonner Gelehrte Hermann Schaaffhausen gegenüber den Funden von Abbeville, St. Acheul und Aurignac in Frankreich war. Seit den fünfziger Jahren des 19. Jahrhunderts hatte er sich auch mit den einheimischen Höhlenfunden beschäftigt.[211] Tatsächlich war sich Schaaffhausen der Problematik einer fortschreitenden Zerstörung von Höhlenfundplätzen sehr bewusst; wissenschaftliche und finanzielle Überlegungen mündeten in folgender Feststellung:

> »Bisher hat man den Inhalt einer solchen Höhle als ein Ganzes betrachtet und ohne Rücksicht darauf, dass die verschiedensten Zeiten nach und nach ihre Denkmale darin niedergelegt haben können, zu Tage gefördert. Man kann nicht laut genug den Wunsch aussprechen, dass, wie es jetzt in Frankreich und Belgien geschieht, auch in den an Höhlen reichen Gegenden unserer bei-

den westlichen Provinzen eine jede solche Aufgrabung planmässig unter Aufsicht eines Sachverständigen geschehen möge. Die belgische Regierung hat bereits 10 000 Fr. für die Erforschung der Höhlen des Maas- und Lesse-Thales angewiesen.«[212]

Nach der Lösung der finanziellen Probleme folgten ab 1870 Grabungsaktivitäten von Schaaffhausen und Rudolf Virchow in den Höhlen des benachbarten Sauerlandes.[213] Doch das Neandertal untersuchte man auch jetzt weder in nennenswertem Umfang auf weitere Knochenfunde noch auf die inzwischen verstärkt in den Blickpunkt des Interesses gerückten Steinartefakte. Selbst die Bergung fossiler Tierknochen aus der östlich der Kleinen Feldhofer Grotte gelegenen „Teufelskammer" durch Fuhlrott im Jahre 1865 führte – trotz einer Untersuchung des Materials durch Schaaffhausen – nicht zu einem erwähnenswerten Anschub der Forschung im Neandertal.

Zwölf Jahre nach der Entdeckung des Neandertalers suchte Fuhlrott dessen Fundstelle ein letztes Mal auf. Zu dieser Zeit war die kleine Höhle bereits so weit abgebaut, dass nur noch die hintere, südliche Wand erhalten war.[214] Bei diesem Besuch ging es Fuhlrott jedoch nur noch um geologische Fragestellungen im Kontext mit der Einbettung des Neandertalers im Sediment der Grotte und der Vollständigkeit des Skeletts vor der Bergung. In den ersten Jahren nach der Entdeckung hatte er hierzu noch geschrieben:

»Unter diesen Umständen ist es erklärlich, dass von einem möglicher Weise vollständig vorhandenen Skelete ausser der genannten Schädeldecke und einem ansehnlichen Beckenfragmente vorzugsweise nur die grösseren Bestandtheile der Gliedmassen gerettet, die kleineren dagegen so wie namentlich auch alle Gesichtsknochen und Wirbel in ihrer Lehmhülle nicht erkannt und mit dem Schutt weggeschafft wurden.«[215]

Später vertrat er die gegenteilige Überzeugung:

»Die Annahme, die man bei Besprechung des Fundes von anderen Seiten so häufig wiederholt hat, dass in der Fundgrotte ein vollständiges Skelet eingelagert gewesen sei, wovon bei dessen

> Auffindung 9/10 aller Knochen durch die Achtlosigkeit der Arbeiter verloren gegangen wären, kann ... kaum statthaft erscheinen.«

Auch in Bezug auf die Einbettung des Fundes wich er von seiner früheren Meinung einer talseitigen Einbringung ab und vertrat nun die These, dass die Skelettreste durch einen Schlot von der Geländeoberfläche oberhalb des Tals eingespült worden waren.[216]

Dieser im Rückblick bedauerliche Meinungswandel ist wohl mit den teils heftigen Anfeindungen in der Diskussion um die Fossilität des Fundes zu erklären; Fuhlrott suchte nun fast verzweifelt nach Parallelen zu den Resten fossiler Säuger aus anderen Höhlen und Karstspalten, die durchweg nur unvollständig vorlagen.

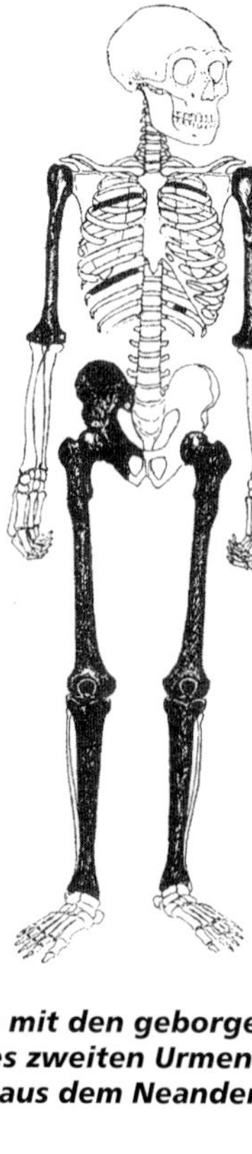

Schema mit den geborgenen Knochen des zweiten Urmenschenfundes aus dem Neandertal.

Heute ist die äußerst schwache Erforschung der Höhlen des Neandertals nicht mehr nachvollziehbar. Selbst die größte Höhle des Tales, die erst nach 1890 endgültig abgebaute Neanderhöhle, ist nie nennenswert mit geologischen oder archäologischen Fragestellungen erkundet worden, obwohl schon Noeggerath dies 1852 beim Besuch der Höhle gefordert hatte. Ähnlich wenig Beachtung fand in der Wissenschaft eine weitere, sehr bemerkenswerte Entdeckung. Dem Düsseldorfer Archäologen Oscar Rautert war es 1895 gelungen, Teile eines zweiten menschlichen Skeletts im Neandertal zu bergen! Der 1898 erstmals erwähnte Fund stammte aus einer kleinen, bereits weitgehend zerstörten Höhle auf dem nördlichen Düsselufer und kam in einer Tiefe von 0,5 Metern im Höhlenlehm zutage. Wieder fand keine systematische Kontrolle des Höhleninhalts statt, so dass man nur einige Knochen des Skeletts, aber erneut keinerlei Beifunde barg. Eigenartigerweise erfuhr dieser zweite Urmenschenrest aus dem Neandertal keine anthropologische Bestimmung, so dass ungeklärt blieb, ob es sich dabei um einen weiteren Neandertaler oder um einen eiszeitlichen anatomisch modernen Menschen handelte. Es ist das Verdienst des Düsseldorfer Lokalforschers Manfred Schürmann, später die kargen und verstreuten Hinweise auf den im Zweiten Weltkrieg verschollenen Fund zusammengetragen und veröffentlicht zu haben.[217]

Das allgemein geringe Interesse an der Erforschung des Tales in der zweiten Hälfte des 19. Jahrhunderts steht im krassen Gegensatz zur Bedeutung der urgeschichtlichen „Schatzkammer Neandertal". Als Folge der Entdeckung des Neandertalers hätte die archäologische Erforschung der Höhlen die Urgeschichtsforschung rasch voran bringen können. Die Frage, was die Höhlenfüllungen im Tal wohl enthielten, wurde zwar schon früh gestellt, doch ging man ihr nicht entschieden genug nach.

Der Steinbruch mit dem Lokschuppen auf der südlichen Düsselseite um 1900.

Um 1900 war der Steinbruch so weit vorangetrieben, dass beinahe nichts mehr auf die zuvor düsselnah aufragenden Felsen hinwies. Die Position der Kleinen Feldhofer Grotte des Neandertalers war nirgendwo verzeichnet worden, und so galt die Fundstelle zu dieser Zeit bereits als verschollen. Das alte, romantische „Gesteins" lebte nur noch auf Gemälden und in der Erinnerung einiger alter Leute fort, die sich einst an der Naturschönheit erfreut – oder an ihrer Zerstörung mitgewirkt – hatten. So gab es zu jener Zeit auch noch mindestens einen Steinbrucharbeiter, der Auskunft hätte geben können, wo der Lehm mit den Knochen hingelangt war, den er vor einem halben Jahrhundert aus der kleinen Höhle geschaufelt hatte ...

Ein letzter Versuch

Die Berühmtheit des Fundes strahlte jedoch immer wieder auf den Ort seiner Entdeckung zurück, so dass es später Versuche gab, den „angerichteten Schaden" zu mildern und zumindest die Erinnerung an die verschwundene Fundstelle auch im Tal selbst präsent zu halten. So gründete man 1920 den „Naturschutzverein Neandertal", auf dessen Eingabe ein Teil des Tales im Folgejahr zum Naturschutzgebiet erklärt wurde.[218] 1926 ließ der Düsseldorfer Oberstudienrat Richard Rein mit Unterstützung zahlreicher Vereine und Institutionen am letzten erhaltenen Rest der einstmals so stolzen Felsklippen, dem „Rabenstein", eine Gedenktafel anbringen[219] (Farbtafel 20):

> »Zur Erinnerung an die Entdeckung des Neandertal-Menschen durch Prof. Dr. C. Fuhlrott, Elberfeld, im Sommer 1856.«

Damit war der Fundort angemessen gewürdigt und vor dem Vergessen gerettet – die Gedenktafel erfüllte also ihr vorrangiges Ziel. Dagegen war die Höhle, von der niemand mehr wusste, wo genau sie eigentlich gelegen hatte, ins Dunkel der Historie abgetaucht. Die in Bronze gegossene Würdigung war – so schien es – das Letzte, was man tun konnte. Doch die Beschäftigung mit der Neandertalerfundstelle hörte nicht auf. Im Gegenteil. Das Interesse am

Neandertaler und der nunmehr historischen, längst verschollenen Kleinen Feldhofer Grotte wuchs von neuem. So reiften denn auch die Pläne für ein von Rein angeregtes Museum im Neandertal, das schließlich 1937 der Öffentlichkeit übergeben werden konnte. Schon bald jedoch befand eine nationalsozialistische Prüfungskommission, die rassische Herkunft des germanischen Menschen sei hier nicht eindeutig und überzeugend herausgestellt, und schloss die Ausstellung. Neu gestaltet konnte sie dann im Frühjahr 1938 wiedereröffnet werden und stellte nun den Neandertaler direkt den anatomisch modernen Menschen von Bonn-Oberkassel gegenüber, die dem Vorfahrenbild der Behörden besser entsprachen als der Mann aus der Kleinen Feldhofer Grotte. Bald nach dem Inferno des Zweiten Weltkrieges stellte man den Steinbruchbetrieb auf der linken Düsselseite endgültig ein, und die Natur konnte das Gelände langsam zurückerobern. Die Museumskonzeption orientierte sich nun wieder am ursprünglichen Entwurf aus der Zeit vor 1933.[220] Im August 1956, zum hundertsten Jahrestag der Entdeckung, fand in Düsseldorf

Delegation mit Kranz am Rabenstein. Von links nach rechts: Abbé H. Breuil (Paris), Prof. F. M. Bergounioux (Toulouse), Prof. S. Sergi (Rom), Dr. A. Wenner-Gren (Stockholm), Prof. E. Fischer (Freiburg), Prof. G. H. R. von Koenigswald (Utrecht).

ein internationaler Kongress mit dem Thema „100 Jahre Neandertaler“ statt. Am 26. des Monats besuchten die Tagungsteilnehmer das Neandertal und legten am Rabenstein einen Kranz nieder. Auf den Schleifen waren die Namen berühmter Neandertalerfundstellen vermerkt.[221]

Jedoch war nichts mehr so wie hundert Jahre zuvor. Die Lage der Fundstätte war, wenn überhaupt, nur noch zu ahnen. Und in der ganzen Zeit hat niemand versucht, sich auf die Suche nach irgendwelchen Höhlensedimenten zu machen. Jeder wusste, dass die eigentliche Höhle zerstört war, und jeder glaubte zu wissen, dass man die Sedimente aus der Kleinen Feldhofer Grotte vermutlich irgendwo verkippt hatte, um im Steinbruchgelände eine Karstspalte zu verfüllen oder irgendeine Bodenunebenheit damit auszugleichen (Abbildung Seite 52). Dieses psychologische Problem hat offensichtlich verhindert, dass irgend ein Wissenschaftler den Versuch unternommen hätte, weitere Feldforschungen im Tal durchzuführen.

Erst Gerhard Bosinski, Professor am Institut für Ur- und Frühgeschichte der Universität zu Köln, versuchte das fast Unmögliche. Er hatte in den frühen sechziger Jahren und Anfang der achtziger Jahre jeweils wissenschaftliche Arbeitsgruppen zu Umgestaltungen des Neandertal-Museums geleitet und auch zwischenzeitlich die Beziehung zum Neandertal nie verloren. Im Jahre 1983 regte Bosinski an – er arbeitete gerade an einer für ihn letztlich abschließenden Arbeit zum Neandertal[222] –, mit einer kleinen Grabungsmannschaft unter örtlicher Leitung seines Studenten und unseres Kommilitonen Johann Tinnes die Lage der Fundstelle von 1856 zu lokalisieren. Auf dem Gelände war inzwischen eine Autoverwertung angesiedelt – was sicher den Höhepunkt an Missachtung des weltberühmten Ortes darstellte. In drei Grabungskampagnen von 1983 bis 1985 suchte man den Felsfuß der ehemals aufragenden Wand. Die Stelle, die man sich für die Untersuchung vorgenommen hatte, lag allerdings nicht, wie Fuhlrott es 1859 beschrieben hatte, etwa 100 Fuß, sondern mehr als 200 Fuß von der Düssel entfernt (ein preußischer Fuß entspricht 0,31385 Metern).

In der ersten Kampagne 1983 wollte das Team sich einen Überblick über die Topographie verschaffen.[223] Dabei galt das

Der Schrottplatz.

größte Interesse dem ehemaligen Talboden. Hierzu legte man zunächst vier kleine Suchlöcher düsselnah und weitere drei etwa 100 Fuß von der Düssel entfernt an. Die zunächst von Hand ausgeführten Arbeiten waren sehr mühsam, da überall auf dem Talboden kantiger Sprengschutt lag. Im Bereich des Schrottplatzes wurden die Grabungen noch durch dort gelagerte Auspuffanlagen und Autoachsen erschwert. Die Tiefe der Sondagen variierte, erreichte maximal aber etwa 1,80 Meter. Im November 1983 legte man dann fünf Baggerschnitte an. In diesen traf man in geringer Tiefe auf eine Felserhebung, die zur Düssel und zum Steinbruch hin abfiel. Die Felsrippe beschrieb einen „leichten Bogen". Da man sie in allen fünf Schnitten gefunden hatte, glaubte man, eventuell die Basis der ehemals hier aufragenden Felswand angeschnitten zu haben, vor der vielleicht noch immer der 1856 herausgeschaufelte Höhlenlehm liegen könnte. Und tatsächlich fand man in einem mit Kalkschutt vermischten Lehmsediment ein Stück Kieselschiefer, das einem Kern ähnlich sah. Nach Johann Tinnes gehört dieses Stück ohne Zweifel in die Zeit der Neandertaler.[224] Gerhard Bosinski fasste in der Folgezeit seine Freude über dieses Fundstück wiederholt in die Worte: „Unserem Neandertaler ist es aus der Tasche gefallen." Durch diesen Hoffnungsfunken angespornt wollte man verständlicherweise weiter graben, denn noch waren die Ergebnisse insgesamt nicht zufriedenstellend. Hierzu bedurfte es jedoch einer Teilräumung des Schrottplatzes, und nach einigen Verhandlungen mit dessen Besitzer wurde der östliche Bereich des Platzes tatsächlich von Autoteilen befreit. Im Jahre 1984 folgte die Erweiterung der Baggerschnitte mit dem Ziel, die bogenförmige Felserhebung freizulegen. Bis August 1985 gelang es schließlich, die vermeintliche kleine Bucht gänzlich freizulegen. Man fand zwar erneut ein lehmiges Sedimentmaterial, das aber keinerlei altsteinzeitliche Funde, geschweige denn die fehlenden Knochenreste des Neandertalers enthielt. Damit war nach fast 130 Jahren der erste ernsthafte Versuch, im Neandertal doch noch neue Erkenntnisse zur Fundstelle beizutragen, zum Bedauern aller gescheitert.

Auch wir selbst hofften natürlich – man hörte ja hin und wieder etwas von den Ausgrabungen im Tal –, dass unser Kommilitone Johann und seine Mannschaft fündig werden würden. Die Stelle, an der Johann die Felserhebung freigegraben hatte, liegt aber rund 65 Meter vom Ufer der Düssel entfernt. Umgerechnet sind dies etwa 207 Fuß. Diese Tatsache war von Anfang an unser Hauptargument gegen die korrekte Lage der 1983 bis 1985 untersuchten Schnitte; man befand sich in Wirklichkeit mindestens 50 Meter weit im ehemals anstehenden Fels. Auch ist auf den wenigen Abbildungen aus dem Steinbruch wie auf der Seite 32 ersichtlich, dass zwischen der Neanderhöhle im Westen und dem Rabenstein im Osten mindestens 100, wenn nicht 150 Meter lagen. Und direkt gegenüber der Neanderhöhle befand sich ja nach Fuhlrotts Beschreibung ehemals die Kleine Feldhofer Grotte.

Die in den achtziger Jahren untersuchte Fläche lag also nicht nur zu weit von der Düssel entfernt, sondern auch Dutzende Meter östlich der zu erwartenden Fundposition. Es sei hier allerdings erwähnt, dass der Bereich des Neandertals, der von uns als potenzielle Fundstelle in Betracht gezogen wurde, Mitte der achtziger Jahre im zentralen Bereich des Schrottplatzes lag. Dessen Betrieb wäre durch eine in diesem Bereich durchgeführte Grabung erheblich behindert worden, so dass eine solche auch dann nicht möglich gewesen wäre, wenn Bosinski sie in Erwägung gezogen hätte. Der Lehm, den Johann gefunden und beschrieben hatte, dürfte aus einer der zahlreichen Karstspalten stammen, die den Fels vormals zerklüfteten. Diese waren meist mit Sedimenten, die ursprünglich von der Feldhofer Hochfläche stammten, gefüllt.

Natürlich waren wir im Dezember 1985 bei einem Vortrag in unserem Institut über die zur damaligen Zeit aktuellen Grabungen im Neandertal beide anwesend. Diese Arbeiten wollten wir unbedingt mitverfolgen und die mögliche Entdeckungsgeschichte nachvollziehen; am liebsten hätten wir ja selber auf diesem weltberühmten Platz gegraben.

Die zweite Grabungskampagne in Rheindahlen war im Spätsommer erfolgreich zu Ende gegangen. Ich war froh, einmal raus zu kommen; die letzten Monate hatte ich ununterbrochen am Schreibtisch gesessen, um die Fundbearbeitung voranzutreiben. Ralf und ich hatten uns am Institut in Köln verabredet, um dort den Vortrag von Johann über die drei Kampagnen im Neandertal anzuhören. Er fand im Rahmen der Veranstaltung „Praktikum zur Archäologie des Eiszeitalters im Rheinland“ bei unserem Professor Gerhard Bosinski statt. Wir trafen uns auf dem Parkplatz neben dem Institut: Es war nebelig und nasskalt; gelbbraune Platanenblätter lagen auf dem Boden. Es roch etwas moderig – Niederrheinwetter. Obwohl der Weg bis zum Institut kurz war, mussten wir unsere Anoraks anziehen. Bei dieser Wetterlage wollte man nicht mehr draußen arbeiten; die Geländesaison war definitiv vorbei. Wir bogen gemeinsam in das Weyerthal ein, bald war die Hausnummer 125 erreicht. Noch ein schmiedeeisernes Törchen und schon standen wir vor der Institutstür des Gründerzeithauses. Links konnte man hinunter in das ^{14}C-Labor von Herrn Dr. Freundlich schauen. Wir klingelten in der zweiten Etage: Auf dem Messingschild stand „Bibliothek“. Nach einer Weile öffnete sich mit einem Summen die Tür, Ralf und ich betraten das Treppenhaus. In der zweiten Etage angelangt, gingen wir in den Vorraum mit Fotokopierer und alten Vitrinen mit Funden von Alfred Rust aus Jabrud. Der war in den dreißiger Jahren mit dem Fahrrad in den Nahen Osten gefahren, um dort paläolithische Forschungen zu unternehmen. An den Wänden befanden sich schöne Höhlenmale-

reien – von einer früheren Studentengeneration kunstfertig denen von Lascaux nachempfunden. Im Seminarraum neben der eigentlichen Bibliothek – hier werden auch die Zeitschriften und Jahrbuchreihen für Dozenten und Studenten bereitgehalten – schien Licht. Vielfältiges studentisches Stimmengewirr war hörbar – man hatte sich länger nicht gesehen und folglich viel zu erzählen. Dies traf besonders auf die Leute zu, die inzwischen eigene Ausgrabungen leiteten und nicht immer an der Universität sein konnten. Die eintreffenden Grabungsleiter hatten schon einen gewissen Status und wurden von den jungen Semestern ein wenig bewundert.

Zögerlich nahmen die Seminarteilnehmer an dem etwa fünf Meter langen Tisch Platz; auf dessen grüner Linoleumplatte hatten schon viele Studentengenerationen ihre Spuren hinterlassen. Ralf und ich saßen gewohnheitsgemäß an der der Türe gegenüberliegenden Seite des Tisches. Als der Dozent hereinkam, wurde es still, und man schloss die Tür. Johann stellte das Thema seines Vortrags vor, und ein befreundeter Student projizierte das erste Dia. Bosinski ließ die Anwesenheitsliste rundgehen und stopfte seine Pfeife. Der Vortragende zeigte nun Fotos vom Schrottplatz und wie verschmutzt dort alles war. Immer wieder blieb im alten Projektor ein Dia hängen. „Schlimm sieht es dort aus“, klinkte Bosinski sich ein, als es wieder einmal klemmte, „ich bin mit Richard Leakey dort herumgelaufen. Wir mussten über Öllachen hüpfen!“ Die Sondageschnitte seien so angelegt worden, erzählte Johann weiter, dass der Felsfuß – vom Düsselufer gegenüber dem Rabenstein ausgehend – verfolgt werden konnte. Das Ziel war, die Stelle zu finden, wo sich ehemals die kleine Bucht öffnete und die Steilwand aufragte. Als Bosinski darauf hinwies, dass sie die Bucht mit dem Felsfuß inzwischen entdeckt hätten, schauten wir uns überrascht an. Damit hatten wir beide nicht gerechnet. „Sie liegt aber mehr als 50 Meter vom Düsselufer entfernt“, sagte er mit leiser Stimme. „Die Beschreibung von Fuhlrott war nicht genau genug. Der hatte behauptet, die Höhle hätte etwa 100 Fuß, also ungefähr 30 Meter vom Ufer entfernt gelegen.“ „Vielleicht stimmt die Entfernungsangabe

Fuhlrotts doch, und der Fundplatz lag an einer Schleife der Düssel, die heute so nicht mehr vorhanden ist", trug Johann vor und zeigte uns eine Abbildung mit der rekonstruierten potenziellen Flussschlinge.

Ralf schaute mich fragend an. Flüsternd unterhielten wir uns. Sollte Fuhlrott diese Flussschlinge nicht erwähnt haben? Bei seiner fast peniblen Beschreibung der Gesamtsituation eigentlich kaum vorstellbar. Nach Beendigung des Vortrags verlieh Bosinski zwar seiner Hoffnung Ausdruck, dass die Auswertung aller Grabungsunterlagen vielleicht doch noch weitere Anhaltspunkte auf den Verbleib der Sedimente aus der Kleinen Feldhofer Grotte erbringen würde, doch war eine gewisse Enttäuschung unverkennbar. Nachdem wir noch kurz mit Johann gesprochen hatten, verabschiedeten wir uns und machten uns auf den Heimweg. Es war schon stockdunkel, aber noch im Licht des überdachten Institutseingangs beschlossen wir, nicht getrennter Wege zu gehen, sondern gemeinsam zu mir nach Mönchengladbach-Odenkirchen zu fahren, um die frischen Eindrücke noch einmal Revue passieren zu lassen. Bei solchen Treffen, wir nennen sie „Diskussionsabende", kann man vorzüglich das Nützliche mit dem Angenehmen verbinden. Bei einer warmen Mahlzeit und einem frischen Bier lässt sich heiter diskutieren.

Ralf und ich kamen jedenfalls überein, dass wir, sollten wir jemals die Gelegenheit einer Grabung im Neandertal erhalten, den Sondageschnitt an der richtigen Stelle anlegen würden. Doch wir waren momentan mit ganz anderen Dingen beschäftigt. Wir mussten zunächst einmal unsere Magisterarbeiten schreiben und den Hochschulabschluss schaffen. Dann würden wir weitersehen. *(JT)*

Erneut 5%

Die Zeit verging. 1991 erhielten wir vom Rheinischen Amt für Bodendenkmalpflege (RAB) die Erlaubnis, in Hochdahl, in der südlichen Wand des aufgelassenen Steinbruches im Neandertal, ein Lössprofil zu untersuchen. 1927 war nordöstlich der heutigen Steinbruchkante beim Abräumen der auf dem Kalkstein liegenden Lössschichten eine Fundstelle entdeckt worden, die in den folgenden Jahren Steingeräte und Knochen eiszeitlicher Tiere erbrachte.[225]

Von dieser Stelle stammen ein aus lokalem Quarzit gefertigter großer, massiver Faustkeil, ein Cleaver und ein Abschlag (Farbtafel 21). Ob zwischen diesen Steingeräten und den Resten von Ren, Steppenelefant oder Mammut, Wollhaar-Nashorn und Höhlenbär ein Zusammenhang besteht, ist allerdings ungewiss. Die Alterseinstufung eines solchen Inventars ist oft problematisch. Die Frage der Datierung ist mit einem generellen Problem der Paläolithforschung verknüpft: Die technologische Entwicklung war in jenen frühen Zeiten so langsam, dass es Gerätetypen gab, die unter Umständen vor 300 000 Jahren genauso aussahen wie vor 150 000 Jahren. Häufig helfen auch die mitgefundenen Faunenreste und der geologische Schichtaufbau nicht unbedingt weiter. Viele eiszeitliche Tierarten haben sehr lange Zeiträume überlebt, geologische Abfolgen sind meist lückenhaft und deshalb in ihrer Ansprache oft nicht eindeutig. Um das Alter der Hochdahler

Südliche Abbauwand des Steinbruchs im Frühjahr 1928.

Funde enger eingrenzen zu können, führten wir nun eine Neuuntersuchung der Sedimentschichten durch.

An der kleinen Grabung im August 1991 unter Leitung von Ralf nahmen noch zwei weitere Studenten der Universität Köln teil. An der Abbaukante des aufgelassenen Steinbruches legten wir mit dem Spaten ein zwei Meter breites und fast 14 Meter hohes Profil an. Dieses war aus Gründen der Arbeitssicherheit zweiteilig und in Stufen angelegt und reichte vom Humus bis zum Kalkstein hinab. Arbeitserleichternd war dabei ein verfallenes, zu Beginn der siebziger Jahre vom Kölner Prähistoriker Hermann Schwabedissen hergestelltes Profil, das wir nur in den Hang zurückverlegen mussten. Die Arbeiten erfolgten etwa 75 Meter südwestlich der Fundstelle von 1927, da durch den bis in die frühen Nachkriegsjahre fortgeführten Steinbruchbetrieb die Abbaukante nochmals zurückverlegt worden war.

Endlich mal wieder eine archäologische Geländeaktion. Ich war 1989/90 ausschließlich Betonmischer gefahren, um nach dem Magisterabschluss meinen Lebensunterhalt zu verdienen. Manchmal wusste ich nicht mehr, ob ich Trucker oder Urgeschichtler bin. Es war schon toll, dass ich mein Studium durch LKW-Fahren finanzieren konnte, doch das sollte nun vorbei sein. Mein Forscherdrang war größer denn je.

Wir durften unser Lager oben auf dem Feldhof bei Rosa und Heinrich Meyer aufschlagen – innerhalb der Umzäunung einer Pferdekoppel. Ralf zeltete, ich schlief wie gewohnt in meinem alten 67er VW-Bus. Als Aufenthaltsraum hatte uns Michael Gechter, Leiter der RAB-Außenstelle in Overath, zusätzlich einen zweiachsigen Bauwagen zur Verfügung gestellt, so dass wir bestens ausgerüstet waren. Der August war schön, meist schien die Sonne. Die Arbeit war anstrengend, doch wir kamen gut voran. Schon nach wenigen Tagen hatten wir die ersten fünf Meter geschafft. Wir waren uns immer bewusst, dass wir an historischer Stelle gruben, und – was uns noch mehr beflügelte – 200 Meter nördlich befand sich ehemals die heute zerstörte Fundstelle des Neandertalers. Diese Sedimente von der Hochfläche, in die wir unsere Sondagen eingruben, waren durch Spalten in die Höhlen des Tales eingespült worden und hatten sich auch in den Feldhofer Grotten als Höhlenlehm abgelagert. Im weitesten Sinne stellten diese Untersuchungen also schon eine Vorbereitung auf mögliche zukünftige Grabungen im Tal selber dar. Abends wurde oft gegrillt und das eine oder andere Bier getrunken. An den wenigen Schlechtwettertagen fungierte ich als Koch am zweiflammigen Gaskocher im Mannschaftsbauwagen.

In der zweiten Woche spürten wir unsere Knochen ganz schön, doch wurden wir allmählich auch belastbarer. Der Feierabend diente nicht nur der Nahrungsaufnahme; wir probierten auch meine neue Speerschleuder aus. Ende der zweiten Woche hatten wir schließlich unser Ziel erreicht, das Profil war fertig. Unser erster Arbeitsurlaub im Umfeld des Neandertalers ging zu Ende. (JT)

Obwohl uns eine genauere zeitliche Einstufung der Artefakte von Hochdahl nicht gelang, wussten wir nun zumindest, wie der Löss beziehungsweise Höhlenlehm auszusehen hatte, der als Füllung der Kleinen Feldhofer Grotte beschrieben wurde. Die Ablagerungen an der Basis des Hochdahler Profils enthielten auch zahlreiche durch Eisenoxide bräunlich gefärbte Feuersteingerölle, sogenannte Maasei-Feuersteine. Diese dürften den »... sparsam darin vertheilten rundlichen Hornsteinen ...« entsprechen, wie sie Fuhlrott für die Sedimente der Kleinen Feldhofer Grotte beschrieben hatte.[226]

Nach diesen Aktivitäten führte uns der fachliche Weg zunächst einmal vom Neandertal weg. Zur Finanzierung unserer Doktorarbeiten[227] waren wir bis zum Herbst 1993 als Stadtarchäologen in Jülich beziehungsweise Korschenbroich tätig. In dieser Zeit beschäftigten wir uns in den jeweiligen Gemeinden mit Funden von der Altsteinzeit bis zur Renaissance. Mitglied eines städtischen Verwaltungsapparats zu sein, bedeutete eine völlig neue Herausforderung mit zum Teil schmerzhaften Lernprozessen, doch ließen sich die hier gesammelten Erfahrungen später durchaus nutzbringend anwenden.

Von Juli bis Oktober 1994 konnten wir die lange Zeit des Schreibens an unseren Dissertationen noch ein weiteres Mal für eine Geländeaktion unterbrechen. Nach intensiven Recherchen führten wir Grabungen im Bereich der paläolithischen Fundstelle Bonn-Oberkassel durch. Hier hatte man 1914 in einem Basaltsteinbruch zwei bestattete menschliche Skelette, Kunstobjekte und ein Hundeskelett entdeckt. Im Laufe unserer Arbeiten gelang es uns, Reste des durch den Steinbruchbetrieb vermeintlich vollständig zerstörten Fundareals wiederzuentdecken. Sedimentdatierungen zeigten, dass die Funde nicht, wie bis dahin angenommen, in das Magdalénien gehörten, sondern einige tausend Jahre jünger sind – ein Ergebnis, das sich, obwohl zunächst heftig angefochten, inzwischen bestätigt hat.[228]

In die Schlussphase unserer Promotionen im November 1995 fiel der Beginn der erneuten Grabungen in Rheindahlen, das in den nächsten zwei Jahren unser wissenschaftliches Zuhause sein sollte. Im Januar 1996 schlugen wir dem Rheinischen Amt für Bodendenkmalpflege dann in einem ausführlichen Anschreiben eine Grabung im Neandertal vor. Wir begründeten den Antrag damit, dass die vorhergehenden Sondagen des Kölner Instituts nach unserer Auffassung die wirkliche Lagerstätte des Sedimentmaterials aus der Kleinen Feldhofer Grotte ausgelassen hätten. Allerdings waren die Hinweise auf die Lage der ehemaligen Fundstelle tatsächlich sehr spärlich. Wie konnten wir nach den ergebnislosen Untersuchungen von 1983–1985 eine Grabung im Tal beantragen, ohne zu wissen, wo die Stelle genau ist?

Doch unsere Recherchen machten uns zuversichtlich. Zuerst einmal hatten wir das Kreisarchiv und das Landesvermessungsamt um altes Kartenmaterial gebeten. Die Kopien dieser historischen Karten dienten nun dazu, mit Bleistift, Tusche und farbigen Markern alle *die* Landmarken und sonstigen topographischen Elemente hervorzuheben, die auch heute noch vorhanden sind. Viel kam da zugegebenermaßen nicht zusammen: der Rabenstein und die Fundamente der großen Düsselbrücke im Osten, kleinere Brücken für die Loren und die größere Brücke westlich des inzwischen aufgegebenen Autoschrottplatzes. Diese Skizze verglichen wir nun in erster Linie mit Zeichnungen und Gemälden aus dem 19. Jahrhundert. Fotografien sind kaum überliefert und stammen fast ausschließlich aus der Zeit nach 1880 – der karge Steinbruch dürfte kein lohnendes Motiv dargestellt haben, so dass wahrscheinlich wirklich nur wenige Aufnahmen gemacht worden

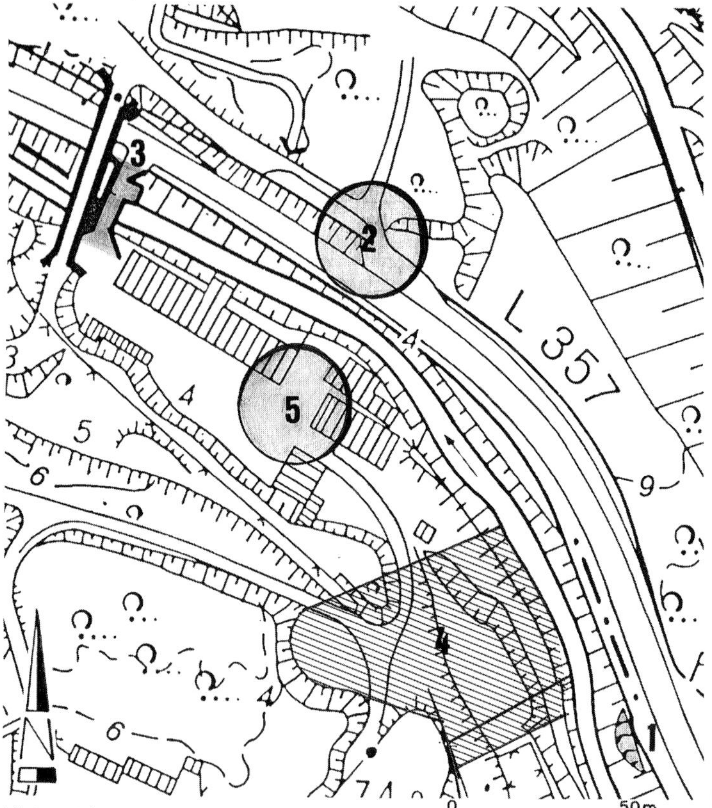

1 Rabenstein
2 Durch Recherchen ermittelte Position der zerstörten Neanderhöhle
3 Westliche Düsselbrücke
4 Lage der durch Sondagen und Grabungen 1983 - 1985 untersuchten Fläche
5 Vermutete Lage der Höhlensedimente von 1856

Rechercheer***gebnisse im Vorfeld unserer Grabung.***

sind. Vom Bereich der Feldhofer Kirche und der Kleinen Feldhofer Grotte ist bis heute überhaupt keine Fotografie bekannt.[229]

Die eindrucksvolle Zeichnung aus Bongards *Wanderung zur Neandershöhle* aus dem Jahre 1835 (Abbildung Seite 15) zeigt Kletterer auf der „Neanderstuhl" genannten Felskuppe oberhalb der Neanderhöhle auf dem nördlichen Düsselufer. In der linken Bildhälfte sind die Rabensteinklippen zu sehen, die ehemals eine Höhe von bis zu 200 Fuß (etwa 60 Meter) erreichten. Auf der anderen Talseite erscheint die portalartige Öffnung der Feldhofer Kirche. Der Fundort des Neandertalers – die Kleine Feldhofer Grotte – läge rechts außerhalb des Bildausschnittes. Fuhlrott beschrieb die Lage der Höhlen wie folgt:

> »Diese beiden Grotten, gegenwärtig durch Abbruch fast spurlos verschwunden, die zur Unterscheidung von den übrigen zusammen die „Feldhofer Grotten" genannt wurden, lagen ziemlich in der Mitte der Schlucht, der eigentlichen Neandershöhle auf der anderen Düsselseite gerade gegenüber, in der fast senkrecht aufstrebenden Felswand einer halbkreisförmigen Einbuchtung, 100 bis 110 Fuss von der Düssel entfernt und etwa 60 Fuss über der gegenwärtigen Thalsohle derselben. Sie mündeten, die grössere mit portalähnlichem Eingange und unter dem Namen der „Feldhofer Kirche" bekannt in der Richtung nach Westen, die kleinere in der Richtung nach Norden auf ein vorliegendes schmales Plateau mit unebener Oberfläche, unterhalb dessen die Felsmasse mit glatten Wänden steil in die Tiefe abschoss. Während daher von unten her das erwähnte Plateau und die Grotten fast unzugänglich waren, konnte man über den südlichen Rand der Schlucht auf zwar sehr abschüssigen aber doch gangbaren Pfaden von oben herab auf das Plateau und zu den Grotten gelangen.«[230]

Rechnet man die Angaben um, so ergibt sich ein Abstand der Grotten zur Düssel von etwa 30 bis 35 Metern; ihre Höhenlage über dem Düssellauf von 1859 betrug etwa 20 Meter. Nach den Angaben Fuhlrotts öffnete sich die Feldhofer Kirche nach Westen; dies ist nur möglich, wenn sie am düsselaufwärtigen, nach Westen exponierten Rand der Felsbucht lag – exakt dort findet sie sich in Bongards Abbildung von 1835. Hierzu schreibt Fuhlrott:

> »... die in unmittelbarer Nähe des Fundortes an der östlichen Wand der ... Einbuchtung befindliche zweite Grotte (die sogenannte Feldhofer Kirche) ...«[231]

Zur Lage der Kleinen Feldhofer Grotte merkt er weiter an:

> »... die kleinere, in der südlichen Wand der erwähnten Einbuchtung gelegene und daher nach Norden hin geöffnete Grotte ...«[232]

Hatten die Recherchen die relative Lage der Feldhofer Grotten zur Neanderhöhle auf der Basis der Fuhlrottschen Ausführungen recht gut beleuchtet, so gestaltete sich die Suche nach Hinweisen zur absoluten Lage der Höhlen wesentlich schwieriger. Die Feldhofer Grotten waren in keinem Kartenwerk verzeichnet; die Position der gegenüberliegenden Neanderhöhle erschloss sich letztlich aus den wenigen, ungenauen Eintragungen in Karten aus dem 19. Jahrhundert und einigen wenig aussagekräftigen Texten. Auf der Grundlage dieser relativ wenigen Anhaltspunkte kristallisierte sich ein Bereich auf dem südlichen Düsselufer als die Stelle heraus, wo sich nach unserer Auffassung dereinst die Felswand mit der Feldhofer Kirche und der Kleinen Feldhofer Grotte erhob.

Nach der Beschreibung von Fuhlrott aus dem Jahre 1859 lag die Kleine Feldhofer Grotte 100 bis 110 Fuß vom Düsselufer entfernt, in der Felswand in 60 Fuß Höhe. Wir mussten nun also „lediglich“ im beschriebenen Talabschnitt eine Linie parallel zur Düssel markieren, die von ihrem Ufer einen Abstand von ungefähr 30 Metern hatte. So sollte es gelingen – hofften wir – , die

Zusammendruck der Bürgermeistereikarten Haan und Mettmann von 1831.

Lage der ehemaligen Felssteilwand und die ins Tal hinabgeworfenen Höhlensedimente wiederzufinden. Übrigens geht aus allen uns vorliegenden Karten eindeutig hervor, dass es im 19. Jahrhundert in diesem Bereich des Tales niemals eine Düsselschlinge gegeben hat. Eine solche Schlinge hatte man ja herangezogen, um bei der letzten Sondage die Entfernung des zunächst vermeintlich entdeckten Fundortes von der Düssel zu erklären.

Wir gingen davon aus, dass insbesondere die größere der beiden Höhlen, die Feldhofer Kirche, irgendwann während der vergangenen Jahrzehntausende besiedelt gewesen sein *muss*. Folglich rechneten wir mit zwei fundführenden Sedimentfächern. Uns war absolut klar: Die Fundstellen selber, also die Höhlen, sind für alle Zeiten zerstört, aber der Inhalt der herausgeschaufelten Sedimente könnte bei der Klärung vieler offener Fragen helfen.

Im Oktober 1996 suchten wir das Neandertal auf, um die Ergebnisse der Recherchen im Gelände umzusetzen. Schon bald spannte sich an der angenommenen Stelle von der Düssel ausgehend ein Maßband, das genau bei Meter 30 eine orangerot leuchtende Ringnadel als Markierung erhielt. Eine merkwürdige Anspannung kam in uns hoch – war dies wirklich die Annäherung an eine legendäre und zu dem Zeitpunkt seit 140 Jahren verschollene Fundstelle? Hier musste es gewesen sein. Oder lag die Stelle vielleicht doch ein wenig mehr nach Westen? Oder etwas weiter östlich?

Unsere Recherchen waren zwar aufwendig gewesen, aber hatten wir auch alles berücksichtigt? Letztlich stand und fiel – trotz aller Vorarbeiten – das gesamte Projekt damit, ob Fuhlrott es mit der Beschreibung genau genommen hatte. Schließlich war es damals durchaus noch nicht üblich, archäologische Fundstätten exakt zu dokumentieren. Die ziemlich genaue Beschreibung der geologischen Verhältnisse am Fundort ließ jedoch hoffen, dass Fuhlrott in allen Punkten ähnlich sorgfältig vorgegangen war. Wir wussten, wie wichtig ihm dieser Fund gewesen war, und glaubten, dass seine Aussagen korrekt waren.

Wir waren verhalten zuversichtlich. Bald würden wir Klarheit haben.

Die Pläne konkretisieren sich

Ralf und ich fuhren im Sommer 1997 nach Bonn, um dort in der Zentrale des RAB unser Projekt vorzustellen. Der Direktor des Amtes, unser Chef Harald Koschik, hatte die Vertreter zweier anderer Institute hinzugeladen: Direktor Frank Günter Zehnder und Urgeschichtsreferent Hans-Eckart Joachim vom Rheinischen Landesmuseum Bonn und den Direktor des neuen Neanderthal Museums, Gerd-Christian Weniger. Schließlich fiel die Konservierung, Aufbewahrung und Präsentation potenzieller Funde in die Zuständigkeit des Rheinischen Landesmuseums, und die Stiftung Neanderthal Museum plante die würdige Wiederherrichtung des Fundstellenbereichs. Hierzu sollte der alte Steinbruch von der Universität Düsseldorf angekauft und der Stiftung zur Verfügung gestellt werden. Am großen runden Besprechungstisch unseres Direktors sollte nun also die Entscheidung über die Verwirklichung unserer Pläne fallen.

„Nach unseren Recherchen liegt die ehemalige Fundstelle im Bereich des aufgelassenen Schrottplatzes, direkt zwischen einem heute noch vorhandenen Lokschuppen aus der Zeit um 1900 und einer Werkshalle einer alten Eisengießerei – also unmittelbar zugänglich“, so referierte ich anhand des Karten- und Skizzenmaterials. Zunächst stieß unser Vorhaben jedoch auf große Skepsis. „Professor Bosinski, der nun wirklich beste Kenner des Neandertals, hat doch schon vor mehr als zehn Jahren Grabungen unternommen und den ungefähren Bereich der Fundstelle lokalisiert“, warf man ein. „Das Höhlensediment ist aber nicht gefunden worden, mehr ist da sicher nicht zu machen.“ Es wurde deutlich, dass die „Akte Neandertal“ mit der letzten Grabung Bosinskis geschlossen worden war und dass man seine Grabungsstelle nun als „Fundstelle“ entsprechend zu würdigen plante. „Und überhaupt, was soll denn dieses zweifelhafte Unternehmen kosten?!“, fragte man uns etwas vorwurfsvoll. Harald Koschik sah auffordernd über den runden Tisch zu uns herüber: „Wie sieht Ihre Kalkulation aus – Herr Schmitz, Herr Thissen?“

Es gab eine kurze Zeit absoluter Stille, kein Räuspern war zu hören. Ralf zog ein Papier aus unseren Unterlagen hervor und antwortete: „8 370,- DM für zwei Wochen Sondage, inklusive fünf studentischen Hilfskräften, einem Fünf-Tonnen-Bagger und einer entsprechenden Menge Dieselkraftstoff.“ Ein Raunen ging durch den Raum; mit so einem kleinen Kostenrahmen hatte niemand gerechnet, wohl eher mit einer Viertelmillion, die wir in den Sand zu setzen beabsichtigten. Harald Koschik atmete auf und lachte. Er war offensichtlich zufrieden damit, dass wir mit einer Summe planten, die er angesichts der geringen Erfolgsaussichten noch ruhigen Gewissens abzeichnen konnte. „Das sollten wir doch hinbekommen!“ kleidete der Amtsleiter seine Genehmigung amüsiert, aber zuversichtlich in Worte. Er erinnerte daran, dass der durch Bosinski untersuchte Bereich inzwischen als angenommene Ablagerungsstelle der Höhlensedimente unter Bodendenkmalschutz gestellt worden war. „Es wäre schon von Bedeutung, wenn man das Bodendenkmal genauer fassen könnte“, führte er aus. Vielleicht hatte er dabei unseren Erfolg in Bonn-Oberkassel im Hinterkopf, wo wir auch die Lage einer historischen Fundstelle wiederentdeckt hatten. Alle nickten, und uns fiel eine zentnerschwere Last von den Schultern. Ralf und ich merkten allerdings, dass die Beteiligten trotzdem nicht so recht an unser Projekt glaubten. Stets war nur von einer Einengung des potenziellen Fundstellenbereichs die Rede; die Wiederentdeckung der Höhlensedimente oder gar die Bergung neuer Funde schätzte man aufgrund der schwierigen Situation im Tal als äußerst unwahrscheinlich ein. Dennoch: Wir besaßen jetzt die konkrete Zusage, schon im Herbst 1997 anfangen zu dürfen. Wir hatten unsere Chance, den Neandertaler zu suchen, und die wollten wir nutzen. (JT)

Am 15. September 1997 schlugen wir unser Lager im Neandertal auf. Ein besonderes Gefühl erfüllte uns, als wir den Bauwagen einrichteten, der uns in den nächsten Wochen als Arbeits- und Aufenthaltsraum dienen sollte. Wir hatten uns denselben Bauwagen gewünscht, der uns bereits drei Jahre zuvor in Bonn-Oberkassel als Unterkunft gedient hatte – Aberglaube, sicherlich, aber vielleicht würde es ja trotzdem helfen. Mit größter Sorgfalt markierten wir den ersten Suchschnitt im Gelände; hier wollten wir in den nächsten Tagen das erste Blickfenster in den Untergrund öffnen.

Am folgenden Vormittag hatten wir einen Ortstermin, bei dem wir den Vertretern unseres Amtes und des Neanderthal Museums die Lage unseres geplanten ersten Schnittes an Ort und Stelle erläuterten. Zusätzlich informierten wir die Vertreter verschiedener anderer Behörden sowie einige betroffene Privatpersonen. Hierzu gehörten die Untere Denkmalbehörde der Stadt Erkrath, das Umweltamt des Kreises Mettmann, Mitarbeiter einer im ehemaligen Steinbruch angesiedelten Außenstelle des Botanischen Institutes der Universität Düsseldorf und der Betreiber eines touristischen Pferdefuhrwerkes, der seinen Planwagen im alten Lokschuppen untergestellt hatte. Alle gaben wie erhofft „grünes Licht", und der für den Nachmittag bestellte Bagger konnte anrollen – so dachten wir jedenfalls.

Aus in letzter Sekunde?

Gegen Mittag rief ich im sicheren Gefühl, dass alle Formalitäten geregelt seien, per Handy den Grundstückseigentümer an, um mir dies noch einmal kurz bestätigen zu lassen. Doch mitnichten. Bei den Rheinisch-Westfälischen Kalkwerken (RWK) war man sehr überrascht und erklärte, nichts von einer geplanten Ausgrabung im Neandertal gehört zu haben. Niemand hatte den Grundstückseigentümer gefragt! Diese offizielle schriftliche Anfrage lag nicht in unserer Zuständigkeit, sie war irgendwo „liegengeblieben", und eines war klar: Wir mussten die Angelegenheit nun in Windeseile regeln, sonst würde die Grabung nicht stattfinden. In einem weiteren Telefonat mit den RWK erklärte man mir, dass eigentlich nichts gegen eine solche Grabung spräche, nur gäbe es ein Problem: Man plane ja seit längerem, das Grundstück an die Universität Düsseldorf zu verkaufen, und daher müssten wir auch die Genehmigung des zukünftigen Eigentümers einholen, damit es bei der Abwicklung des Geschäfts keinen Ärger gäbe. „Außerdem," so fuhr man fort, „wird Sie unser zuständiger Mitarbeiter morgen im Tal aufsuchen und sich Ihre Planungen anhören." Damit war das Gespräch beendet.

Stand der Dinge war also – der Bagger rollte gerade vom Tieflader –, dass wir den zukünftigen Eigentümer, die Universität Düsseldorf, dazu bewegen mussten, den RWK schriftlich mitzuteilen, dass keine Einwände gegen unsere Grabung bestünden. Anschließend war noch der Vertreter der Kalkwerke davon zu überzeugen, dass die Nichtbenachrichtigung nur ein Versehen war und dass er doch bitte die Grabung nicht untersagen solle. Irgendwie ging es mir auf einmal gar nicht mehr gut. War das das Aus? Wenn jetzt aufgrund der Verkaufsverhandlungen oder eirgendeiner Verärgerung die Grabung kippte, dann würden wir so schnell keine weitere Chance erhalten. Das war sicher. Wir beschlossen zu kämpfen. Welche andere Wahl hatten wir auch.

In mehreren Telefonaten informierte ich unser Amt über die Lage und arbeitete mich anschließend zum zuständigen Sachbearbeiter bei der Universität durch. Dieser erklärte mir, dass er im vorliegenden Fall nicht allein entscheiden könne und sich beraten müsse. Er schlug vor, ich solle ihn am nächsten Tag erneut anrufen: „Am besten gegen Nachmittag." Panik stieg in mir auf. Es gelang mir jedoch noch, den Mann dazu zu bewegen, sich heute und schnell zu beraten.

Eine Stunde später rief ich erneut an. Seitens der Universität spräche nichts gegen eine Grabung, wir müssten nur das O.K. der im Steinbruch forschenden Botaniker einholen. „Haben wir schon", verkündete ich stolz, „sie waren beim Ortstermin dabei." „Könnten wir dafür eine Bestätigung aus dem Botanischen Institut erhalten?" schrieb der Sachbearbeiter meinen Alptraum fort. Gottlob genügte ihm eine fernmündliche Bestätigung, die ich durch nur drei Telefonate auf der Jagd nach einem Ansprechpartner im entsprechenden Institut beinahe spielend erwirkte. Fünfzehn Minuten später kam der Rückruf aus der Universitätsverwaltung, dass alles geregelt wäre, man würde nun eine schriftliche Einverständniserklärung an die Kalkwerke schicken. Über meine Bitte, das Schreiben sofort auf-

zusetzen und zu faxen, wunderte sich mein Gesprächspartner schon gar nicht mehr und knurrte nur: „Das hätten Sie sich alles auch früher überlegen können!" Recht hatte er. Ich entschuldigte mich und erklärte, selbst davon überrascht worden zu sein, was ihn etwas besänftigte. Er ließ uns jedenfalls nicht hängen und sagte zu, das Fax sofort vorzubereiten.

Nach gut einer Stunde bestätigten die RWK den Eingang des Schreibens. Die durch die Genehmigung der Botaniker erwirkte Genehmigung der Universität würde jetzt hoffentlich die Genehmigung der RWK nach sich ziehen. So glaubte ich. Man teilte mir jedoch mit, dass ziemliche Verärgerung darüber herrsche, dass man einfach übergangen worden sei, und dass wir von Glück reden könnten, dass der potenzielle Käufer den RWK keinen Ärger wegen unserer geplanten Geländeeingriffe gemacht hatte. „Übrigens ist unser zuständiger Mitarbeiter gerade wieder eingetroffen, der möchte Sie sprechen", verlieh die Stimme am Telefon meinem Adrenalinspiegel einen neuen Schub. Es knackte in der Leitung. „Küpper", meldete sich mein neuer Gesprächspartner. Ich atmete tief durch und meldete mich ebenfalls. „Peter Küpper", jagte es mir durch den Kopf. Er hatte bereits 1991 unbürokratisch die Genehmigung für die Hochdahl-Sondage erteilt. Da sollte es doch möglich sein ... „Hören Sie mal, so geht das aber nicht", fuhr Küpper fort, „wir wissen hier von gar nichts. Ich habe ja wirklich viel Verständnis für Ihre Arbeit, aber so geht es wirklich nicht." Ich entschuldigte mich mehrfach und erklärte ihm, dass wir keine Ahnung hätten, wo die schriftliche Anfrage hängengeblieben wäre. Ich bat ihn inständig, jetzt bloß nicht unsere Grabung zu untersagen. „Wann wollen Sie denn anfangen?" löste er meinen nächsten Schweissausbruch aus. „Wir ... wir wollten eigentlich heute anfangen ..." „Nein! Das lassen Sie mal sein. Ich komme morgen früh raus und schaue mir an, was Sie vorhaben. Das müssen Sie verstehen. Ich mache ja wirklich viel mit, aber so einfach ist das nicht." Mit einer nochmaligen Entschuldigung meinerseits endete das Gespräch.

Ich war stinksauer. Irgendwo war die offizielle schriftliche Anfrage liegengeblieben, und wir mussten den Mist nun ausba-

den. Immerhin, wir waren nicht sofort des Geländes verwiesen worden und durften unser Anliegen vortragen. Und der Entscheidungsträger, so wusste ich seit Hochdahl, interessierte sich für Archäologie.

Am nächsten Morgen, kurz vor neun Uhr, fuhr der Vetreter der RWK auf das Gelände. Ich hatte ihn vom Fenster des Bauwagens aus erblickt und ging ihm entgegen. Auf der Höhe unseres unübersehbar rot leuchtenden Baggers bremste er ab, blickte zum Arbeitsgerät hinüber, schüttelte den Kopf und fing an zu lachen. Ich atmete auf. In diesem Augenblick ahnte ich, dass er uns nicht des Feldes verweisen würde.

Wir stellten ihm ausführlich unsere Planungen vor. Schnell wurde klar, dass Peter Küpper zwar die fehlende Absprache bemängelte, jedoch keine prinzipiellen Einwände gegen unser Vorhaben hatte. „Und Sie glauben also, dass der größte Teil des Neandertalers noch hier liegt?“ verriet unser Besucher sein fachliches Interesse. „Falls wir die richtige Stelle haben, und die Arbeiter den Lehm nicht irgendwohin geschafft haben – ja“, antwortete Jürgen. „Na, das wäre ja toll. Dann mal viel Erfolg.“ Als Peter Küpper in sein Auto stieg, gab er uns eine letzte „Auflage“ mit auf den Weg: „Wenn Sie den Neandertaler finden, rufen Sie aber an. Das möchte ich dann nicht aus der Zeitung erfahren!“ Wir versprachen erleichtert, ihn dann wirklich sofort zu benachrichtigen. *(RWS)*

Die Grabung

Nachdem nun endgültig alle bürokratischen Hürden überwunden waren, konnte es also losgehen. Unser am Vortag eingetroffener Bagger hatte ein Gewicht von fünf Tonnen und einen Ausleger von dreieinhalb Metern. Uns erschien der Ausleger ausreichend, vielleicht sogar übertrieben lang – aber man weiß ja nie. Wir blickten uns angesichts des Stahlkolosses kurz an: Waren wir mit unserer Entscheidung, aus Kostengründen auf einen professionellen Baggerfahrer zu verzichten, nicht etwas zu weit gegangen? Das Problem war wenige Stunden später gelöst: Jürgen fiel die Aufgabe zu, den ersten Schnitt zu beginnen.

Nach einer Übungsphase verriet sein Lächeln eine gewisse Zufriedenheit. Schon bald zeugte ein großes Loch in der völlig ebenen Geländeoberfläche von unseren Aktivitäten. In diesem ersten, etwa zehn Meter langen und zwei bis drei Meter breiten Grabungsschnitt erreichten wir bei etwa zwei Metern unter Flur den anstehenden Fels. Abbauspuren kündeten davon, dass wir hier die Sohle des alten Steinbruches angetroffen hatten und nicht den gesuchten Bereich vor der ehemaligen Steilwand. Die Entfernung dieses Grabungsschnittes von der Düssel betrug 25 bis 35 Meter, lag also in dem Bereich, den Fuhlrott 1859 beschrieben hatte. Wir waren irritiert. Der erste Versuch schien also missglückt. Lediglich ein gelber Lehm im nördlichen Bereich ließ unsere Herzen zunächst etwas schneller schlagen. Er enthielt jedoch, wie sich bald herausstellte, keine Funde. Im Sprengschutt fanden wir außerdem ein möglicherweise fossiles Knochenfragment, das jedoch nicht näher bestimmbar war. Der Fertigstellung dieses ersten Sichtfensters in die Tiefe folgte die fotografische und zeichnerische Dokumentation. Vor allem unsere Studenten freuten sich, wenn sie die Schaufel gegen Zeichenstifte tauschen konnten.

Eine besondere Entdeckung wartete doch noch im Sediment am Grund unseres Schnittes. Gleichsam als Symbol für die Zerstörung des alten Neandertals lag dort ein eiserner Keil. Dieses erste originale Abbauwerkzeug aus dem Neandertal des 19. Jahrhunderts ließ uns einen kurzen Augenblick lang vergessen, dass wir unser eigentliches Ziel zunächst verfehlt hatten. Während das Licht des Tages langsam wich, betrachteten wir noch lange diesen Keil, der wie ein eingefrorener Zeitstrahl gleichsam vom Ende des romantischen Tales und vom Aufbruch in eine neue Zeit kündete.

In den nächsten Tagen gewannen wir durch die weiteren Arbeiten einen immer besseren Einblick in den Untergrund. So erfuhren wir auch endlich, wo die im Plan nicht verzeichnete Wasserzuleitung des Geländes verlief. Vom Bagger getroffen, verwandelte sie unseren zweiten Schnitt binnen Minuten in einen Swimmingpool. Der Gedanke an die Wasserrechnung ließ meine Finger gehetzt über die Tastatur des Handys huschen.

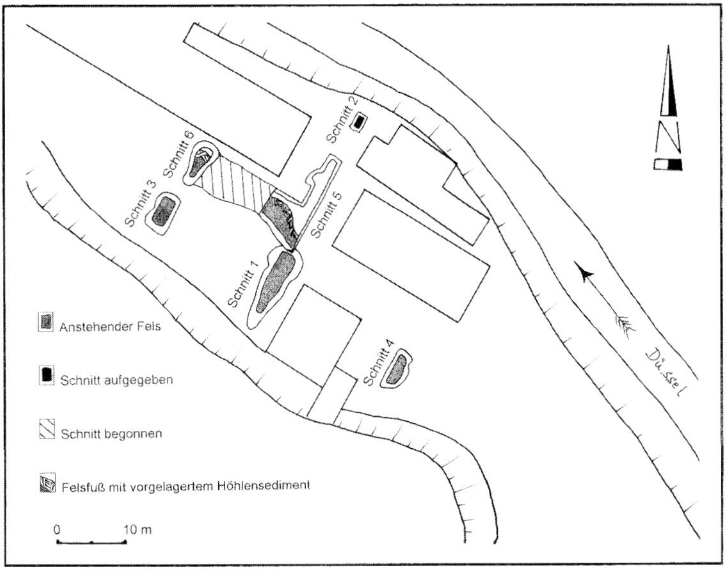

Lage der Grabungsschnitte 1997.

Spaltkeil am Grund von Schnitt 1.

Glücklicherweise war die Nachbarin, auf deren Grundstück sich der Absperrhahn befand, zu Hause und konnte den neuen „Zufluss der Düssel", in den sich unser Schnitt inzwischen verwandelt hatte, zum Versiegen bringen.

Wir sondierten weiter. Auch die Schnitte 3 und 4 lagen im reinen Steinbruchbereich, also dort, wo 1856 noch massiver Fels gewesen war. Dies bedeutete, dass wir immer noch zu weit von der Düssel entfernt suchten. Es zeichnete sich allmählich ab, dass die Ablagerungsstelle des Höhlensediments wohl doch nicht bei ungefähr 30 Metern südlich der Düssel liegen konnte. Sollten wir also die richtige Stelle verfehlt haben? Sollten unsere Recherchen unzureichend gewesen sein? Langsam begannen wir zu zweifeln. Am Morgen des vorletzten Grabungstages waren wir kaum weiter als am Anfang. Wir hatten weder den Fuß der alten Steilwand noch altsteinzeitliche Funde! Das war es wohl – Chance vertan!

Doch noch gaben wir nicht auf. Ein letzter Versuch sollte die Nagelprobe für all unsere Überlegungen sein: Die Nord-Süd-Verbindung unserer beiden ersten Schnitte müsste zur Auffindung des Felsfußes führen, wenn wir den Fundplatz an der richtigen Stelle vermuteten. Schaufel für Schaufel fraß sich der Bagger durch die harten Schichten aus Sprengschutt. Bestand dieses gesamte Gelände eigentlich nur aus Schutt? Mein Blick streifte in der Drehbewegung des Baggers unsere Studenten, die mit der Dokumentation anderer Stellen beschäftigt waren. Ob sie noch an unsere Idee glaubten? Am Abend zuvor hatten sie uns beim Grillen im Grabungscamp jedenfalls versichert, dass sie fest davon überzeugt wären, es werde schon alles gutgehen. Kurz vor Mittag hörte man plötzlich ein lautes Knirschen, die Baggerschaufel kreischte über massiven Felsen. Alle verließen ihren Arbeitsplatz und eilten herbei. Eine Felsnase ragte durch den Schutt. Vorsichtig weiter freigelegt, verriet der nahezu senkrechte Verlauf ihrer Oberfläche, dass es sich hier nicht erneut um die plan abgetragene Sohle des Steinbruches handelte. Die nähere Begutachtung ergab, dass dieses Gestein die Jahreszeiten der Jahrtausende gespürt hatte. Verwittert. Keine Meißelspuren – wir hatten den Stumpf der alten Felswand gefunden. Ich be-

Ralf beim Aufbaggern des ersten Schnittes (Blick nach Norden).

trachtete den Fels, der steil nach unten, ins noch Ungewisse abfiel. Lag dort unten der Rest des Neandertalers, den Beckershoffs Arbeiter übersehen hatten?

Eine freundliche, aber nachdrückliche Stimme holte mich in die Wirklichkeit zurück. Der Besitzer des Fuhrbetriebs musste seine Pferdekutsche aus dem Schuppen holen – und unser Verbindungsschnitt lag genau vor seinem Tor. Dies war der Grund, warum wir diese Stelle bisher ausgelassen hatten. Ich war fassungslos. Musste ausgerechnet jetzt irgendein Kegelklub durchs Neandertal fahren? Die allmähliche Erkenntnis, dass der Mann eben davon lebte und wir hier die Eindringlinge waren, ließ mich wieder ruhiger werden. Kurz vor dem Ziel, verfüllten wir den Schnitt nun wieder. „Macht nichts", dachte ich ironisch, „es ist ja erst der vorletzte Grabungstag." Doch eines war allen klar: Am nächsten Tag würden wir den Schnitt nochmals öffnen. Auf jeden Fall! Um den Rücken freizuhaben, überredeten wir den Kutscher, sein Gefährt bis Grabungsende außerhalb des Schuppens zu parken. Ich verbrachte eine ziemlich unruhige Nacht, denn am nächsten Tag würde die Entscheidung fallen. So oder so.

Unser letzter Grabungstag war vom rasanten Wiederaufbaggern unseres Schnittes gekennzeichnet. Mittags arbeiteten wir durch, denn uns blieb kaum noch Zeit, da wir den Schnitt ja am gleichen Tag wieder zuschieben mussten. Erneut tauchte die verwitterte Felswand aus dem nun gelockerten Schutt auf und mit ihr noch einmal die Frage, bis in welche Tiefe sie abfällt. Wieder wurde Schaufel für Schaufel aus der Tiefe geholt, doch dann war Schluss: Die Länge des Auslegers reichte nicht mehr. Dabei hatten wir doch so großzügig geplant ... Jürgen hatte eine Idee. Er legte eine Rampe an, auf der der ganze Bagger tiefer hinunterfahren konnte, so dass der Ausleger zum Schluss einen halben Meter weiter nach unten reichte als bisher. Die Sedimente, die er nun aus dem Schnitt holte, wurden von den Studenten umgehend durchsucht. Dabei stießen sie zunächst auf Scherben eines blau bemalten Keramikgefäßes: ein zerbrochener Weinkrug? Mein Puls beschleunigte sich. Ich dachte an die Höhlenfeste der Düsseldorfer Malerschule – waren wir einer Höhlenfüllung auf der Spur?

Plötzlich ein lautes Rufen. Heike ruderte wie wild mit den Armen: „Stop! Stop!" Sie lief zum Bagger und zeigte Jürgen einen Fund. Der Motor des Baggers verstummte, die Grabungsmannschaft versammelte sich. Heike hatte ein kleines Werkzeug aus Feuerstein entdeckt. Die kleine Klinge wies einen in typischer Art gestumpften Rücken auf, ohne Zweifel ein sogenanntes „Rückenmesserchen" aus der jüngeren Altsteinzeit, also dem Zeitabschnitt nach den Neandertalern. Und nun ging es Schlag auf Schlag: Knochen von größeren Tieren und Nagern, Sinterstücke und sogar ein kleiner Tropfstein zeugten davon, dass der gelbe Lehm wirklich aus einer Höhle stammte. Aber aus welcher?

Die Keramik aus dem Lehm belegte, dass die Höhle im 19. Jahrhundert zugänglich war. Da der Eingang zur Fundstelle des Neandertalers, der Kleinen Feldhofer Grotte, zu dieser Zeit bereits nicht mehr passierbar war, kam im untersuchten Bereich nur die unmittelbar benachbarte Feldhofer Kirche in Frage. Jürgen und ich hatten schon länger spekuliert, dass diese Höhle mit ihrem portalartigen Eingang aufgrund ihrer Größe in der

Altsteinzeit besser als Wohnstatt geeignet gewesen war als die Kleine Feldhofer Grotte. Sollten wir also recht behalten? Nach einigen weiteren Schaufelfüllungen knirschte es erneut. Jürgen hatte in der Tiefe des Schnittes eine harte Platte erreicht, die auch mit dem Bagger offensichtlich nicht zu durchbrechen war. Wir mussten die Stelle weiter freilegen. Dies war gar nicht so einfach, weil wir mit der Baggerschaufel so tief hinab mussten und der Bagger mit seinen Gummirädern auf der schrägen Rampe hüpfte und kippelte. Doch bald herrschte Klarheit. Die durch das Wasser der Düssel glattpolierte Felsplatte verriet uns, dass wir tatsächlich den Fuß der ehemaligen Felssteilwand erreicht hatten. Direkt auf der Platte lagen dünne Hochwasserablagerungen der Düssel mit feinen Ästchen und Laubblättern. Waren dies die Spuren des letzten goldenen Herbstes im alten Neandertal?

Wie sich zeigte, hatte man damals offensichtlich als Hochwassersicherung für den Steinbruch einen fast zwei Meter hohen Stumpf der Klippen stehen gelassen. Über den Düsselablagerungen am Fuß dieses Steilwandrestes lag die Sedimentfüllung der Feldhofer Kirche, die in der Anfangsphase des Kalkabbaus als störender Abraum vor die noch intakte Felswand in das Tal hinabgeworfen worden war. Offensichtlich war kurze Zeit später alles mit Steinbruchschutt überdeckt und so in seiner Lage fixiert worden. Wir hockten uns in den Schnitt und blickten nach oben. Zwanzig Meter über uns hatte noch vor 150 Jahren der dunkle Eingang der Höhle gegähnt, in der Schichten aus vielen Jahrtausenden mit all ihren archäologischen Schätzen verborgen waren. (RWS)

Die Basis der Felssteilwand lag an dieser Stelle 23 Meter vom Fluss entfernt. Rechnete man eine leichte Schräge der Felswand mit hinzu, so kam man etwa auf die Entfernung der Höhlen vom Flussufer, die Fuhlrott angegeben hatte, nämlich 100 Fuß oder 30 Meter. Unser Vertrauen in den Elberfelder Lehrer hatte sich gelohnt. Nun waren wir endlich in der Lage, die alte Topographie genau zu rekonstruieren. Am Ende dieses letzten Grabungstages lagen uns insgesamt vier Steingeräte vor. Besonders wichtig war

Rest der Felswand (rechts) mit vorgelagerten Höhlensedimenten (hinter der Messlatte).

für uns das erste Fundstück: ein sogenanntes *élément tronqué*, ein an beiden Schmalseiten endretuschiertes Rückenmesser. Das Stück konnte vom Typ her zunächst sowohl dem Gravettien als auch dem frühen Magdalénien zugeordnet werden. Eine genauere Einschätzung war zu dieser Zeit noch nicht möglich; immerhin wussten wir nun, dass wir die Füllung der Feldhofer Kirche und Steinwerkzeuge aus der Zeit nach den Neandertalern entdeckt hatten. Wenn dies aber tatsächlich der Höhlenlehm samt Artefakten und Faunenresten aus der Feldhofer Kirche war, dann konnte – so vermuteten wir – die Füllung der Kleinen Feldhofer Grotte samt den Resten des Neandertalers nicht weit sein. Die beiden Höhlen lagen ja ehemals unmittelbar nebeneinander. Wir waren also auf der richtigen Spur!

Doch neigte sich der letzte Grabungstag bedrohlich seinem Ende zu, und wir mussten unseren fünften, letzten und schließlich erfolgreichen Schnitt noch zuschieben. Obwohl es uns gelungen war, erstmals in diesem Jahrhundert die Position der südlichen Felssteilwand im bedeutendsten Teil des Neandertals wieder zu bestimmen und die Höhlenfüllung der Feldhofer Kirche mit jungpaläolithischen Funden zu entdecken, war dieses Grabungs-

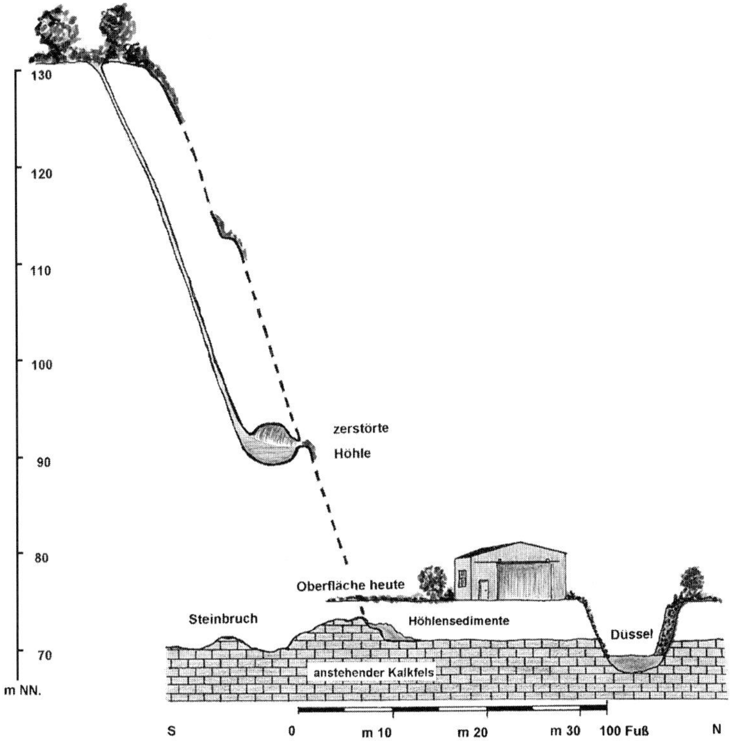

Rekonstruktion der Fundstelle.

ende für die gesamte Mannschaft äusserst unbefriedigend. Wir gingen mit sehr gemischten Gefühlen ins Wochenende – und mit der Vorstellung, wenige Meter vor den Resten des legendären Neandertalers aufgehört zu haben. Da wir aber bis zur letzten Minute gearbeitet hatten, verblieb an diesem Freitag keine Zeit mehr, die Grabung samt Ausrüstung abzubauen; dies sollte am nächsten Montag geschehen.

Am Montagmorgen war sofort zu spüren, dass jeder der Grabungsteilnehmer am Wochenende für sich zu dem Schluss gelangt war, so nicht aufhören zu können. Nicht hier, und nicht jetzt! In zahlreichen Telefonaten wurde nun beraten und sondiert, beschwichtigt, taktiert und insistiert. Im Verlauf des Vormittags schließlich erhielten wir telefonisch von allen zuständigen Stellen die Erlaubnis, die Grabung im Neandertal für drei Wochen (!) fortzusetzen. Nach dem entscheidenden O.K. Harald Koschiks brach ein Jubel aus, der uns wieder einmal zeigte, wie sehr die Begeisterung das Team inzwischen gepackt hatte. Rasch war eine Verlängerung der Leihfrist für den Bagger erwirkt, und schon konnte es weitergehen. Nach einer sehr kurzen Mittagspause, in der niemand ruhig auf seinem Stuhl sitzen konnte, öffneten wir unseren Schnitt 5 zum dritten Mal und erweiterten ihn nach Westen. Dazu mussten wir erneut zunächst den Sprengschutt entfernen, der sich in den über 100 Jahren zu einer kompakten Masse verfestigt hatte. Am Abend dieses Tages lagen weitere sechs Steinartefakte und zahlreiche Fragmente eiszeitlicher Tierknochen auf dem Tisch.

Bei der Erweiterung des Schnittes kam eine zweite, mit der ersten randlich verzahnte Höhlenfüllung zutage. Auch sie lieferte Steingeräte, fossile Knochenstücke und Zähne, Sinterstücke und kleine Tropfsteine. Wir hatten also tatsächlich die mindestens 15 Meter auseinanderliegenden Sedimentkegel zweier Höhlen entdeckt. Umhüllten die Sedimente dieses zweiten Haufens dereinst die Gebeine des Neandertalers? Wir gingen davon aus, aber noch hatten wir keinen Beweis. Mit Spaten und Kelle gruben wir anschließend Teile beider Höhlenfüllungen aus. Dabei kamen fortwährend Funde ans Tageslicht. Wie üblich, füllten wir das gesamte ausgegrabene, mit vielen Kalksteinbrocken durchsetzte Sediment in Kunststoffsäcke, in die wir zur späteren Identifizierung stets auch ein kleines gelbes Plastikkärtchen mit der Nummer des entsprechenden Flächenabschnitts legten. Insgesamt waren dies bis zum Ende der Kampagne etwa 700 Säcke von jeweils etwa 15 Kilogramm, die wir in einer Halle zwischenlagerten. Sie sollten später in unserer Schlämmanlage in Rheindahlen mit Wasser durchgesiebt werden, um potenzielle weitere, bei der Grabung im schmierigen, klebrigen Lehm übersehene Funde sicherzustellen. Eine stattliche Anzahl von Fundstücken, die trotz der schwierigen Bedingungen bereits beim Ausgraben der Höhlenfüllungen geborgen worden waren, ließ für das Schlämmen noch einiges erwarten.

Susanne und Inge arbeiteten in unserem inzwischen fast vier Meter tiefen Schnitt. Sie trugen Stiefel, da ständig von der düs-

selwärtigen Seite Wasser in die Grube eindrang. Letzte Nacht hatte es geregnet, so dass sich zusätzlich Regenwasser in der Grabungsstelle sammelte. Knöcheltief standen sie in der braunen Brühe. In Ölzeug gehüllt lösten die beiden Frauen mit Kellen das aus Lehm und Felsstücken verbackene Sediment. Dabei stießen sie immer wieder auf interessante Funde aus Feuerstein oder Quarzit: Fragmente von beidflächig bearbeiteten Geräten, die nach ihrer Form eindeutig aus der Zeit der Neandertaler stammten; kleine Rückenmesserchen und Klingen aus jüngerer Zeit – immer noch gut 30 000 Jahre alt – sowie eine Vielzahl unbearbeiteter Abschläge, die zunächst nicht genauer zu deuten waren. Hinzu gesellte sich eine große Zahl gut erhaltener Knochenstücke, so dass die Grabungstätigkeit durchweg abwechslungsreich war. Jedes Fundstück wurde separat in einer kleinen Kunststofftüte verpackt; der beigegebene Zettel enthielt die wichtigsten Daten wie Fundnummer, Fundfläche, Höhe über NN, weiterhin für mögliche Rückfragen den Namen der Ausgräberin und gelegentlich einige Angaben zur Sedimentbeschaffenheit. Die entsprechenden Informationen fügten Ralf und ich

Grabungsarbeiten in Schnitt 5. Links im Bild der Felswandrest.

bei der ersten, groben Sichtung des Materials im Bauwagen mit den entstehenden Plänen und Profilzeichnungen in unsere Grabungsdokumentation ein. Insgesamt waren die Arbeiten zwar nicht mit einer Grabung in einer ungestörten Höhlenfundschicht zu vergleichen, doch für alle Teilnehmer war es schon sehr aufregend, das Originalsediment der Feldhofer Grotten zu untersuchen.

Susanne bat Inge, ihr eine Tüte und ein Fundzettelchen anzureichen. „Ich habe hier ein Knochenstück. Schau mal, das ist so rund an der einen Seite." „Vielleicht ein Stück von einer Gelenkkugel", antwortete Inge, nachdem sie es sich sorgfältig angesehen hatte. Susanne verpackte den Fund und notierte auf dem Zettel die Fundnummer: Nummer 13 in Schnitt 5, Fläche III. Bis zum Ende des Arbeitstages verstauten sie noch viele weitere Stücke. Aber die Grabungsarbeiten in gebückter Haltung strengten an, und nach acht Stunden im Nieselregen, mit den Stiefeln im kalten Wasser stehend, hatten unsere Ausgräberinnen genug für heute. (JT)

Wir hatten also tatsächlich Höhlensedimente mit paläolithischen Artefakten und Knochen entdeckt. Was aber war es genau, was da auf unserem Tisch im Bauwagen lag? Hatten die Funde einen direkten Bezug zum Neandertaler von 1856? Würden wir bald die damals übersehenen Reste vom Neandertaler selber bergen?

Am Freitag der vorletzten Grabungswoche beschlossen wir spontan, die Mannschaft mit einem Besuch des nahen Neanderthal Museums für die harten Arbeitsbedingungen zu entschädigen. Der kaum fünfminütige Fußweg führte uns via Rabenstein zum Museumsgebäude, dessen organisch geschwungener gläserner Körper an eine grosse Amöbe erinnert. Da der Museumsbesuch nicht geplant war, hatte an diesem Tag niemand die passende Kleidung mitgebracht, so dass wir wie ein Haufen recht abgerissener Gestalten erschienen. Zumindest unser Schuhwerk hatten wir noch auf der Grabung, so gut es ging, gereinigt.

Der erste Themenbereich der Ausstellung – „Ein Tal und sein Geheimnis" – vermittelt einen Eindruck vom romantischen „Gesteins" und berichtet von der Zerstörung durch den Kalkabbau. Kernpunkt ist natürlich die Entdeckung des Neandertalers und die Kontroverse um den Fund. Als wir vor der grossen Vitrine mit der originalgetreuen Kopie des Skeletts standen, schauten wir ganz genau hin, welche Knochen des Neandertalers zerbrochen waren oder fehlten. Das waren die Kandidaten, von denen wir noch Teile im Tal finden könnten, da man sie 1856 nicht geborgen hatte. Wenn wir nur an der richtigen Stelle suchten!

Wir diskutierten eine Reihe weiterer Punkte, die uns gerade jetzt, während der Grabungsarbeiten wieder und wieder beschäftigt hatten. Die ungefähren maximalen Abmessungen der Kleinen Feldhofer Grotte waren auch nach Entfernen der Sedimente mit einer Länge von 4,70 Metern, einer Breite von 3,10 Metern und einer Höhe von 2,50 Metern recht gering. Berücksichtigt man, dass die Dicke der Sedimente etwa 1,60 bis 1,90 Meter betrug, so ergibt sich daraus ein Höhlenraum, der schlicht zu niedrig war, um darin zu wohnen. Entweder hatte man den Neandertaler unter großen Schwierigkeiten in diesem

Das Neanderthal Museum.

kleinen Loch nur bestattet, oder die Grotte war vorher größer gewesen und später zusammengebrochen. Der flache, nur etwa 60 mal 20 Zentimeter messende „Eingang" deutet stark darauf hin, dass die zweite Variante richtig ist.

Interessante Punkte sind ferner die Einbettung und die Lage des Skeletts im Sediment der Grotte. Nach Aussage der Arbeiter lag es in Längsrichtung der Höhle, mit dem Kopf zum Höhleneingang, in horizontaler Lage etwa 60 Zentimeter tief im Höhlenlehm. Da die Knochenoberflächen des Neandertalers keinen Tierverbiss zeigen, müssen die sterblichen Überreste sehr bald dem Zugriff fleisch- und knochenfressender Tiere entzogen worden sein. Das weitgehende Fehlen von Verwitterungsspuren und Tierverbiss macht auch eine natürliche Überlagerung des Verstorbenen durch Sedimente mehr als unwahrscheinlich, da eine solche Sedimentation den Leichnam binnen weniger Tagen eingehüllt haben müsste. Insgesamt spricht vieles dafür, dass die sterblichen Überreste des Neandertalers in einer absichtlich eingetieften Grube niedergelegt und mit Erde bedeckt wurden.

Während für die Schädelkalotte Schnittspuren aus paläolithischer Zeit belegt sind, scheint den laufenden Untersuchungen zufolge der übrige Körper nicht in dieser Weise behandelt worden zu sein. Die 1856 bei der Ausräumung der Höhle entstandenen Spuren eines Werkzeughiebes betreffen zum Beispiel gleichermaßen die linke Beckenhälfte und den eingefügten Oberschenkelkopf, so dass zumindest für diese beiden Knochen die Lage im anatomischen Verband gesichert ist.

Offensichtlich interessierten unsere Diskussionen nicht nur unsere Ausgräber. Schon bei der ersten Station schlossen sich einige Besucher unserer Gruppe an, andere kamen später hinzu. Der weitere Weg durch die Ausstellung führte über eine spiralenförmige Schräge aufwärts über die Station „Eine Reise durch die Zeit" hin zu „Leben und Überleben". Hier entbrannte vor dem Hintergrund der beiden Theorien „Out of Africa 2" und „Multiregionales Modell" auch innerhalb unserer Gruppe eine Kontroverse – in erster Linie zwischen Jürgen und mir, wie immer bei solchen Gelegenheiten. Während Jürgen von einer völligen genetischen und kulturellen Verdrängung der Neandertaler durch den anatomisch modernen Menschen ausgeht, verstehe ich mich trotz der DNA-Ergebnisse zwar ebenfalls als „Out of Africa 2"-Anhänger, halte es aber trotzdem für möglich, dass der Neandertaler genetisch und kulturell zum europäischen Jungpaläolithikum beigetragen haben könnte. Auch die Nomenklaturfrage war klar geregelt: Jürgen grub nach den Resten des „Homo neanderthalensis", ich dagegen versuchte den gleichen „Homo sapiens (?) neanderthalensis" zu finden. Ich kann mir lebhaft vorstellen, dass es Kollegen gibt, die bei derartig differierenden „Weltbildern" nicht so gute Freunde geblieben sind wie wir.

Im Museum boten uns auch die weiteren Themenbereiche „Werkzeug und Wissen", „Mythos und Religion", „Umwelt und Ernährung" sowie „Kommunikation und Medien" an vielen Stellen die Möglichkeit, die anfangs ausgeliehenen Kopfhörer in die Buchsen des „sprechenden Geländers" einzustöpseln oder an PC-Stationen die gezeigten Aspekte zu vertiefen. Das Haus wurde zwar ganz bewusst unter dem Leitaspekt „Woher kommen wir? Wer sind wir? Wohin gehen wir?" konzipiert und stellt somit kein „Neandertaler-Museum" im engeren Sinne dar, doch stießen wir immer wieder auf den Mann aus der Kleinen Feldhofer Grotte und seinesgleichen (Farbtafel 22). Wie könnte es an diesem Ort auch anders sein?

In der Cafeteria am Ende der Rampe angelangt, diskutierten wir noch eine Weile das Erfahrene und waren uns einig, dass dieser weltberühmte Ort ein wirklich angemessenes Museum bekommen hat. Auf dem Weg zum Ausgang begegneten wir wiederholt unseren eigenen Stiefelspuren und kleinen Lehmbröckchen, die belegten, dass unsere Schuhreinigung doch nicht ganz so effektiv gewesen war, wie erhofft. Immerhin handelte es sich um Originallehm von der Fundstelle, der alle Neandertaler ihren Namen verdankten und ohne die hier kein Museum existieren würde. Trotzdem wollten wir die Meinung des Reinigungspersonals dazu lieber nicht hören und entschuldigten uns an der Kasse für den aus prähistorischer Zeit stammenden „Schmutz". *(RWS)*

Als uns Peter Küpper wenige Tage später besuchte, konnten wir bereits mit einigen interessanten Ergebnissen aufwarten. Zwei Höhlenfüllungen, Steingeräte, Tierknochen sowie einige Rippenstücke und andere Knochensplitter, die möglicherweise von Menschen stammten – bereits jetzt stand außer Frage, dass wir unsere Aktion erfolgreich abschließen würden. Wir waren nun allmählich sicher, dass es sich bei den zuerst freigelegten Sedimenten um diejenigen aus der Feldhofer Kirche handelte; und der zweite Sedimentfächer musste aufgrund seiner inzwischen deutlicher herauskristallisierten Lage wohl tatsächlich aus der Kleinen Feldhofer Grotte stammen – doch ein Beweis dafür stand noch aus. Peter Küpper teilte unsere Begeisterung und brachte es auf den Punkt: „Wer weiß, was Sie in der nächsten Woche noch finden und was beim Durchspülen dieses klebrigen Lehmes zum Vorschein kommt.“

700 Säcke Sediment aus dem Neandertal

Mitte Oktober nach Mönchengladbach zurückgekehrt, führten wir bis Anfang Dezember 1997 zunächst die Rheindahlen-Grabung fort. Anschließend konnten wir unsere Aufmerksamkeit den Neandertalsedimenten widmen, die mit einem Container-LKW antransportiert worden waren.

Jeden Tag fanden wir nun Artefakte und weitere, allerdings meist stark fragmentierte Überreste von Knochen und Zähnen – das Schlämmen erwies sich nicht nur für unsere Mitstreiter als ausgesprochen aufregend. Da mein Arbeitsvertrag Anfang Oktober ausgelaufen war, konnte ich mich um diese Aufgabe kümmern, während Ralf noch mit den Rheindahlen-Funden beschäftigt war.

Allerdings waren Schlämmarbeiten im Dezember nicht besonders attraktiv. Wo im Frühsommer im kleinen Feuchtbiotop in der Ziegeleigrube Dreesen noch Kreuzkröten ihr Balzkonzert hatten ertönen lassen, war es nun bitterkalter Winter. Wenn wir morgens die Schlämmanlage aufbauten, mussten wir als erstes die Eiszapfen entfernen und das in den Schläuchen gefrorene Wasser mit den Füßen zertrampeln. Das sonst fröhlich sprudelnde Wasser kam zunächst nur mühsam und „in Würfelform" aus dem Schlauch. Für jemanden, der eine Veranlagung zu Rheuma hat, nicht gerade der ideale Arbeitsplatz. Doch was tut man nicht alles für die Urgeschichte. Wer nicht bis zur Nasenspitze in Ölzeug vermummt war, konnte wegen des eiskalten Spritzwassers, das zudem mit erheblichem Druck aus dem Rohr schoss, diese Tätigkeit kaum über mehrere Stunden durchhalten. Doch Götz und Inge, die diese Aufgabe übernommen hatten, waren gut präpariert und in mehrere Lagen warmer Kleidung eingehüllt, auch wenn sie regelmäßig mit blauen Nasenspitzen und ebensolchen Fingern im beheizten Bauwagen auftauchten, um sich einer „thermo-dynamischen Rekonvaleszenz" – Hände und Füße auf der Heizung liegend – zu unterziehen. Es tat gut, wenn bei einer heißen Tasse Tee die Lebensgeister zurückkehrten. *(JT)*

Die Schlämmrückstände, die sich in den Sieben sammelten, konnten direkt vor Ort nur grob gesichtet werden. Wir füllten sie Sack für Sack in größere Fundtüten und legten sie zurück, um sie später bei der Bearbeitung nochmals sorgfältig durchzusehen. 1997 schlämmten wir am 29. Dezember zum letzten Mal. Wir waren sehr gespannt, wie es im nächsten Jahr weitergehen würde. Eine Fortsetzung der Grabungen im Neandertal war uns für 1998 leider nicht in Aussicht gestellt worden. Eine Weiterbeschäftigung in Rheindahlen war aufgrund der leeren Kassen ebenfalls nicht möglich, so dass wir uns auf ein Jahr ohne Anstellung einrichten mussten. Immerhin wurde die Rheindahlen-Grabung durch technisches Personal weitergeführt und kam somit nicht zum Erliegen.

Im Sommer 1998 machten wir uns erneut daran, die Schlämmanlage, die bereits seit zwei Jahren in Gebrauch war, für die neue Saison herzurichten. Wir wunderten uns, dass diese kleine Anlage, auf der bisher etwa 20 000 Säcke Rheindahlen-Sediment mit je 15 Kilogramm Gewicht geschlämmt wurden – das sind etwa 300 Tonnen –, immer noch intakt war. Lediglich drei kleine Holzlatten mussten wir ausbessern. Dann wurden die

Schläuche und Strahlrohre, die wir von der Feuerwehr ausgeliehen hatten, wieder angeschlossen. Und schon konnte es erneut losgehen. Wir waren gespannt, was die neue Saison bringen würde. Susanne und Inge führten ihre Arbeit mit gewohnter Routine durch. Am Tag schafften sie etwa 20 bis 25 Säcke, wobei sie Fundstücke sofort wieder aussonderten und jeweils in beschrifteten Tüten aufbewahrten. Die verbleibenden Schlämmrückstände wurden weiterhin gesondert eingetütet. Die Anzahl an Funden war erheblich, da bei einer Maschenweite von drei beziehungsweise zwei Millimetern auch kleinste Absplisse und zahlreiche Nagetierknochen in den Maschen hängenblieben.

Allmählich ging das zu schlämmende Material zur Neige, und bald waren alle 700 Säcke der Grabung Neandertal 1997 bearbeitet. Von den ungefähr zehn Tonnen Höhlenfüllung, durchmischt mit Kalksteinbrocken und Gesteinsgrus, Sinter und Sprengschutt, verblieben nun 700 Plastiktüten mit Feinrückständen, die „nur" noch ungefähr eineinhalb Tonnen wogen. Es war jetzt Inges Aufgabe, diese 700 Fundtüten nochmals auf Kleinstfunde hin zu sichten. Dies geschah zunächst im Bauwagen auf der Rheindahlen-Grabung. Doch Mitte Oktober wurde es draußen so kühl, dass die Untersuchungen unter diesen Bedingungen nicht mehr

Schlämmarbeiten, Sommer 1998.

zu verantworten waren. Wir zogen in die von der Stadt Mönchengladbach bereitgestellten Räumlichkeiten, in denen in den letzten Jahren die Studenten unserer Rheindahlen-Grabung gewohnt hatten.

Hier nun breiteten wir die Funde aus dem Neandertal erstmals vollständig aus, um uns einen genaueren Überblick zu verschaffen, was wir alles ausgegraben hatten und aus welchen Epochen und Zeiten die verschiedenen Stücke stammten. Viele verrostete Eisenteile wie Schwellennägel, Schrauben, Eisenstangen und ein Eisenschuh eines hölzernen Schaftes, möglicherweise auch von einem Stativbein, erinnerten daran, dass die Menschen ab etwa 1850 immer häufiger wegen des Kalksteins in das Tal kamen und ihm letztlich die Zerstörung brachten. Ein besonders interessantes Dokument dieser Industriegeschichte ist der schon erwähnte eiserne Spaltkeil. Da er nur etwa drei Meter südlich der ehemaligen Wand im Bereich des anstehenden Felsens aufgefunden wurde, lässt er einen recht frühen Zeitraum des Steinbruchbetriebes wieder lebendig werden. Auch einige rotbraune Scherben von Wasserflaschen stammen aus dieser Zeit. Diese Gegenstände stehen gleichermaßen für das Ende einer romantischen Naturlandschaft wie für den Anschluss der Region an die industrielle Revolution.

Die nächste Zeitebene, die sich uns erschloss, war die Phase der Düsseldorfer Malerschule mit ihren Arbeitsaufenthalten und Feiern. Fragmente von blau bemalten Krügen zeugen von fröhlichen Zusammenkünften an dieser Stelle des Tales. Auch die Feldhofer Kirche gegenüber der Neanderhöhle wurde ja von den Künstlern der Akademie besucht, wie die eindringliche Beschreibung von Schirmer in seinen *Jugenderinnerungen* belegt. Auch die Talromantik der noch nicht zerstörten Naturschönheit im „Gesteins" des frühen 19. Jahrhunderts wurde für uns greifbar. Selbst den alten Talboden konnten wir freigraben. Hier kamen Ästchen und Blätter als Zeugen der Pflanzenwelt des „Gesteins" zum Vorschein.

Ein Teil der insgesamt über 3 000 Steinartefakte lässt sich derzeit noch schlecht einer der beiden Höhlenfüllungen zuordnen, da die entsprechenden Sedimentkegel stellenweise vermischt sind. Am deutlichsten zeichnet sich die Besiedlungsgeschichte der

Feldhofer Kirche ab, denn hier konnten wir die meisten Steinartefakte bergen. Sie waren aus lokalen Materialien wie zum Beispiel Quarzit und Maasei-Feuerstein, aber auch aus dem am Ort nicht vorkommenden nordeuropäischen Geschiebefeuerstein hergestellt. Restkerne, Absplisse, Abschläge, Klingen und Lamellen belegen die Herstellung und weitere Bearbeitung von Steingeräten. Von den Knochenfragmenten eiszeitlicher Tiere sind zumindest diejenigen, die Schnittspuren vom Zerteilen aufweisen, als Jagdbeutereste des Menschen anzusehen. Verbrannte Knochenstücke unterstreichen dieses Bild und belegen die Nutzung des Feuers an diesem Platz.

Die nähere Begutachtung der verschiedenen Steingerätetypen ergab eine vorläufige Einstufung in zwei unterschiedliche Siedlungsphasen. Zum einen gibt es Funde aus dem mittleren Abschnitt des Jungpaläolithikums vor etwa 25 000 bis 30 000 Jahren. Die Menschen mit Werkzeugen einer als Gravettien bezeichneten Kulturgruppe waren keine Neandertaler mehr; denn diese sind in Mitteleuropa vor etwa 35 000 Jahren durch die anatomisch modernen Cro-Magnon-Menschen verdrängt worden. Der größte Teil unserer Funde stammt aus dieser Zeit. Diese Artefakte (siehe die Abbildung auf Seite 262f.) sind weitgehend aus gutem Feuerstein hergestellt; besonders erwähnenswert sind Kernkantenklingen (1–2), an beiden Schmalenden retuschierte Rückenmesserchen (9–11), Gravettespitzen (12–13), das basale Fragment einer Font-Robert-Spitze (15) und Fragmente von Knochenspitzen, ehemals wohl Geschossspitzen (19–20).

Zusätzlich fanden wir beidflächig bearbeitete Stücke, die in ihrer Art typisch für das mittelpaläolithische Micoquien sind (Abbildung S. 264f). Diese Artefakte haben ein Alter von etwa 35 000 bis 50 000 Jahren und stammen aus der Zeit der Späten Neandertaler. Dazu gehören ein auf beiden Flächen bearbeiteter Schaber (21), ein Keilmesser (22), umgearbeitete bifaziale Geräte und Fragmente von solchen Werkzeugen (23, 25, 26), das Bruchstück einer Blattspitze oder die abgebrochene Spitze eines Faustkeilblattes (24), eine weitere Spitze (27) sowie verschiedene Schaber (28–32). Weiterhin sind für diese Periode kleine Rundkratzer vom „Groszak“-Typ charakteristisch, die man bisher vor allem in Osteuropa gefunden hat (35–41). Für die Herstellung dieser Geräteformen verwendete man Feuerstein, Quarzit und Kieselschiefer. Zahlreiche weitere Artefakte lassen sich kulturell bisher nicht genauer zuordnen, da die ehemalige Lage in bestimmten Schichten der Höhlensedimente nicht mehr gegeben ist. Ihr paläolithischer Ursprung ist aufgrund ihres gesamten Aussehens jedoch gewiss.[233]

Es ist uns also gelungen, verschiedene Zeitabschnitte der Talgeschichte von der industriellen Revolution bis zurück zum Mittelpaläolithikum zu beleuchten und gleichsam wiedererstehen zu lassen. Die Hinterlassenschaften dieser Zeitebenen waren hier im Neandertal verschüttet und auf chaotische Weise miteinander verwoben – ein Gordischer Knoten, der schwierig zu lösen ist, den wir jedoch ein Stück weit aufschnüren konnten. Und noch sind unsere Arbeiten hieran nicht abgeschlossen.

Mit der Bergung der ersten archäologischen Funde aus den Feldhofer Grotten war für uns schon ein Traum in Erfüllung gegangen. Aber erinnern wir uns, warum wir so lange recherchiert und diese Grabung durchgeführt hatten: Wir hatten uns auf die Suche nach dem Neandertaler selbst gemacht. Befanden sich unter den zahlreichen Knochen vielleicht solche, die nicht tierischen Ursprungs waren? Bereits bei der Grabung und auch später während des Schlämmens waren uns Knochenfragmente aufgefallen, die nach unserem Eindruck von Menschen stammten. Dies wollten wir uns im nächsten Schritt von einem Spezialisten bestätigen lassen. Waren wirklich Menschenknochen in unserem Fundmaterial? Vielleicht sogar *fossile* Exemplare?

Virchows Enkel

Nun war es also an der Zeit, die Knochen, die uns bereits aufgefallen waren, sowie mehrere hundert teils sehr kleine Knochenfragmente bestimmen zu lassen. Wir hatten uns zu diesem Zweck mit Michael Schultz vom Zentrum Anatomie an der Universität Göttingen verabredet. Trotz einer Reihe von Anfragen anderer sehr interessierter Anthropologen, die das Knochenmaterial dieser weltberühmten Fundstelle untersuchen wollten, hatten wir uns für Michael Schultz entschieden, da er die Fach-

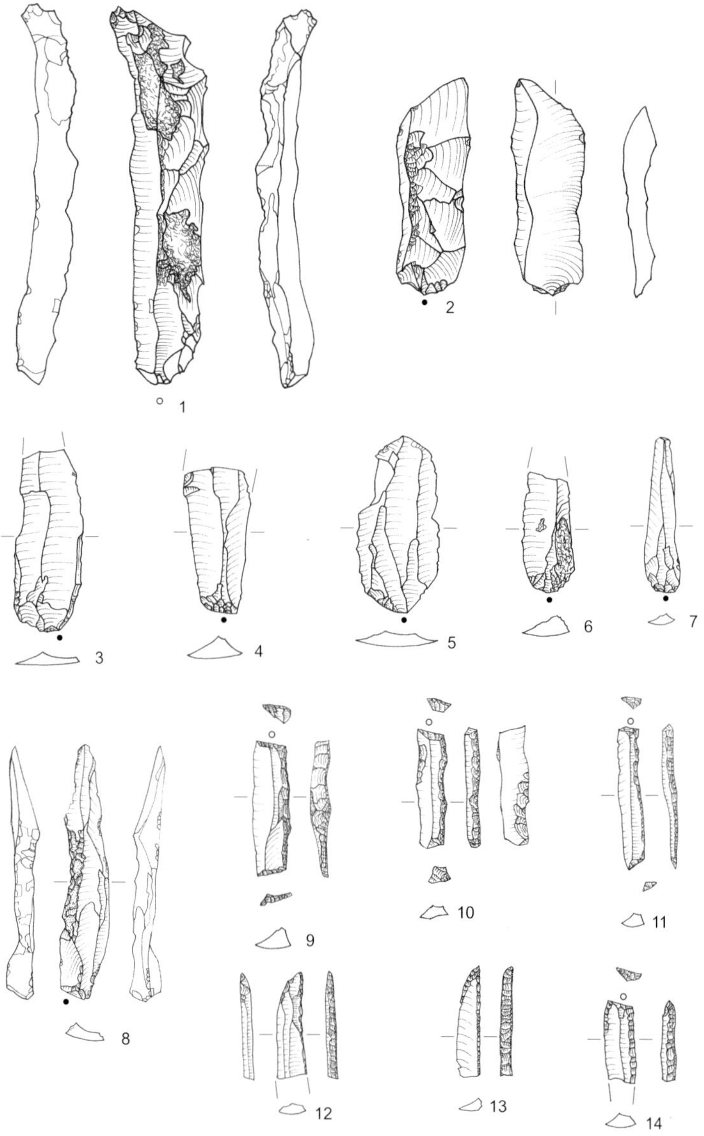
1
2
3
4
5
6
7
8
9
10
11
12
13
14

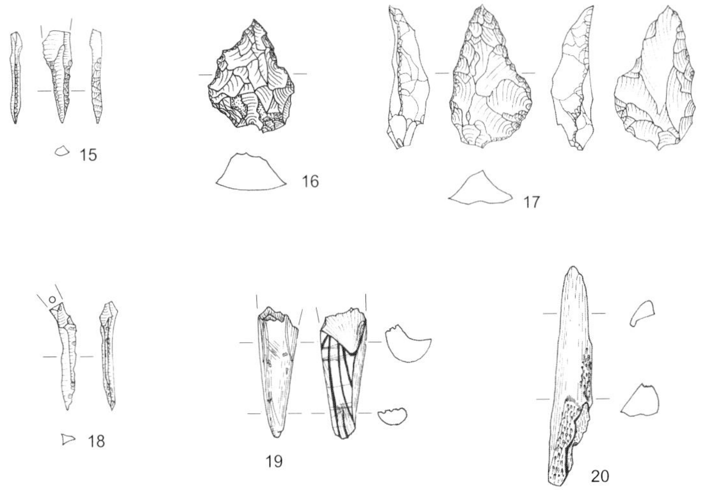

Artefakte des Gravettien aus dem Neandertal. Stück 1 ist 9,5 Zentimeter lang.

bereiche Anthropologie, Anatomie und Pathologie zu einer nutzbringenden Synthese vereint, was sich bereits bei der vorhergehenden Neuuntersuchung des Neandertalers von 1856 bewährt hatte.[234] Sein besonderes „Steckenpferd" ist die Paläopathologie[235] – also die Untersuchung menschlicher Fossilfunde auf Spuren von Verletzungen, Mangelerscheinungen und Krankheiten, die durch Einflüsse wie beispielsweise Ernährung, Wohn- und Arbeitsverhältnisse sowie geographische und klimatische Faktoren hervorgerufen wurden.

Die entsprechenden Untersuchungen werden oft mit modernster Röntgen- und Mikroskoptechnik sowie molekularbiologischen Methoden durchgeführt; in anderen Fällen ist das erfahrene Auge und eine möglichst große Sammlung von Vergleichspräparaten gefragt. Mikroskopische Untersuchungen von Knochendünnschliffen erlauben besonders sichere Aussagen zu einer Vielzahl von Krankheiten und Mangelerscheinungen. Es ist verblüffend, wie viele Leiden auch in den Knochen der betroffenen Lebewesen charakteristische Spuren hinterlassen. Die Paläopathologie trägt dadurch maßgeblich zur Rekonstruk-

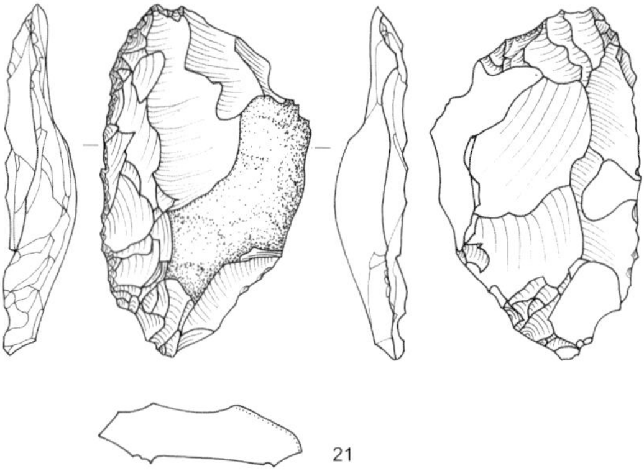
21

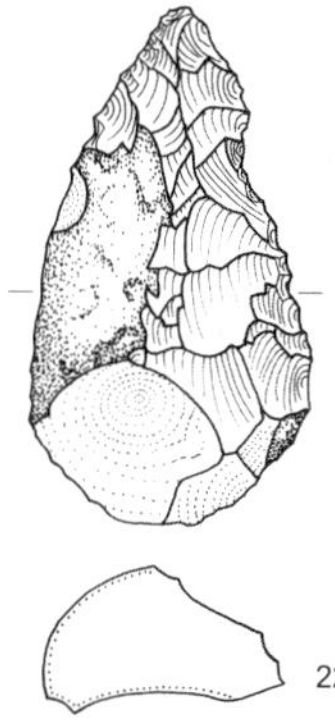
22

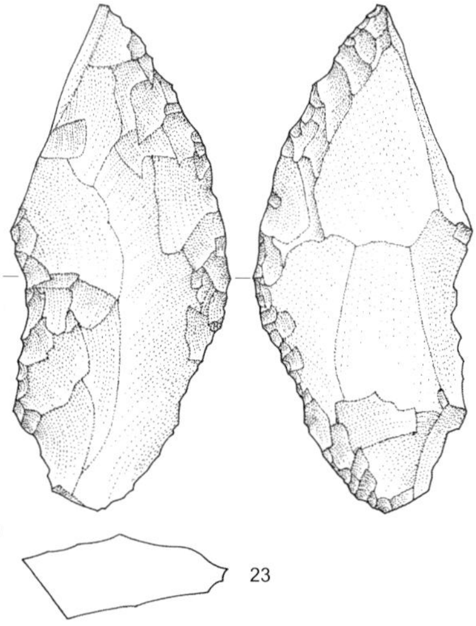
23

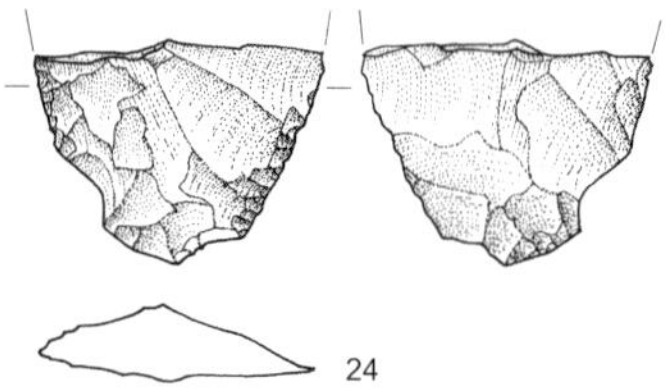
24

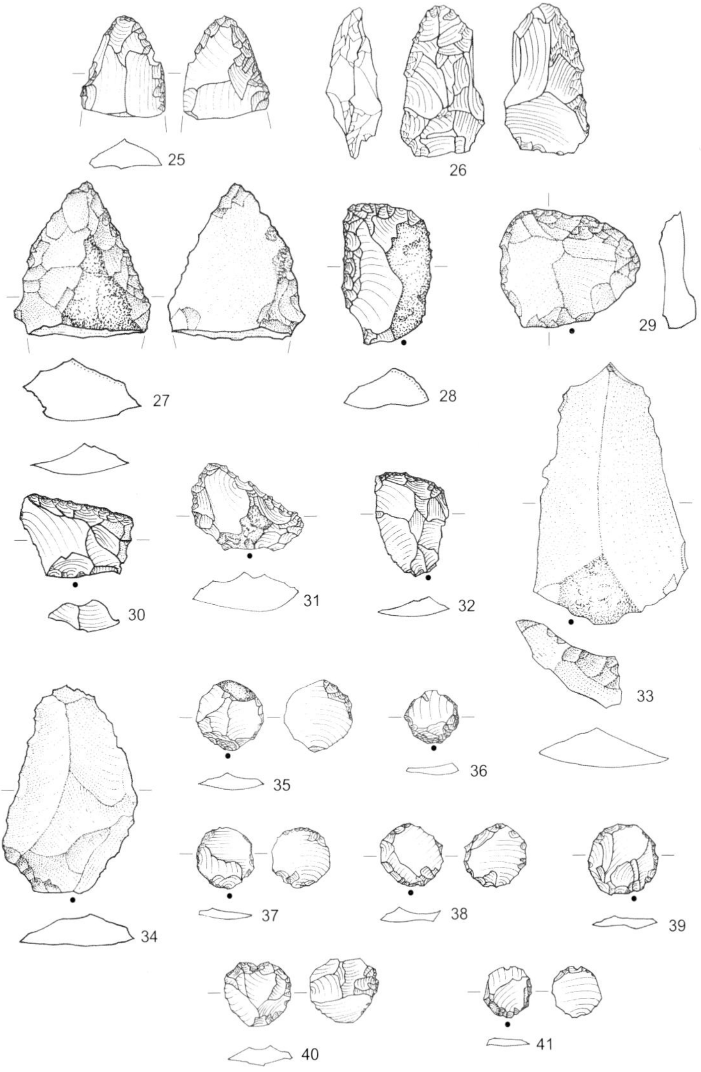

Artefakte des Micoquien aus dem Neandertal. Stück 21 ist acht Zentimeter lang.

tion vergangener Lebensbedingungen bei. Diese zwischen Medizin, Anthropologie und Archäologie angesiedelte Wissenschaft ist vergleichsweise jung. Daher gehören die Dünnschliffuntersuchungen am Skelett des namengebenden Neandertalerfundes von 1856 (Farbtafeln 14 und 15) zu den ersten derartigen Analysen an fossilen Menschen überhaupt.

Als wir an einem schwülen Augusttag 1998 im Arbeitszimmer von Michael Schultz saßen, legten wir ihm zunächst unsere „heißen Kandidaten" vor. Unsere Vermutungen zeigten eine recht gute Trefferquote, und bald lag eine ganze Zahl von Knochenresten vor uns, die sich sicher der Gattung *Homo* zuweisen ließen, darunter ein Halswirbel, ein Backenzahn, vier Bruchstücke eines rechten Oberarmknochens, ein Beckenfragment, ein Kreuzbeinrest, drei Teile eines rechten Schienbeins, zwei Gelenkfragmente sowie fünf Rippenbruchstücke. Insgesamt waren dies zwölf Reste von insgesamt sieben Knochen, daneben fünf Rippenfragmente sowie ein Zahn (Farbtafeln 23–25). So fuhren wir am Nachmittag mit der absoluten Gewissheit, im Neandertal Menschenknochen gefunden zu haben, ins Niederrheingebiet zurück. Bemerkenswerterweise befanden sich darunter auch Teile eines rechten Oberarmknochens, der beim Neandertaler von 1856 unbeschädigt ist. Es musste sich hier also um Reste eines *zweiten* Menschen handeln. Kaum zu fassen, aber wir hatten im Neandertal Teile eines weiteren menschlichen Skeletts entdeckt! Da dieser Knochen aus dem östlich gelegenen Sedimentkegel stammte, lag nun auch ein altsteinzeitlicher Menschenrest aus der Feldhofer Kirche vor. Zu welchem Individuum gehörten aber nun die anderen Menschenknochen aus unserer Grabung? Auch zu diesem zweiten Individuum, oder vielleicht sogar zu *dem* Neandertaler von 1856? Immerhin hatte Schultz den Halswirbel als „sehr robust" bezeichnet. Sofort stand damit die Frage nach dem Alter aller neu geborgenen Knochen im Raum. Stammten sie wirklich, wie wir hofften, aus der Zeit der Neandertaler oder doch zumindest aus dem sich anschließenden Jungpaläolithikum? Oder waren in der stets zugänglichen Feldhofer Kirche vielleicht in viel jüngeren Zeiten noch Menschen bestattet worden? Uns lagen zwar keinerlei Fundgegenstände aus dem Zeitraum zwischen dem Jungpaläolithikum und dem frühen 19. Jahrhundert vor, die eine Anwesenheit des Menschen in der Höhle belegt hätten, doch waren in anderen Höhlen der

Region immer wieder Menschenknochen aus jüngeren Epochen gefunden worden. Wir waren also gut beraten, nicht zu früh zu jubeln. Mit vermeintlichen Neandertalerknochen, die sich schließlich als mittelalterlich herausstellten, hätten wir uns nur der Lächerlichkeit preisgegeben. Daher beschlossen wir, zunächst „tiefzustapeln". Wir hatten zu dieser Zeit nur ein, für uns allerdings sehr gewichtiges, Argument für ein paläolithisches Alter der Menschenknochen: Der Erhaltungszustand der Knochenoberflächen entsprach – einschließlich der Dendriten – demjenigen der Knochen des Neandertalers von 1856 wie auch der eiszeitlichen Tierreste. Der nächste Schritt musste folgerichtig eine naturwissenschaftliche Datierung unserer Menschenreste sein.

Atome werden gezählt

Nachdem wir Mitte November 1998 mit Georges Bonani von der Eidgenössischen Technischen Hochschule (ETH) in Zürich telefonisch abgeklärt hatten, was eine ^{14}C-Datierung kosten würde, baten wir unsere Zentrale in Bonn, uns hierfür einen kleinen Etat zur Verfügung zu stellen. Wir wurden positiv überrascht: 15 Proben konnten wir untersuchen lassen, und für die entsprechenden Fahrten sollten wir Kilometergeld bekommen. Also vereinbarten wir schleunigst einen Termin und frischten inzwischen unser Wissen über die ^{14}C-Methode etwas auf.

Das radioaktive Kohlenstoffisotop ^{14}C wird in der oberen Atmosphäre durch die kosmische Strahlung produziert. (Der „normale" Kohlenstoff wird als ^{12}C bezeichnet.) In der Form von Kohlendioxid (CO_2) bleibt es für mehrere Jahre in der Atmosphäre. Permanente Produktion und Zerfall von ^{14}C-Isotopen führen im atmosphärischen CO_2 Reservoir zu einem Gleichgewicht zwischen stabilen (^{12}C) und radioaktiven (^{14}C) Kohlenstoffisotopen. Über die pflanzliche Verwertung des atmosphärischen Kohlendioxids wird der Kohlenstoff in die Nahrungsketten eingebracht und so in organischen Substanzen niedergelegt (fixiert). Das Verhältnis von ^{12}C zu ^{14}C ist somit in der Luft und in allen lebenden Organismen normalerweise etwa gleich groß. Dieser Wert wird ^{14}C-Anfangskonzentration genannt.

Nach dem Tod eines Organismus, der gleichbedeutend mit dem Ausscheiden aus dem globalen CO_2-Kreislauf ist, nimmt dieser kein ^{14}C mehr auf. Der Radiokohlenstoff besitzt eine Halbwertszeit von 5 730 Jahren, was bedeutet, dass nach dieser Zeitspanne die Hälfte der anfänglich vorhanden gewesenen ^{14}C-Atome zerfallen ist. Eine weitere Halbierung erfolgt jeweils im Verlauf von erneuten 5 730 Jahren. Durch die Messung des aktuellen $^{14}C/^{12}C$-Verhältnisses in einer Probe lässt sich also die Zeitspanne bestimmen, die seit dem Tod des Lebewesens verflossen ist.[236] Da jedoch die ^{14}C-Anfangskonzentration in Atmosphäre und Biosphäre nicht zu allen Zeiten identisch war, sind die ^{14}C-Zeitskala und der Sonnenkalender nicht deckungsgleich, so dass man im höheren Altersbereich einige tausend Jahre zu den ^{14}C-Daten hinzuzählen muss. Diesen Abgleich nennt man Kalibration.

Für uns stellte sich die Frage, ob unsere Knochenfunde überhaupt irgend etwas mit jenen höheren Altersbereichen zu tun hatten.

„Bisher ist alles wie auf Schienen gelaufen", meinte ich zum wiederholten Mal zu Inge und Ralf. Jetzt hatte sich auch noch bestätigt, dass wir teils recht robuste Menschenknochen gefunden hatten. Was würde nun folgen – wie alt waren die Knochen wohl?

An der schweizerischen Grenze wurden wir angehalten. Einer der Zöllner schaute recht kritisch in unser Auto. Ob wir etwas zu verzollen hätten und wo wir hin wollten, fragte er. Als Fahrer unseres Autos erklärte ich ihm, dass unser Ziel die ETH Zürich sei, und verkniff mir zum Glück noch gerade die Bemerkung, dass wir menschliche Knochen an Bord hatten, die dort untersucht werden sollten. Eine weise Entscheidung, wie sich noch herausstellen sollte. Nachdem wir bestätigt hatten, keine wissenschaftlichen Gerätschaften in die Schweiz einführen zu wollen, durften wir weiter fahren. Unser Termin in Zürich war für 13 Uhr anberaumt, da wir jedoch zügiger als erwartet vorangekommen waren, trafen wir eine Stunde zu früh ein. Wider Erwarten hatte Georges Bonani sofort Zeit für uns: Ein ursprünglich für diese Zeit angekündigter Kollege aus Paris war mit seinen Menschenresten am Zoll festgehalten worden und durfte nicht einreisen.

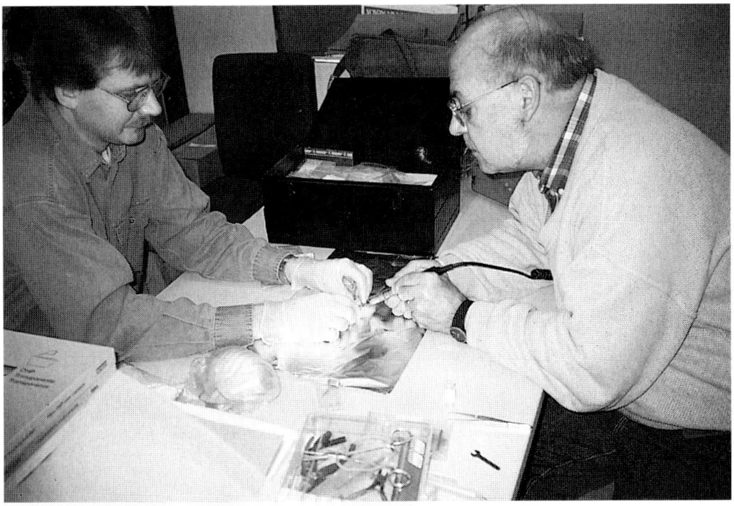

Georges Bonani bei der Probenentnahme am Schienbein.

Bonani besprach mit uns sehr ausführlich, welche Knochen am besten zur Datierung geeignet wären. Wir entschlossen uns schließlich, den Oberarmknochen und das Schienbein zu beproben. Während er das kleinste Fragment des Humerus vollständig bekam – es wog 0,83 Gramm –, wurden aus der Tibia (Schienbein) mit einem kleinen Kernbohrer acht Proben von je 2,7 Millimeter Durchmesser gezogen. Bonani zeigte uns anschließend seine faszinierende ^{14}C-Datierungs-Anlage, die gigantische Ausmaße hat. Es handelt sich um eine Beschleuniger- Massenspektrometer-Kombination, mit der Atome einzeln gezählt werden können. Für derartige Acceleraror-Mass-Spectrometry-(AMS-) Datierungen reichen deshalb Proben im Bereich von 200 bis 500 Milligramm aus, so dass nur wenig Originalsubstanz der besonders wertvollen menschlichen Fossilien benötigt wird. Wir waren zuversichtlich, bald mehr über das Alter unserer Menschenreste aussagen zu können, doch jetzt hieß es erst einmal abzuwarten.

(JT)

Schon drei Wochen später erfuhren wir telefonisch die Vorabdaten für Humerus und Tibia: Beide würden, so Bonani, wohl zwischen 35 000 und 40 000 Jahre BP (*before present*) liegen! Damit

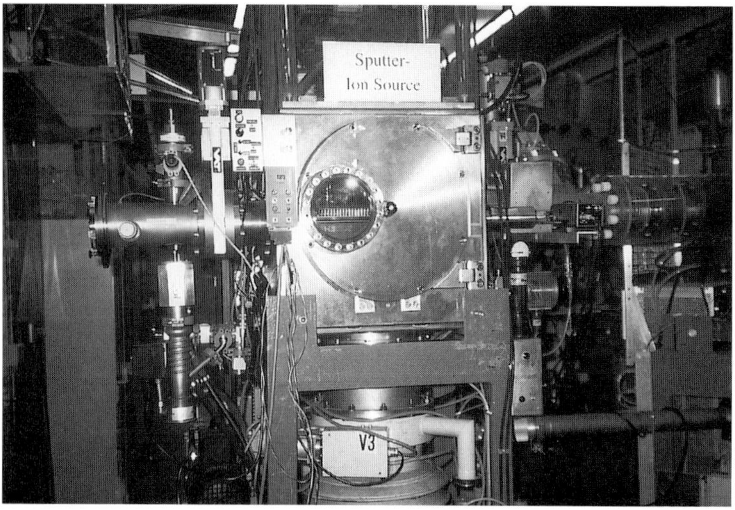

Teil der AMS-Anlage in Zürich.

schieden nicht nur alle jüngeren Kulturstufen aus, sondern es zeichnete sich auch ab, dass die untersuchten menschlichen Knochen sogar älter als unsere jungpaläolithischen Funde waren! Wir hofften nun inständig, dass die endgültigen Werte möglichst hoch ausfallen würden, um mehr argumentative Sicherheit zu haben. Erneut begann das Warten.

Eine weitere Woche verging, dann lagen die endgültigen Daten auf dem Tisch: Satte 39 000 und 40 000 Jahre BP für Oberarm beziehungsweise Schienbein gossen unsere kühnsten Träume in Zahlen. Die Abweichung des ^{14}C-Alters vom Sonnenjahralter beträgt bei 40 000 Jahren etwa 4 500 Jahre, so dass man diesen Wert addieren muss, um das tatsächliche Alter der Probe zu berechnen. Demzufolge sind unsere Menschenreste in Wirklichkeit nicht 39 000 bis 40 000 Jahre alt, sondern etwa 44 000 Jahre – sie stammen also tatsächlich aus der Zeit der Neandertaler! Wir konnten unser Glück kaum fassen.

Die Dramaturgie der Geschichte hatte sich weiter entwickelt. Wir hatten zwei Höhlenfüllungen mit paläolithischen Artefakten und Jagdbeuteresten gefunden – bisher für das Neandertal absolut einmalig. Dann zeigte sich, dass wir unter den geborgenen Knochen tatsächlich Menschenreste haben und dass unser rechter Humerus von einem zweiten Individuum stammt. Schließlich wurden zwei dieser menschlichen Knochen auf ein Alter von etwa 44 000 Jahren datiert. Jetzt gab es für uns nur noch einen Gedanken: Hatten wir tatsächlich Knochenfragmente von *dem* Neandertaler gefunden? Dazu mussten wir nun mit unseren Knochen aus dem Neandertal nach Bonn reisen, um zu versuchen, diese an die Neandertalerreste von 1856 anzupassen.

Die dritte 5%-Chance

Um diese vorläufig letzte Frage zu beantworten, war für den 21. Januar 1999 ein Termin in Bonn mit Kurator Joachim und dem Neandertaler anberaumt. Wir packten die Knochenfragmente „Mensch" sorgsam ein und fuhren nach Bonn. Die Wahrscheinlichkeit, ein Fragment unserer Grabung an den historischen Neandertaler anpassen zu können, war unserer Meinung nach nahezu Null. Doch wollten wir es wenigstens versucht haben. Nachdem wir im neubaubedingten Interimsquartier des Rheinischen Landesmuseums eingetroffen waren, holte man das kostbare Fossil aus dem Tresor. Wir zogen uns in einen ruhigen Raum zurück – Zuschauer hätten wir in diesem Augenblick nicht ertragen können. Der Arbeitstisch erhielt eine Abdeckung mit Alufolie, um die Menschenreste vor jeglicher Verunreinigung zu schützen. Es ist für uns in solchen Fällen auch selbstverständlich, nur mit Handschuhen zu arbeiten.

Nun konnte es losgehen. Die markantesten Bruchflächen, die wir zuallererst vergleichen wollten, waren die Enden der Rippen: Unter den 1856 geborgenen Knochen befinden sich lediglich fünf Rippenfragmente mit neun Bruchflächen. Unsere Rippenstücke von 1997 wiesen acht potenzielle Passstellen auf. Insgesamt mussten wir also 17 Bruchflächen miteinander vergleichen. Jeder von uns nahm sich alle in Frage kommenden Teile vor – ohne Erfolg. Nach etwa einer Stunde mussten wir es uns eingestehen: Hier passte offensichtlich nichts. Der erwartete „Normalfall" schien einzutreten. Trotzdem kam Enttäuschung auf.

Wenn auch ein wenig resigniert, wollten wir es mit den anderen Knochenstücken weiter versuchen. Während Ralf ein kleines

Gelenkstück aus unserer Grabung ergriff – „Nr. 13" stand auf dem Fundzettel –, nahm ich den linken Oberschenkelknochen des Neandertalers zur Hand. Ich sah sofort, dass am Kniegelenk außen ein kleines Stück abgeplatzt war. Sicherlich war dies 1856 durch den Hieb eines Steinbrucharbeiters geschehen. Ralf drehte das markstückgroße Gelenkstück von 1997 in der Hand, während ich ihm das untere Oberschenkelende des Neandertalers entgegenhielt – man konnte es ja mal probieren. Ralf versuchte es und – es passte. Ungläubig schauten wir uns an. Es passte wirklich!! Konnte das wahr sein? Das Stück rastete regelrecht in die Fehlstelle ein. Ich merkte, wie mir ein wenig schwindelig wurde, eine leichte Übelkeit überkam mich. Damit hatten wir nun wirklich nicht gerechnet, es allenfalls ganz entfernt gehofft. Und jetzt das – Ralf schaute mich fassungslos an. Auch er hatte weiche Knie. „Es passt!!!", schrie er schon fast, während seine Gesichtsfarbe ständig zwischen rot und blass hin und her wechselte. Uns wurde schlagartig klar, dass wir nun nachweislich geschafft hatten, was andere vor uns schon vergeblich versucht hatten – nämlich die Fundstelle zu finden. Und dieses kleine Knochenstück war der letzte noch ausstehende Beweis, dass wir auch tatsächlich die Originalhöhlensedimente von 1856 wiederentdeckt hatten!

Und soeben war es uns zum ersten Mal gelungen, ein fehlendes Stück des Originalfundes von 1856 zu ergänzen. Ein unbeschreibliches Gefühl – nach 143 Jahren wurde die Geschichte eines der berühmtesten Fossilien der Welt nun fortgeschrieben. Wir rannten hinaus auf den Flur, um eine professionelle Fotoausrüstung zu besorgen. Das musste dokumentiert werden. Bald kehrte Ralf mit einem Werkstattmitarbeiter samt Kamera zurück. Die sensationellen Fotos gingen nach einer Pressekonferenz durch die Medien und im Internet um die ganze Welt (Farbtafel 26). (JT)*

---

*An der Tatsache, dass wir selber keine Fotoausrüstung dabei hatten, sieht man, wie gering wir unsere Chance tatsächlich eingeschätzt hatten.

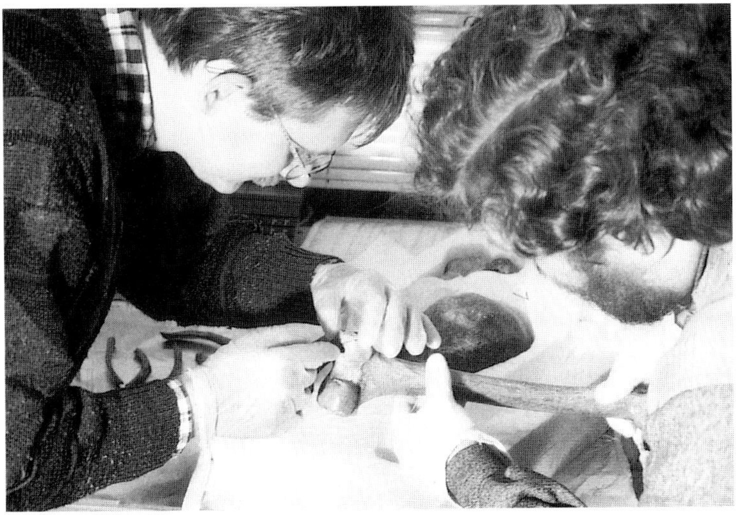

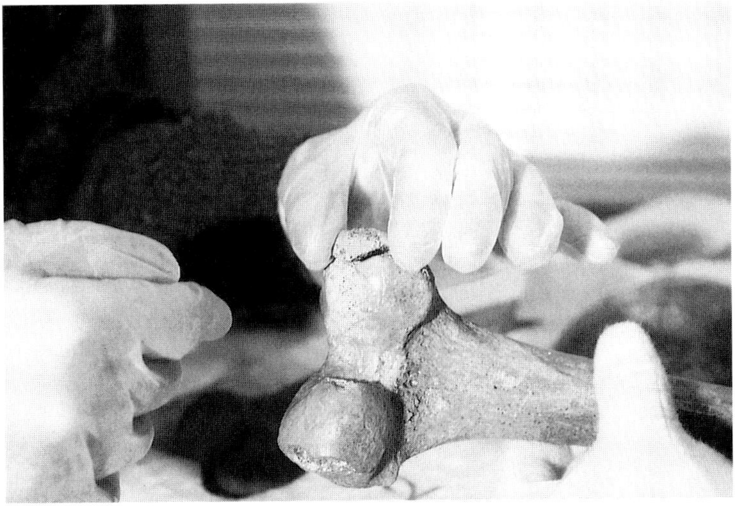

Epilog

Die Geschichte des Neandertalers von 1856 hat eine erstaunliche Fortsetzung gefunden – und sie ist damit keineswegs zu Ende. Sie wird weitergehen, denn noch birgt der Boden im Neandertal manches Geheimnis. Wir waren heute wieder einmal dort und haben die Kalkulation der kommenden Grabung besprochen. Es wird eine völlig andere Situation sein, im Jahr 2000 nochmals dort zu graben und dabei genau zu wissen, dass wir uns an der richtigen Stelle befinden. Wir können es kaum noch abwarten, wieder den Spaten anzusetzen.

Das zurückliegende Jahr ist wirklich sonnenreich und warm gewesen. Hoffentlich wird uns die kommende Geländesaison wieder ähnlich gutes Wetter bescheren. Doch vorerst scheint sich auch der Winter nicht verstecken zu wollen. Gestern, am 17. November 1999, fiel bereits der erste Schnee – für das meist atlantisch geprägte Klima im Rheinland ein ungewöhnlich früher Termin. Ja, und heute ist das letzte Manuskript fertig geworden.

Wir sind beide froh, nun endlich über die Distanz dieses Buches gekommen zu sein. Die Arbeit war beileibe nicht immer einfach! Erstaunlich, was in den letzten Jahren zur Erforschung des Neandertalers und der Fundstelle selbst alles geschehen ist. Es liegt die erste DNA-Sequenz eines Neandertalers vor, ausgerechnet vom namengebenden Fund, der einst Weltbilder zum Einsturz brachte. Ein großer Erfolg der Genetik und Grundlagenforschung, die uns wirklich weiter bringt. Und wir haben die Fundstelle im Neandertal wiederentdeckt. Dieser Ort der Forschungsgeschichte war längst jeglichem Zugriff entzogen. Das Buch schien zugeschlagen und versiegelt.

Doch uns war es beschieden, das Siegel aufzubrechen und das Buch erneut aufzuschlagen. Und – wir haben die darin enthaltene Botschaft noch entziffern können. Die Fundstelle ist jetzt wieder fassbar, sinnlich erlebbar. Dies hatte niemand mehr für möglich gehalten.

Ein Erlebnis anderer Art war es, beim Schreiben des Buches in die alten Zusammenhänge des 19. Jahrhunderts vorzudringen, förmlich in diese Zeit einzutauchen. Vieles wurde erst so verständlich. Wir haben die Entdeckungsgeschichte des Neandertalers – und auf authentische Weise auch die Anfänge der Urgeschichts- und Evolutionsforschung – nachvollzogen. Und wir durften sie schließlich sogar fortschreiben. Das 19. Jahrhundert, das für uns Urgeschichtler, die wir gewohnt sind, mit Hunderttausenden von Jahren umzugehen, bisher eher wie eine Fußnote der jüngsten Geschichte erschien, ist jetzt auf einmal ein Teil unserer Vergangenheit – als das Jahrhundert vom ersten wirklichen Wissen über die Anfänge der Menschheit.

Es ist 23 Uhr, wir genießen den besinnlichen Abend und haben gerade eine Flasche „St. Emilion Grand Cru 1997“ geöffnet, ein Bordeaux aus dem Jahr der Grabung. Es ist ein Wein aus jener Gegend in Frankreich, in der die Urgeschichtsforschung ihren Anfang nahm, wie uns beiden plötzlich klar wird. Wir stoßen auf eine erfolgreiche Zeit an, in der wir den Neandertaler ein zweites Mal entdecken durften. Wir sind uns der Bedeutung der Ereignisse durchaus bewusst, und dennoch erscheint uns dieser Moment als nicht so außergewöhnlich. Wir werden sicher erst viel später so richtig begreifen, was 1997 geschehen ist. Und wer weiß, welche Überraschungen bei der weiteren Auswertung unserer Grabungsfunde noch auf uns warten – etwa bei der Genanalyse unseres zweiten Urmenschen. Handelt es sich hier ebenfalls um einen Neandertaler, oder ist es der bis jetzt älteste moderne *Homo sapiens* Europas? Die Antwort steht noch aus.

Wir stehen am Übergang zu einem neuen Jahrtausend. Schon im Frühjahr des Jahres 2000 werden wir unsere Grabungen im Neandertal fortsetzen und weiter unseren Beitrag zur Erforschung des Eiszeitalters leisten. Wir werden darüber berichten – ganz bestimmt.

Anmerkungen

1 Tenbrock, Kluxen und Stier 1968: 42 ff.; Kant 1784; Quenstedt 1855; Darwin 1859
2 Schmitz 1996a
3 Schürmann 1994: 64 ff.; 1995: 36 ff.
4 Ackermann 1980
5 Schroyen 1998: 131
6 Schroyen 1998: 11 ff.
7 Schirmer 1877
8 Paffrath et al. 1998: 180 ff.
9 Schroyen 1998: 285
10 Bongard 1835
11 Tenbrock, Kluxen und Stier 1968: 128 ff.
12 Cuvier 1812
13 Eggers 1959: 56 f.
14 Eggers 1959: 57 ff.
15 *GEO Epoche* 1/1999: 152
16 *Spektrum der Wissenschaft. Biographie* 2/1999: 34 ff.
17 Reinfrank 1999: 65
18 *Spektrum der Wissenschaft. Biographie* 2/1999: 41
19 Harenberg 1994: 107
20 *Die Zeit* vom 19.08.1999
21 *Rheinische Post* vom 31.08.1999
22 Tenbrock, Kluxen und Stier 1968: 128 ff.
23 *GEO Epoche* 1/1999: 38
24 Eulner und Schürmann 1994: 68 ff.; Schürmann 1995: 40 ff.
25 Schürmann 1994; 1995
26 *GEO Epoche* 1/1999: 44
27 Fuhlrott 1859: 137
28 Eggers 1959: 60
29 Fuhlrott 1859: 139; Schaaffhausen 1888: 5
30 Schaaffhausen 1853
31 Zängl-Kumpf 1990: 277–285
32 Darwin 1859: 61 f.
33 Fuhlrott 1857; Schaaffhausen 1857
34 Fuhlrott 1859

35 Schaaffhausen 1858
36 Fuhlrott 1859: 153
37 Brief Fuhlrott an Schaaffhausen vom 4. August 1860, zit. nach Zängl-Kumpf 1990
38 Chambers 1844
39 Schaaffhausen 1853
40 Schmerling 1833/34
41 Busk 1864
42 Lyell 1863: 76–77; Zängl-Kumpf 1990: 188
43 Huxley 1863: 119–159; Lyell 1863: 75–92
44 King 1864: 96
45 Mayer 1857; Zängl-Kumpf 1990
46 Mayer 1864
47 Brief Pruner-Bey an Schaaffhausen vom 30.5.1863, zit. nach Zängl-Kumpf 1990
48 Virchow 1872
49 Schaaffhausen 1888: 27; Virchow 1901
50 Virchow 1870a: 366
51 Virchow 1870a: 364
52 Schaaffhausen 1888
53 Schmerling 1833/34
54 Fraipont und Lohest 1887; de Puydt und Lohest 1887
55 Busk 1864
56 Schwalbe 1901; Klaatsch 1901; Zängl-Kumpf 1990: 15–30
57 Virchow 1901
58 Adam 1984: 108
59 Haeckel und Schmidt 1924: 21
60 Haeckel 1864: 17
61 Adam 1984: 110
62 Haeckel 1868: 507
63 Virchow 1870b: 34
64 Dubois 1894
65 Bumüller 1914: 214
66 Walther 1953: 149
67 Virchow 1895: 54
68 Leakey und Lewin 1993: 65–67
69 Lewin 1988: 20
70 Schrenk 1997: 82 f.

71 Kraatz 1992
72 Bumüller 1914: 122
73 Bumüller 1914: 61 ff.
74 Bumüller 1914
75 Dart 1955: 320
76 Gieseler 1936: 46
77 Schrenk 1997: 63 ff.
78 Johanson und Edey 1982: 17
79 Shapiro 1976: 37–39
80 Schlosser 1903
81 Shapiro 1976; Schrenk 1997: 84–85
82 Stringer und Gamble 1993: 74–87; Henke und Rothe 1998: 246–248
83 Hublin et al. 1996
84 Coon 1962
85 Smith 1983
86 Allen 1877
87 Henke und Rothe 1998: 249–252
88 Gorjanović-Kramberger 1906
89 Boule 1911–1913
90 Vallois 1954; 1958
91 Henke und Rothe 1994: 436 ff.
92 Bräuer 1985; Stringer 1985; Henke 1988
93 Henke und Rothe 1994: 436
94 Tattersall 1995: 118
95 Henke und Rothe 1994: 441
96 Smith 1984
97 Cook et al. 1982; Blackwell und Schwarcz 1986; Schäfer 1991
98 Henke und Rothe 1994: 442
99 Elliot Smith 1924; Sergi 1958; Howell 1951; 1958; Trinkaus und Shipman 1993: 304, 395 f.
100 Smith 1976: 329 f.
101 Milankovitch 1941; Imbrie und Palmer-Imbrie 1981
102 Vespermann 1999: 68 f.; Caspers et al. 1999: 89–91
103 Vespermann 1999: 68 f.; Caspers et al. 1999: 89–91
104 de Lumley et al. 1969; Mellars 1996: 281–287
105 Farizy 1990

106 Bosinski 1993
107 Stringer und Gamble 1993: 156 f.
108 Thissen 1986; Thissen 1997; Thissen und Schmitz 1997; Schmitz und Thissen 1998b
109 Thissen und Tomalak 2000
110 Bosinski 1966
111 Thissen 1986; 1997
112 Conard 1992; Schmitz und Thissen 1998b; Thissen und Tomalak 2000
113 Bosinski 1967
114 Thieme und Veil 1985; Veil, Lass und Narr 1988
115 Veil, Lass und Narr 1988
116 Mania und Toepfer 1973: 119
117 Thieme 1997; 1999
118 Valoch 1988
119 Tromnau 1983
120 Wagner 1983: 58
121 Gaudzinski 1998; 1999a
122 Binford 1985; 1989
123 Movius 1950; Adam 1951
124 Thieme und Veil 1985; Veil, Lass und Narr 1988
125 Tattersall 1999: 151–153
126 Gaudzinski 1999b
127 Farizy et al. 1994
128 Bosinski 1985
129 Callow 1986
130 Tattersall 1999: 153 f.
131 Tattersall 1999: 157
132 Schaaffhausen 1888
133 Schmitz et al. 1999
134 Trinkaus und Shipman 1993: 248
135 Trinkaus und Shipman 1993: 439 f.; Trinkaus 1983; Gore 1996; Stringer und Gamble 1993
136 Peyrony 1934
137 Mania 1990
138 Marshack 1988; Martin 1907-1910; Wetzel und Bosinski 1969; Bednarik 1992
139 White 1989

140 Chase und Dibble 1992
141 Gonzáles Echegaray 1988
142 Mellars 1996: 369 f.
143 Marshack 1988
144 Poplin 1988
145 Leroi-Gourhan und Leroi-Gourhan 1964; Marshack 1988
146 Hublin et al. 1996; ApSimon 1980; Mercier et al. 1991
147 Bosinski 1985
148 Stringer und Gamble 1993: 53
149 Bouyssonie et al. 1908: 516
150 Bouyssonie et al. 1908: 516
151 Bosinski 1985: 46
152 Chase und Dibble 1987
153 Chase und Dibble 1987
154 Peyrony 1934
155 Solecki 1975; Leroi-Gourhan 1975
156 Solecki 1971
157 Bergounioux 1961; Sibeth 1990; Haberstein und Lamers 1963
158 Schmidt 1913; Orschiedt 1996a
159 Bosinski 1987: 102; Méroc 1948; Vallois 1961
160 Orschiedt 1997; Cook 1991
161 Blanc 1940
162 Berckhemer 1933; Weinert 1936; Gieseler 1974
163 White und Toth 1991; Giacobini und Piperno 1991
164 Stiner 1991
165 Czarnetzki 1983; Orschiedt 1996b
166 Gorjanović-Kramberger 1901; 1906
167 Smith 1976; Ullrich 1978; 1989; Le Mort 1981; Russell 1987a
168 Trinkaus 1985
169 Russell 1987b; Trinkaus 1985
170 Ullrich 1999
171 Defleur et al. 1993
172 Defleur et al. 1999
173 Eibl-Eibesfeldt 1997: 215
174 Vandermeersch 1976
175 Le Mort 1987; 1988: 48 f.

176 Le Mort 1989; Ullrich 1989
177 Bar Yosef et al. 1988; Bar Yosef und Vandermeersch 1991; Ronen 1990
178 Czarnetzki 1977
179 Schmitz und Pieper 1992; Schmitz et al. 1995; Schmitz 1996a; Schmitz et al. 1999
180 Tattersall 1995: 170 f.
181 Henke und Rothe 1998: 82
182 Arensburg et al. 1990
183 Arensburg et al. 1989
184 Tattersall 1997: 269 f.
185 Henke und Rothe 1998: 227; Tattersall 1997: 270; Stringer und Gamble 1993: 88–90
186 Wolpoff et al. 1994; Wolpoff und Caspari 1997
187 Stringer 1992; Stringer und Gamble 1993; Howell 1994; Bräuer 1992; Bräuer und Broeg 1998
188 Smith 1992; 1994
189 Henke und Rothe 1994: 504
190 Stringer und Andrews 1988; Wolpoff 1992
191 Watson und Crick 1953; Watson 1969
192 Krings 1998
193 Cann, Stoneking und Wilson 1987
194 Trinkaus und Shipman 1993: 499–501; Stringer und McKie 1996: 179–204
195 Higuchi et al. 1984
196 Pääbo 1993
197 Mullis et al. 1986; Mullis 1990
198 Pääbo 1993
199 Schmitz und Krainitzki 1998
200 Fuhlrott 1859: 135
201 Fuhlrott 1868: 63
202 Moore und Sullivan 1980: 28
203 Fuhlrott 1859: 136, 137
204 Schaaffhausen 1857; 1888
205 Krings et al. 1997
206 Lindahl 1997; Ward und Stringer 1997; Kahn und Gibbons 1997
207 Krings 1998; Krings et al. 1999

208 Bräuer et al. 1997
209 Hublin et al. 1995
210 Karavanić 1999; Pettitt und Trinkaus 1999
211 Schaaffhausen 1860; 1866a
212 Schaaffhausen 1866a: 48
213 Schaaffhausen 1872; 1877; Virchow 1870a
214 Fuhlrott 1868
215 Fuhlrott 1859: 137
216 Fuhlrott 1868
217 Rautert 1899; Schürmann 1988; 1995
218 Beckmann 1987: 99 f.
219 Rein 1926
220 Beckmann 1987: 103 ff.
221 von Koenigswald 1958
222 Bosinski 1985
223 Tinnes 1983; 1984; 1985 (unveröffentlichte Grabungsberichte)
224 Tinnes 1983: 5 (unveröffentlichter Grabungsbericht)
225 Rein 1928
226 Fuhlrott 1859: 136; Gerlach 1992; Schmitz 1992; 1996a
227 Thissen 1997; Schmitz 1996a
228 Gerlach et al. 1995; Schmitz und Thissen 1996; Janotta et al. 1997; Radtke und Janotta 1998
229 Schmitz 1994
230 Fuhlrott 1859: 134 f.
231 Fuhlrott 1859: 152
232 Fuhlrott 1859: 135
233 Schmitz und Thissen 1998a; 1999a, b; 2000a, b
234 Schmitz et. al. 1999
235 Schultz 1988a, b
236 Bonani et al. 1992; Geyh 1980

Literatur

Ackermann, H. 1980: Joachim Neander. Sein Leben – seine Lieder – sein Tal.– Düsseldorf.

Adam, K. D. 1951: Der Waldelefant von Lehringen, eine Jagdbeute des diluvialen Menschen. – Quartär 5: 79–92.

Adam, K. D. 1984: Der Mensch der Vorzeit. – Führer durch das Urmensch-Museum Steinheim an der Murr. – Stuttgart.

Allen, J. A. 1877: The influence of physical conditions in the genesis of a species. – Rad. Rev. 1: 108–140.

Andree, C. 1976: Rudolf Virchow als Prähistoriker. – Bd. 1: Virchow als Begründer der neueren deutschen Ur- und Frühgeschichtswissenschaft; Köln/Wien.

Andree, C. 1976: Rudolf Virchow als Prähistoriker. – Bd. 2: Briefe Virchows und seiner Zeitgenossen; Köln/Wien.

Andree, C. 1986: Rudolf Virchow als Prähistoriker. – Bd. 3: Register mit Kommentaren; Köln/Wien.

ApSimon, A. M. 1980: The last Neanderthal in France? – Nature 287: 271–272.

Arensburg, B., Tillier, A.-M., Vandermeersch, B., Duday, H., Schepartz, L. und Rak, Y. 1989: A Middle Paleolithic human hyoid bone. – Nature 338: 758–760.

Arensburg, B., Schepartz, L., Tillier, A.-M., Vandermeersch, B., Duday, H. und Rak, Y. 1990: A reappraisal of the anatomical basis for speech in Middle Palaeolithic hominids. – American Journal of Physical Anthropology 83: 137–146.

Bar Yosef, O., Laville, H., Meignen, L., Tillier, A. M., Vandermeersch, B., Arensburg, B., Belfer-Cohen, A., Goldberg, P., Rak, Y. und Tchernov, E. 1988: La sépulture néandertalienne de Kébara (unité XII). – In: Otte, M. (Hrsg.), L'Homme de Néandertal, Bd. 5, La pensée: 17–24; Liège.

Bar Yosef, O. und Vandermeersch, B. (Hrsg.) 1991: Le squelette moustérien de Kébara. – Cahiers de Paléoanthropologie. Edition du CNRS; Paris.

Beckmann, K. 1987: 1937–1987. 50 Jahre Neandertal-Museum. Ein Beitrag zur bewegten Geschichte des alten Neandertal-Museums. – In: Festschrift zum Neandertal-Fest vom 28.–31. Mai 1987: 99–115; Erkrath.

Bednarik, R. G. 1992: Palaeoart and archaeological myths. – Cambridge Archaeological Jounal 2: 27–57.

Beinhauer, K. W., Fiedler, L. und Wegner, D. 1992: Hornstein-Artefakte von der Fundstelle des *Homo erectus heidelbergensis* aus Mauer. – In: Beinhauer, K. W. und Wagner, G. A. (Hrsg.), Schichten von Mauer – 85 Jahre Homo erectus heidelbergensis: 46–73; Mannheim.

Berckhemer, F. 1933: Notiz über den Fund eines Urmenschenschädels in den Schottern von Steinheim a. d. Murr. – Palaeontologische Zeitschrift 15: 224.

Bergounioux, F. M. 1961: Notes on the Mentality of Primitive Man. – In: Washburn, S. L. (Hrsg.), Social Life of Early Man: 106–117; London.

Binford, L. R. 1985: Human ancestors: Changing views of their behavior. – Journal of Anthropological Archaeology 4: 292–327.

Binford, L. R. 1989: Isolating the transition to cultural adaptations: an organizational approach. – In: Trinkaus, E. (Hrsg.), The emergence of modern humans. Biocultural adaptations in the later Pleistocene: 18–41; Cambridge.

Blackwell, B. und Schwarcz, H. P. 1986: U-series analyses of the lower travertine at Ehringsdorf, DDR. – Quaternary Research 25: 215–222.

Blanc, A. C. 1940: The Fossil Man of Circeo's Mountain. – Natural History 45: 283.

Boenigk, W. 1990: Die pleistozänen Rheinterrassen und deren Bedeutung für die Gliederung des Eiszeitalters in Mitteleuropa. – In: Liedtke, H. (Hrsg.), Eiszeitforschung: 130–140; Darmstadt.

Bonani, G., Hofmann, H.-J. und Synal, H.-A. 1992: Zehn Jahre Beschleunigermassenspektrometrie in der Schweiz. – In: 10 Jahre Beschleunigermassenspektrometrie in der Schweiz. Symposium 1991. PSI Proceedings 92–04: 3–8; Villigen.

Bongard, J. H. 1835: Wanderung zur Neandershöhle. Eine topographische Skizze der Gegend von Erkrath an der Düssel. – Düsseldorf.

Bosinski, G. 1966: Der paläolithische Fundplatz Rheindahlen, Ziegelei Dreesen-Westwand. – Bonner Jahrbücher 166: 318–343.

Bosinski, G. 1967: Die mittelpaläolithischen Funde im westlichen Mitteleuropa. – Fundamenta A 4; Köln/Graz.

Bosinski, G. 1985: Der Neandertaler und seine Zeit. – Kunst und Altertum am Rhein 118; Köln.

Bosinski, G. 1987: Die große Zeit der Eiszeitjäger. Europa zwischen 40 000 und 10 000 v. Chr. – Jahrbuch des Römisch-Germanischen Zentralmuseums Mainz 34: 3–139.

Bosinski, G. 1993: Der Neandertaler und seine Zeit. – Archäologie im Ruhrgebiet 1: 25–48.

Boule, M. 1909: L'homme fossile de La Chapelle-aux-Saints (Corrèze). – L'Anthropologie 20: 257–271.

Boule, M. 1911–1913: L'homme fossile de La Chapelle-aux-Saints (Corrèze). – Annales de Paléontologie; Paris.

Bouyssonie, A., Bouyssonie, J., und Bardon, L. 1908: Découverte d'un squelette humain moustérien à la bouffia de La Chapelle-aux- Saints (Corrèze). – L'Anthropologie 19: 513–518.

Bräuer, G. 1985: Präsapiens-Hypothese und Afro-europäische Sapiens-Hypothese. – Zeitschrift für Morphologie und Anthropologie 75: 1–25.

Bräuer, G. 1989: The evolution of modern humans: a comparison of the African and non-African evidence. – In: Mellars, P. und Stringer, C. B. (Hrsg.), The Human Revolution. Behavioural and Biological Perspectives on the Origins of Modern Humans: 123–154; Edinburgh University Press.

Bräuer, G. 1992: Africa's place in the evolution of *Homo sapiens*. – In: Bräuer, G. und Smith, F. H. (Hrsg.), Continuity or Replacement. Controversies in *Homo sapiens* Evolution: 83–98; Rotterdam.

Bräuer, G., Yokoyama, Y., Falguères, C. und Mbua, E. 1997: Modern human origins backdated. – Nature 386: 337–338.

Bräuer, G. und Broeg, H. 1998: On the degree of Neandertal-Modern continuity in the earliest Upper Palaeolithic crania from the Czech Republic: Evidence from non-metrical features. – In: Omoto, K. und Tobias, P. V. (Hrsg.), The Origins and Past of Modern Humans – Towards Reconciliation: 106–125; Singapur.

Bürger, W. 1946: Johann Carl Fuhlrott, der Entdecker des Neandertalmenschen. – 2. durchgesehene Aufl.; Wuppertal-Elberfeld.

Bumüller, J. 1914: Die Urzeit des Menschen. – 3. Aufl.; Köln.

Busk, G. 1864: Pithecoid Priscan Man from Gibraltar. – The Reader, 23. 7. 1864; London.

Callow, P. 1986: The flint tools. – In: Callow, P. und Cornford, J. M. (Hrsg.), La Cotte de St. Brelade 1961–1978: excavations by C. B. M. McBurney: 251–314; Norwich.

Cann, R. L., Stoneking, M. und Wilson, A. C. 1987: Mitochondrial DNA and Human Evolution. – Nature 325: 31–36.

Caspers, G., Freund, H., Kleinmann, A. und Merkt, J. 1999: Das Klima im Quartär. – In: Boetzkes, M., Schweitzer, I. und Vespermann, J. (Hrsg.), EisZeit. Das grosse Abenteuer der Naturbeherrschung: 78–94; Hildesheim / Stuttgart.

Chambers, R. 1844: Vestiges of the Natural History of Creation. – London.

Chase, P. D. und Dibble, H. L. 1987: Middle Palaeolithic Symbolism: A review of current evidence and interpretations. – Journal of Anthropological Archaeology 6: 263–296.

Chase, P. D. und Dibble, H. L. 1992: Scientific archaeology and the origins of symbolism: a reply to Bednarik. – Cambridge Archaeological Journal 2: 43–51.

Conard, N. J. 1992: Tönchesberg and its position in the Paleolithic Prehistory of Northern Europe. – Monographien des RGZM 20; Bonn.

Continenza, B. 1999: Darwin. Ein Leben für die Evolutionstheorie. – Spektrum der Wissenschaft Biographie 2/99; Heidelberg.

Cook, J., 1991: Preliminary report on marked human bones from the 1986–1987 excavations at Gough's Cave, Somerset, England. In: Barton, N., Roberts, A. J. und Roe, D. A. (Hrsg.), The Late Glacial in North-West Europe: human adaptation and environmental change at the end of the Pleistocene. – CBA Research Report 77: 160–168; Oxford.

Cook, J., Stringer, C. B., Currant, A. P., Schwarcz, H. P. und Wintle, A. G. 1982: A review of the chronology of the European Middle Pleistocene hominid record. – Yearbook of Physical Anthropology 25: 19–65.

Coon, C. S. 1962: The Origin of Races. – London.

Cuvier, G. 1812: Recherches sur les ossements fossiles. – Paris.

Czarnetzki, A. 1977: Artefizielle Veränderungen an den Skelettresten aus dem Neandertal? – Festschrift 75 Jahre Anthropologische Staatssammlung München: 215–219; München.

Czarnetzki, A. 1983: Zur Entwicklung des Menschen in Südwestdeutschland. – In: Müller-Beck, H. (Hrsg.), Urgeschichte in Baden-Württemberg: 217–240; Stuttgart.

Dart, R. A. 1955: Cultural Status of the South African Man-Apes. – Annual Report of the Board of Regents of the Smithsonian Institution: 317–338; Washington.

Darwin, Ch. 1859: On the Origin of Species by Means of Natural Selection, or the Preservation of Favoured Races in the Struggle for Life. – London. Deutsche Ausgabe 1876: Über die Entstehung der Arten durch natürliche Zuchtwahl (6. Aufl.); Stuttgart.

Darwin, Ch. 1871: The Descent of Man, and Selection in Relation to Sex. – London. Deutsche Ausgabe 1875–1879: Die Abstammung des Menschen und die geschlechtliche Zuchtwahl. In: Darwin's Gesammelte Werke. Bd. 5/6; Stuttgart.

Defleur, A., Dutour, O., Valladas, H. und Vandermeersch, B. 1993: Cannibals among the Neanderthals? – Nature 362: 214.

Defleur, A., White, T., Valensi, P., Slimak, L. und Crégut-Bonnoure, E. 1999: Neanderthal Cannibalism at Moula-Guercy, Ardèche, France. – Science 286: 128–131.

Dubois, E. 1894: Pithecanthropus erectus. Eine menschliche Uebergangsform aus Java. – Batavia (Landesdruckerei).

Eggerath, H. 1996: Im Gesteins. Das ursprüngliche Neandertal in Bildern des 19. Jahrhunderts. – Bergische Forschungen Bd. 26; Köln.

Eggers, H. J. 1959: Einführung in die Vorgeschichte. – München.

Eibl-Eibesfeldt, I. 1997: Krieg und Frieden aus der Sicht der Verhaltensforschung. – München.

Elliot Smith, G. 1924: Essays on the Evolution of Man. – London.

Eulner, L. und Schürmann, M. 1994: „Steinbruchlandschaft Neandertal". – Niederbergische Geschichte. Bd. 1: 64–73; Erkrath.

Farizy, C. 1990: Du Moustérien au Châtelperronien à Arcy-sur-Cure: un état de la question. – In: Farizy, C. (Hrsg.), Paléolithique Moyen Récent et Paléolithique Supérieur Ancien en Europe: 281–290; Nemours.

Farizy, C., David, J. und Jaubert, J. 1994: Hommes et Bisons du Paléolithique Moyen à Mauran (Haute-Garonne). – Gallia-Préhistoire Supplément 30; Paris.

Fiedler, L. 1999: Repertoires und Gene. Der Wandel kultureller und biologischer Ausstattung des Menschen. – Germania 77: 1–37.

Fraipont, J. und Lohest, M. 1887: La race humaine de Néanderthal ou de Canstadt en Belgique. Recherches ethnographiques sur les ossements humains découverts dans les dépôts quaternaires d'une grotte à Spy et détermination de leur âge géologique. – Arch. Biol. 7: 587–757.

Fuhlrott, J. C. 1857: ‚Vortrag vom 2. Juni über den Fund von Menschenknochen im Neandertal'. – Verhandlungen des naturhistorischen Vereines der preussischen Rheinlande und Westphalens 14, Corr. Bl.: 50.

Fuhlrott, J. C. 1859: Menschliche Ueberreste aus einer Felsengrotte des Düsselthals. Ein Beitrag zur Frage über die Existenz fossiler Menschen. – Verhandlungen des naturhistorischen Vereines der preussischen Rheinlande und Westphalens 16: 131–153 + Taf. I.

Fuhlrott, J. C. 1865: Der fossile Mensch aus dem Neanderthal und sein Verhältniß zum Alter des Menschengeschlechts. – Duisburg.

Fuhlrott, J. C. 1868: Vortrag über die Kalksteinschichten in der unmittelbaren Umgebung der kleineren Feldhofer Grotte im Neanderthal, in welcher (Sommer 1856) fossile Reste eines menschlichen Skelets, der sog. *Homo Neanderthalensis*, aufgefunden wurden. – Verhandlungen des naturhistorischen Vereines der preussischen Rheinlande und Westphalens 25, Corr. Bl.: 62–70.

Gaudzinski, S. 1998: Vorbericht über die taphonomischen Arbeiten zu Knochengeräten und zum faunistischen Material der mittelpaläolithischen Freilandfundstelle Salzgitter-Lebenstedt. – Archäologisches Korrespondenzblatt 28: 323–337.

Gaudzinski, S. 1999a: Middle Palaeolithic bone tools from the open-air-site Salzgitter-Lebenstedt (Germany). – Journal of Archaeological Science 26: 125–141.

Gaudzinski, S. 1999b: Ein mittelpaläolithisches Rentierjägerlager bei Salzgitter-Lebenstedt. – In: Boetzkes, M., Schweitzer, I. und Vespermann, J. (Hrsg.), EisZeit. Das grosse Abenteuer der Naturbeherrschung: 165–176; Hildesheim / Stuttgart.

Geo Epoche 1/1999: Das Millennium. Bilanz eines Jahrtausends. Die größten Entdeckungen. Die wichtigsten Erfindungen. Die prägenden Ereignisse. – Hamburg.

Gerlach, R. 1992: Ein lückenhaftes Kapitel der jüngsten Erdgeschichte: das Lößprofil von Hochdahl. – In: Koschik, H. (Hrsg.), Archäologie im Rheinland 1991: 21–23.

Gerlach, R., Schmitz, R. W. und Thissen, J. 1995: Magdalénien-Fundplatz Oberkassel – Nach 80 Jahren eine unverhoffte Chance. – In: Koschik, H. (Hrsg.), Archäologie im Rheinland 1994: 17–19.

Geyh, M. A. 1980: Einführung in die Methoden der physikalischen und chemischen Altersbestimmung. – Darmstadt.

Giacobini, G. und Piperno, M. 1991: Taphonomic considerations on the Circeo 1 Neanderthal cranium, comparison of surface characteristics of the human cranium with faunal remains from the paleosurface. – In: Piperno, M. und Scichilone, G. (Hrsg.), The Circeo 1 Neanderthal Skull. Studies and Documentation: 457–486; Roma.

Gieseler, W. 1936: Abstammungs- und Rassenkunde des Menschen. – Teil 1; Oehringen.

Gieseler, W. 1974: Die Fossilgeschichte des Menschen. – Stuttgart.

Gonzáles Echegaray, J. 1988: Decorative patterns in the mousterian of cueva morin. – In: Otte, M. (Hrsg.), L'Homme de Néandertal, Bd. 5, La pensée: 37–42 ; Liège.
Gore, R. 1996: Neandertals. – National Geographic 189/1: 2–35.
Gorjanović-Kramberger, D. 1901: Der paläolithische Mensch und seine Zeitgenossen aus dem Diluvium von Krapina in Kroatien I. – Mittheilungen der Anthropologischen Gesellschaft in Wien 31: 164–197.
Gorjanović-Kramberger, D. 1906: Der diluviale Mensch von Krapina in Kroatien. – Wiesbaden.
Grote, K. und Preul, F. 1978: Der mittelpaläolithische Lagerplatz in Salzgitter-Lebenstedt. Vorbericht über die Grabung und die geologische Untersuchung 1977. – Nachrichten aus Niedersachsens Urgeschichte 47: 77–106.
Grün, R. und Stringer, C. B. 1991: Electron spin resonance dating and the evolution of modern humans. – Archaeometry 33/2: 153–199.
Haberstein, R. W. und Lamers, W. M. 1963: Funeral Customs the World Over. – Milwaukee.
Haeckel, E. 1864: Ueber die Entwickelungstheorie Darwins. – Bericht über die 38. Versammlung deutscher Naturforscher und Ärzte in Stettin: 17–30.
Haeckel, E. 1868: Natürliche Schöpfungsgeschichte. Gemeinverständliche wissenschaftliche Vorträge über die Entwickelungslehre im Allgemeinen und diejenige von Darwin, Goethe und Lamarck im Besonderen, über die Anwendung derselben auf den Ursprung des Menschen und andere damit zusammenhängende Grundfragen der Wissenschaft. – Berlin.
Haeckel, E. und Schmidt, H. 1924: Biographie und Geleitwort. – In: Schmidt, H. (Hrsg.), Ernst Haeckel. Gemeinverständliche Werke: VII-XXXII; Leipzig / Berlin.
Harenberg, B. (Hrsg.) 1994: Die Bilanz des 20. Jahrhunderts. – Dortmund.
Henke, W. 1988: Die Menschen der letzten Eiszeit – Zur Frage der Differenzierung der endpleistozänen Hominiden Europas. – Anthropologischer Anzeiger 46: 289–316.
Henke, W. und Rothe, H. 1994: Paläoanthropologie. Eine Einführung in die Stammesgeschichte des Menschen. – Berlin/Heidelberg/New York.
Henke, W. und Rothe, H. 1998: Stammesgeschichte des Menschen. Eine Einführung. – Berlin/Heidelberg/New York.
Higuchi, R., Bowman, B., Freiberger, M., Ryder, O. A. und Wilson, A. C. 1984: DNA Sequences from the Quagga, an extinct member of the horse family. – Nature 312: 282–284.
Höss, M. und Pääbo, S. 1993: DNA extraction from Pleistocene bones by a silica-based purification method. – Nucleic Acids Research 21/16: 3913–3914.
Howell, F. C. 1951: The place of Neanderthal Man in human evolution. – American Journal of Physical Anthropology 9: 379–416.
Howell, F. C. 1958: Upper Pleistocene man of the south-western Asian Mousterian. – In: Koenigswald G. H. R. von (Hrsg.), Hundert Jahre Neandertaler. – Beihefte der Bonner Jahrbücher 7: 185–198; Köln/Graz.

Howell, F. C. 1994: A Chronostratigraphic and Taxonomic Framework of the Origins of Modern humans. – In: Nitecki, M. H. und Nitecki, D. V. (Hrsg.), Origins of Anatomically Modern Humans: 253–319; New York.

Hublin, J.- J., Barroso Ruiz, C., Medina Lara, P., Fontugne, M. und Reyss, J.- L. 1995: The Mousterian site of Zafarraya (Andalucia, Spain): dating and implications on the palaeolithic peopling processes of Western Europe. – C. R. Acad. Sc. Paris 321 IIa: 931–937.

Hublin, J.- J., Spoor, F., Braun, M., Zonneveld, F. und Condemi, S. 1996: A late Neanderthal associated with Upper Palaeolithic artefacts. – Nature 381: 224–226; London.

Huxley, T. H. 1863: Evidence as to Man's Place in Nature. – London.

Imbrie, J. und Palmer-Imbrie, K. 1981: Die Eiszeiten. – Düsseldorf.

Jacob-Friesen, K.-H. 1959: Einführung in Niedersachsens Urgeschichte I: Steinzeit. – Hildesheim.

Janotta, A., Radtke, U., Czwielung, K. und Heidger, M. 1997: Luminescence-Dating (IRSL/TL) of Lateglacial and Holocene Dune Sands and Sandy Loesses near Bonn, Gifhorn and Diepholz (Germany). – Quaternary Science Reviews (Quaternary Geochronology) 16: 349–355.

Jelinek, J. 1976: Das große Bilderlexikon des Menschen in der Vorzeit. – Gütersloh.

Joachim, H.- E. 1978: Vor 175 Jahren geboren. Fuhlrott, der „Entdecker" des Neandertalers, geb. 31.12.1803. – Das Rheinische Landesmuseum Bonn 6/78: 81–82.

Johanson, D. und Edey, M. 1982: Lucy. Die Anfänge der Menschheit. – München/Zürich.

Kahlke, H. D. 1981: Das Eiszeitalter. – Köln.

Kahn, P. und Gibbons, A. 1997: DNA from an extinct human. – Science 277: 176–178.

Kahrs, E. 1928: Das Diluvium des Emscher-Gebietes und seine paläolithischen Kulturreste. – Tagungsbericht der Deutschen Anthropologischen Gesellschaft. Bericht über die 49. Versammlung in Köln: 61–68; Leipzig.

Kahrs, E. 1942: Vom Naturschutzgebiet Neandertal. – Die Natur am Niederrhein 18/1: 1–11 und 18/2: 31–40.

Kaiser, G. 1992: Neanderthal. Eine kulturelle Herausforderung. – Düsseldorf.

Kant, I. 1784: Beantwortung der Frage: Was ist Aufklärung? – Berlinische Monatsschrift. December 1784.

Karavanić, I. 1999: Olschewian and appearance of bone technology in Croatia and Slovenia. – In: Central and Eastern Europe from 50 000 - 30 000 B. P. International Workshop in the Neanderthal-Museum, March 18–21, 1999, Abstracts: 41–42; Mettmann.

King, W. 1864: The reputed fossil man of the Neanderthal. – The Quarterly Journal of Science, Bd. 1: 88–97, 2 Taf.; London.

Klaatsch, H. 1901: ‚Erwiderung auf einen Vortrag Virchows'. – Correspondenzblatt der Deutschen Gesellschaft für Anthropologie, Ethnologie und Urgeschichte 32/10: 89–91.

Klaatsch, H. 1901: Das Gliedmaßenskelett des Neandertalmenschen. – Anatomischer Anzeiger 19 (Ergänzungsheft der Verhandlungen der Anatomischen Gesellschaft 15): 121–154.

Klostermann, J. 1985: Versuch einer Neugliederung des späten Elster- und des Saale-Glazials der Niederrheinischen Bucht. – Geologisches Jahrbuch A 83: 3–42.

Klostermann, J. 1992: Das Quartär der Niederrheinischen Bucht. – Krefeld.

Klostermann, J. und Thissen, J. 1995: Die stratigraphische Stellung des Lößprofiles von Mönchengladbach-Rheindahlen (Niederrhein). – Eiszeitalter und Gegenwart 45: 42–58.

Koenigswald, G. H. R. von (Hrsg.) 1958: Hundert Jahre Neandertaler. – Beihefte der Bonner Jahrbücher 7; Köln/Graz.

Koenigswald, W. von und Heinrich, W.-D. 1996: Kurze Charakterisierung der Veränderungen in der Säugetierfauna des Jungquartärs in Mitteleuropa. – In: Campen, I., Hahn, J., und Uerpmann, M. (Hrsg.), Spuren der Jagd – Die Jagd nach Spuren. Festschrift für Hansjürgen Müller-Beck: 437–448; Tübingen.

Koschik, H. 1995: Bodendenkmalpflege im Rheinland 1990–1994. – In: Horn, H. G., Hellenkemper, H., Koschik, H. und Trier, B. (Hrsg.), Ein Land macht Geschichte. Archäologie in Nordrhein-Westfalen: 49–66; Köln/Mainz.

Kraatz, R. 1992: Der Mensch von Mauer – *Homo erectus heidelbergensis.* – In: Beinhauer, K. W. und Wagner, G. A. (Hrsg.), Schichten von Mauer – 85 Jahre Homo erectus heidelbergensis: 22–35; Mannheim.

Krings, M. 1998: Neandertaler DNA-Sequenzen und der Ursprung des modernen Menschen. – München.

Krings, M., Stone, A., Schmitz, R. W., Krainitzki, H., Stoneking, M. und Pääbo, S. 1997: Neandertal DNA Sequences and the Origin of Modern Humans. – Cell 90: 19–30.

Krings, M., Geisert, H., Schmitz, R. W., Krainitzki, H. und Pääbo, S. 1999: DNA sequence of the mitochondrial hypervariable region II from the Neandertal type specimen. – Proceedings of the National Academy of Sciences, U.S.A., 96: 5581–5585.

Kuckenburg, M. 1997: Lag Eden im Neandertal? Auf der Suche nach dem frühen Menschen. – Düsseldorf/München.

Leakey, R. E. 1981: Die Suche nach dem Menschen. Wie wir wurden, was wir sind. – Frankfurt am Main.

Leakey, R. E. und Lewin, R. 1993: Der Ursprung des Menschen. – Frankfurt am Main.

Le Mort, F. 1981: Dégradations artificielles sur des os humains du Paléolithique. – Thèse de 3ème cycle, Université Pierre et Marie Curie; Paris.

Le Mort, F. 1987: Incisions volontaires sur un arrière-crâne de Néandertalien de Marillac (Charente). – In: Préhistoire de Poitou-Charentes. Problèmes actuels. Actes du 111ème Congrès National des Sociétés Savantes, Poitiers, 1986: 151–156.

Le Mort, F. 1988: Le décharnement du cadavre chez les néandertaliens: quelques exemples. – In: Otte, M. (Hrsg.), L'Homme de Néandertal, Bd. 5, La pensée: 43–55; Liège.

Le Mort, F. 1989: Traces de décharnement sur les ossements néandertaliens de Combe-Grenal. – Bull. Soc. Préhist. Fr. 86: 79–87.

Leroi-Gourhan, Arl. und Leroi-Gourhan, A. 1964: Chronologie des grottes d'Arcy-sur-Cure. – Gallia Préhistoire 7: 1–64.

Leroi-Gourhan, Arl. 1975: The flowers found with Shanidar IV. – Science 190: 562–564.

Lewin, R. 1992: Spuren der Menschwerdung. Die Evolution des Homo sapiens. – Heidelberg/Berlin/New York.

Lindahl, T. 1997: Facts and Artifacts of Ancient DNA. – Cell 90: 1–3.

Lumley, H. de (Hrsg.) 1969: Une Cabane Acheuléenne dans la Grotte du Lazaret (Nice). – Mémoires de la Société Préhistorique Française 7.

Lyell, Ch. 1863: The Geological Evidences of the Antiquity of Man with Remarks on Theories of the Origin of Species by Variation. – London.

Mania, D. 1990: Auf den Spuren des Urmenschen. Die Funde von Bilzingsleben. – Stuttgart.

Mania, D. und Toepfer, V. 1973: Königsaue. Gliederung, Ökologie und mittelpaläolithische Funde der letzten Eiszeit. – Veröffentlichungen des Landesmuseums für Vorgeschichte in Halle Bd. 26; Berlin.

Marshack, A. 1988: The Neanderthals and the human capacity for symbolic thought: cognitive and problem-solving aspects of mousterian symbol. – In: Otte, M. (Hrsg.), L'Homme de Néandertal, Bd. 5, La pensée: 57–91; Liège.

Martin, H. 1907–1910: Recherches sur l'évolution du Moustérien dans le gisement de la Quina (Charente). Industrie osseuse. – Bd. 1; Paris.

Mayer, F. J. C. 1857: Dendritische Krystallisationen auf fossilen Knochen. – Verhandlungen des naturhistorischen Vereines der preussischen Rheinlande und Westphalens 14, SB: LXII ff.

Mayer, F. J. C. 1864: Ueber die fossilen Ueberreste eines menschlichen Schädels und Skeletes in einer Felsenhöhle des Düssel- oder Neander-Thales. – Archiv für Anatomie, Physiologie und wissenschaftliche Medicin 1: 1–26.

Mellars, P. 1996: The Neanderthal legacy. An archaeological perspective from western Europe. – Princeton, New Jersey.

Mercier, N., Valladas, H., Joron, J.- L., Reyss, J.- L., Lévêque, F. und Vandermeersch, B. 1991: Thermoluminescence dating of the late Neanderthal remains from Saint-Césaire. – Nature 351: 737–739.

Méroc, L. 1948: Grotte du Mas d'Azil, commune du Mas d'Azil (Ariège). – In: Circonscription, Ariège. Gallia 6: 408–409.

Milankovitch, M. 1941: Kanon der Erdbestrahlung und seine Anwendung auf das Eiszeitenproblem. – Belgrad.

Moore, G. W. und Sullivan, G. N. 1980: Speleology. The study of caves. – (2. Aufl.); Teaneck, N. Y.

Movius, H. L. 1950: A wooden spear of third interglacial age from lower Saxony. – Southwestern Journal of Anthropology 6: 139–142.
Mullis, K. B. 1990: Eine Nachtfahrt und die Polymerase-Kettenreaktion. – Spektrum der Wissenschaft 6/90: 60–67.
Mullis, K. B., Faloona, F., Scharf, S., Saiki, R., Horn, G. und Erlich, H. 1986: Specific enzymatic amplification of DNA in vitro. – Cold Spring Harbor Symp. Quant. Biol. 51: 263–273.
Murawski, H. 1992: Geologisches Wörterbuch. – 9. überarb. Aufl.; Stuttgart.
Orschiedt, J. 1996a: Manipulationen an menschlichen Skelettresten aus dem Jungpaläolithikum, Mesolithikum und Neolithikum. – Dissertation, Tübingen.
Orschiedt, J. 1996b: Zur Frage der Manipulationen am Schädel des '*Homo steinheimensis*'. – In: Campen, I., Hahn, J., und Uerpmann, M. (Hrsg.), Spuren der Jagd – Die Jagd nach Spuren. Festschrift für Hansjürgen Müller-Beck: 467–472; Tübingen.
Orschiedt, J. 1997: Der Nachweis einer Sekundärbestattung aus dem Magdalénien der Brillenhöhle, Alb-Donau-Kreis (Baden-Württemberg). – Archäologisches Korrespondenzblatt 27: 193–206.
Pääbo, S. 1989: Ancient DNA: extraction, characterization, molecular cloning and enzymatic amplification. – Proceedings of the National Academy of Sciences, U.S.A., 86: 1939–1943.
Pääbo, S. 1993: Ancient DNA. – Scientific American 11/93: 60–66.
Paffrath, H., Sitt, M., Baumgärtel, B., Roth, C., Schroyen, S., Weiß, S. und Valentin, I. 1998: Lexikon der Düsseldorfer Malerschule (1819–1918), Bd. 3, Nabert – Zwecker. – Kunstmuseum Düsseldorf im Ehrenhof und Galerie Paffrath, Düsseldorf (Hrsg.); München.
Penck, A., und Brückner, E. 1909: Die Alpen im Eiszeitalter. – Leipzig.
Pettitt, P. und Trinkaus, E. 1999: The chronology of late Neanderthals and early Modern Humans in Central and Eastern Europe: direct AMS radiocarbon dating of human remains and of late Middle and Early Upper Paleolithic sites. – In: Central and Eastern Europe from 50 000 – 30 000 B. P. International Workshop in the Neanderthal-Museum, March 18–21, 1999, Abstracts: 11–12; Mettmann.
Peyrony, D. 1934: La Ferrassie. – Préhistoire 3: 1–92.
Poplin, F. 1988: Aux origines néandertaliennes de l'art. Matière, forme, symétries. Contribution d´une galène et d'un oursin fossile taille de Merry-sur Yonne (France). – In: Otte, M. (Hrsg.), L'Homme de Néandertal, Bd. 5, La pensée: 109–116 ; Liège.
Puydt, M. de und Lohest, M. 1887: L'homme contemporain du Mammouth à Spy, province de Namur, Belgique. – Annales de la Fédération Archéologique et Historique de Belgique 2: 207–240; Namur.
Quenstedt F. A. 1855: Sonst und Jetzt. Populäre Vorträge über Geologie. – Tübingen.
Radtke, U. und Janotta, A. 1998: Lumineszenzdatierung (OSL, TL) des Sandlößprofils „Bonn-Oberkassel". – Unter Mitarbeit von Schmitz, R. W., This-

sen, J. und Gerlach, R. In: Radtke, U. (Hrsg.), Lumineszenzdatierung äolischer Sedimente. Beiträge zur Genese und Altersstellung jungquartärer Dünen und Lösse in Deutschland: 79–85; Köln.
Rautert, O. 1899: Über Funde aus dem Neanderthal. – Verhandlungen der Gesellschaft Deutscher Naturfreunde und Ärzte, 2. Teil, 1. Hälfte, Naturwissenschaftliche Abteilung: 188–190; Leipzig.
Rein, R. 1926: 70 Jahre Neandertalmensch. Zur Einweihung der Fuhlrott-Gedenktafel im Neandertal am 24. September anläßlich der Naturforscher- und Ärztetagung. – Düsseldorf.
Rein, R. 1928: Neue Funde im Neandertal. – In: Hauser, O. (Hrsg.), Neue Dokumente zur Menschheitsgeschichte Bd. 1: 63–70; Weimar.
Rein, R. 1934: Rheinische Urgeschichte. Eiszeit und Eiszeitmenschen am Rhein. – Köln.
Reinfrank, A. 1999: Darwins Haus. – Die Zeit Nr. 18: 65.
Ronen, A. 1990: Neandertaler und früher Homo sapiens im Nahen Osten. – Jahrbuch des Römisch-Germanischen Zentralmuseums Mainz 37: 3–17.
Russell, M. D. 1987a: Mortuary Practices at the Krapina Neandertal site. – American Journal of Physical Anthropology 72: 381–397.
Russell, M. D. 1987b: Bone Breakage in the Krapina Hominid Collection. – American Journal of Physical Anthropology 72: 373–379.
Schaaffhausen, H. 1853: Ueber Beständigkeit und Umwandlung der Arten. – Verhandlungen des naturhistorischen Vereines der preussischen Rheinlande und Westphalens 10: 420–451.
Schaaffhausen, H. 1857: ‚Vortrag vom 2. Juni zu den Menschenknochen aus dem Neandertal'. – Verhandlungen des naturhistorischen Vereines der preussischen Rheinlande und Westphalens 14, Corr. Bl.: 50–52.
Schaaffhausen, H. 1858: Zur Kenntniß der ältesten Rassenschädel. – Müllers Archiv 5: 453–478.
Schaaffhausen, H. 1860: ‚Vortrag über „...die Auffindung von Kieselgeräthen in den Gruben von Abbeville und von St. Acheul bei Amiens...". – Verhandlungen des naturhistorischen Vereines der preussischen Rheinlande und Westphalens 17, Sitz. Ber.: 34–35.
Schaaffhausen, H. 1866a: ‚Vortrag über europäische Funde von Steinartefakten sowie menschlichen und tierischen Skelettresten'. – Verhandlungen des naturhistorischen Vereines der preussischen Rheinlande und Westphalens 23: 46–58.
Schaaffhausen, H. 1866b: ‚Vortrag über „...zahlreiche fossile Knochen und Zähne aus dem Lehmlager einer Grotte, der so genannten Teufelskammer im Neanderthale..." '. – Verhandlungen des naturhistorischen Vereines der preussischen Rheinlande und Westphalens 23, Sitz. Ber.: 14–15.
Schaaffhausen, H. 1872: Ältere Funde aus der Balver Höhle. – Correspondenzblatt der Deutschen Anthropologischen Gesellschaft 6: 49.
Schaaffhausen, H. 1877: ‚Vortrag über prähistorische Funde aus Rheinland und Westfalen'. – Archiv für Anthropologie 11: 136–139.
Schaaffhausen, H. 1888: Der Neanderthaler Fund. – Bonn.

Schäfer, D. 1991: Weimar-Ehringsdorf: Diskussionsstand zur geologischen und archäologischen Einordnung sowie aktuelle Aufschlußsituation. – Quartär 41/42: 19–43.

Schirmer, J. W. 1877: Jugenderinnerungen. – Deutsche Rundschau, Juli 1877.

Schlosser, M. 1903: Die fossilen Säugetiere Chinas. – München.

Schmerling, P. C. 1833/34: Recherches sur les ossements fossiles découvertes dans les cavernes de la province de Liège. – Liège.

Schmidt, R. R. 1913: Die altsteinzeitlichen Schädelgräber der Ofnet und der Bestattungsritus der Diluvialzeit. – Stuttgart.

Schmitz, R. W. 1992: Untersuchungen in der Nachbarschaft des Neandertalers – das Lößprofil von Hochdahl. – In: Koschik, H. (Hrsg.), Archäologie im Rheinland 1991: 19–20.

Schmitz, R. W. 1994: Die Fundstelle des Neandertalers von 1856. Das erste Bild der „Kleinen Feldhofer Grotte“ im Neandertal? – Das Rheinische Landesmuseum Bonn 2/94: 33–37.

Schmitz, R. W. 1995: Ratingen.- In: Bosinski, G., Street, M. und Baales, M. (Hrsg.), The Palaeolithic and Mesolithic of the Rhineland. – Quaternary field trips in Central Europe 15, Bd. 2, 14. internationaler INQUA-Kongress Berlin 1995: 978–980; München.

Schmitz, R. W. 1996a: Das Alt- und Mittelpaläolithikum des Neandertals und benachbarter Gebiete. – Köln.

Schmitz, R. W. 1996b: Der Neandertaler aus Neanders Tal. Wie ein reformierter Prediger einem vorsintflutlichen Menschen seinen Namen gab. – Das Rheinische Landesmuseum Bonn 2/96: 25–31.

Schmitz, R. W. 1997: Neandertal (Feldhofer Grotte). – In: Spencer, F. (Hrsg.), History of Physical Anthropology: an encyclopedia. Bd. 2: 710–711; New York.

Schmitz, R. W. und Pieper, P. 1992: Schnittspuren und Kratzer. Anthropogene Veränderungen am Skelett des Urmenschenfundes aus dem Neandertal – vorläufige Befundaufnahme. – Das Rheinische Landesmuseum Bonn 2/92: 17–19.

Schmitz, R. W., Pieper, P., Bonte, W. und Krainitzki, H. 1995: New investigations of the *Homo sapiens neanderthalensis*, found in 1856. – In: Jacob, B. und Bonte, W. (Hrsg.), Advances in Forensic Sciences, Bd. 7: Forensic Odontology und Anthropology. – Proceedings of the 13th Meeting of the International Association of Forensic Sciences, Düsseldorf, August 22nd to 28th, 1993: 42–44; Berlin.

Schmitz, R. W. und Thissen, J. 1996: Aktuelle Untersuchungen zum endpleistozän/frühholozänen Fundplatz Bonn-Oberkassel – ein Vorbericht. – Archäologische Informationen 1 und 2/96: 197–203.

Schmitz, R. W. und Krainitzki, H. 1998: Die phylogenetische Stellung der Neandertaler im Licht erster DNA-Analysen. – Eiszeitalter und Gegenwart 48: 170–176.

Schmitz, R. W. und Thissen, J. 1998a: Archäologie im Neandertal – nicht nur auf den Spuren des Neandertalers. – In: Koschik, H. (Hrsg.), Archäologie im Rheinland 1997: 20–21.

Schmitz, R. W. und Thissen, J. 1998b: Vorbericht über die Grabungen 1995–1997 in der mittelpaläolithischen B1-Fundschicht der Ziegeleigrube Dreesen in Rheindahlen. – Archäologisches Korrespondenzblatt 28: 483–498.

Schmitz, R. W., Bonte, W., Krainitzki, H., Pieper, P. und Schultz, M. 1999: Interdisziplinäre Forschung am namengebenden Fund. – Archäologie in Deutschland 2/99: 6–10.

Schmitz, R. W. und Thissen, J. 1999a: New human remains and the first archaeological finds from the rediscovered site of the Neandertal-type specimen. – In: Central and Eastern Europe from 50 000 – 30 000 B. P. International Workshop in the Neanderthal-Museum, March 18–21, 1999, Abstracts: 58–59; Mettmann.

Schmitz, R. W. und Thissen, J. 1999b: Johann Carl Fuhlrotts Arbeiten im Neandertal fortgesetzt. – In: Koschik, H. (Hrsg.), Archäologie im Rheinland 1998: 30–31.

Schmitz, R. W. und Thissen, J. 2000a: New human remains and the first archaeological finds from the rediscovered site of the Neandertal-type specimen. A preliminary report. – In: Central and Eastern Europe from 50 000 – 30 000 B. P. International Workshop in the Neanderthal-Museum 1999 (in press); Mettmann.

Schmitz, R. W. und Thissen, J. 2000b: Aktuelle Forschungen am namengebenden Neandertaler und die Wiederentdeckung der Fundstelle im Neandertal. – Archäologie in Nordrhein-Westfalen (im Druck); Köln/Mainz.

Schoetensack, O. 1908: Der Unterkiefer des Homo heidelbergensis aus den Sanden von Mauer bei Heidelberg. Ein Beitrag zur Paläontologie des Menschen. – Leipzig.

Schrenk, F. 1997: Die Frühzeit des Menschen. Der Weg zum Homo sapiens. – München.

Schrenk, F., Bromage, T. G., Betzler, C. G., Ring, U. und Juwayeyi, Y. M. 1993: Oldest *Homo* and Pliocene biogeography of the Malawi Rift. – Nature 365: 833–836.

Schrenk, F., Kullmer, O., Ring, U., Betzler, C. Sandrock, O. und Abel, R. 1997: Geologie, Paläontologie und Paläoanthropologie des Malawi-Rifts. – Courier Forschungsinstitut Senckenberg 201: 409–419.

Schroyen, S. 1998: Feste zur Ehre und zum Vergnügen. – Katalog zur Ausstellung des Stadtmuseums Bonn in Verbindung mit dem Künstler-Verein Malkasten; Bonn.

Schürmann, M. 1988: Über einen zweiten Urmenschen-Fund aus dem Neandertal. – Eiszeitalter und Gegenwart 38: 128–129.

Schürmann, M. 1994a: Bergrat Noeggerath und das Neandertal. – Niederbergische Geschichte, Bd. 1: 74–85; Erkrath.

Schürmann, M. 1994b: Ein belgischer Fabrikant forschte im Neandertal. – Niederbergische Geschichte, Bd. 1: 86–95; Erkrath.

Schürmann, M. 1995: Über Urmenschenfunde aus dem Neandertal. – Niederbergische Geschichte, Bd. 2: 36–87; Erkrath.

Schultz, M. 1988a: Paläopathologische Diagnostik. – In: Knussmann, R. (Hrsg.), Anthropologie. Handbuch der vergleichenden Biologie des Menschen, Bd. 1: 480–496; Stuttgart/New York.

Schultz, M. 1988b: Methoden der Licht- und Elektronenmikroskopie. – In: Knussmann, R. (Hrsg.), Anthropologie. Handbuch der vergleichenden Biologie des Menschen, Bd. 1: 698–730; Stuttgart/New York.

Schwalbe, G. 1901: Der Neanderthalschädel. – Bonner Jahrbücher 106: 1–72 + Tafel I.

Sergi, S. 1958: Die neandertalischen Palaeoanthropen in Italien. – In: Koenigswald, G. H. R. von (Hrsg.), Hundert Jahre Neandertaler. – Beihefte der Bonner Jahrbücher 7: 38–51; Köln/Graz.

Shapiro, H. L. 1976: Das Geheimnis des Pekingmenschen. – Frankfurt am Main.

Sibeth, A. 1990: Mit den Ahnen leben. Batak, Menschen in Indonesien. – Stuttgart/London.

Smith, F. H. 1976: The Neandertal remains from Krapina: A descriptive and comparative study. – Report of Investigations 15 (University of Tennessee); Knoxville.

Smith, F. H. 1983: Behavioral interpretations of changes in craniofacial morphology across the archaic/modern *Homo sapiens* transition. – In: Trinkaus, E. (Hrsg.), The Mousterian Legacy: Human Biocultural Change in the Upper Pleistocene. B.A.R. Int. Ser. 164: 141–163.

Smith, F. H. 1984: Fossil hominids from the Upper Pleistocene of central Europe and the origin of modern Europeans. – In: Smith, F. H. und Spencer, F. (Hrsg.), The Origins of Modern Humans: A World Survey of the Fossil Evidence: 137–209; New York.

Smith, F. H. 1992: The role of continuity in modern human origins. – In: Bräuer, G. und Smith, F. H. (Hrsg.), Continuity or Replacement. Controversies in *Homo sapiens* Evolution: 145–156; Rotterdam.

Smith, F. H. 1994: Samples, Species, and Speculations in the Study of Modern Human Origins. – In: Nitecki, M. H. und Nitecki, D. V. (Hrsg.), Origins of Anatomically Modern Humans: 227–249; New York.

Solecki, R. S. 1971: Shanidar: The first Flower People. – New York.

Solecki, R. S. 1975: Shanidar IV, a Neanderthal Flower Burial in Northern Iraq. – Science 190: 880–881.

Stiner, M. 1991: The Faunal Remains from Grotta Guattari: A Taphonomic Perspective. – Current Anthropology 32: 106.

Stringer, C. B. 1985: Middle Pleistocene hominid variability and the origin of Late Pleistocene humans.– In: Delson, E. (Hrsg.), Ancestors: The Hard Evidence: 289–295; New York.

Stringer, C. B. 1992: Replacement, continuity and the origin of *Homo sapiens*. – In: Bräuer, G. und Smith, F. H. (Hrsg.), Continuity or Replacement. Controversies in *Homo sapiens* Evolution: 9–24; Rotterdam.
Stringer, C. B. 1998: Die Evolution des Menschen – Fossile Funde und genetische Daten. – In: Gen-Welten: 35–44; Bonn.
Stringer, C.B. und Andrews, P. 1988a: Genetic and fossil evidence for the origin of modern humans. – Science 239: 1263–1268.
Stringer, C. B. und Andrews, P. 1988b: Modern human origins. – Science 241: 773–774.
Stringer, C. B. und Gamble, C. 1993: In Search of the Neanderthals. Solving the puzzle of human origins. – New York.
Stringer, C. B. und McKie, R. 1996: Afrika – Wiege der Menschheit. Die Entstehung, Entwicklung und Ausbreitung des Homo sapiens. – München.
Tackenberg, K. (Hrsg.) 1956: Der Neandertaler und seine Umwelt. Gedenkschrift zur Erinnerung an die Auffindung im Jahre 1856. – Beiheft 5 der Bonner Jahrbücher; Bonn.
Tattersall, I. 1995: The Last Neanderthal: The rise, success, and mysterious extinction of our closest human relatives. – New York. Deutsche Ausgabe 1999: Neandertaler. Der Streit um unsere Ahnen. – Basel/Boston/Berlin.
Tattersall, I. 1997: Puzzle Menschwerdung. Auf der Spur der menschlichen Evolution. – Heidelberg/Berlin.
Taute, W. 1965: Retoucheure aus Knochen, Zahnbein und Stein vom Mittelpaläolithikum bis zum Neolithikum. – Fundberichte aus Schwaben, Neue Folge 17 (Riek-Festschrift): 76–102.
Tenbrock, R. H., Kluxen, K. und Stier, H. E. 1968: Das Jahrhundert der Aufklärung. – Zeiten und Menschen, Bd. 3; Paderborn.
Thieme, H. 1983: Der paläolithische Fundplatz Rheindahlen. – Köln.
Thieme, H. 1997: Lower Palaeolithic hunting spears from Germany. – Nature 395: 807–810.
Thieme, H. 1999: Jagd auf Wildpferde vor 400 000 Jahren. Fundplätze aus der Zeit des Urmenschen (*Homo erectus*) im Tagebau Schöningen, Landkreis Helmstedt. – In: Boetzkes, M., Schweitzer, I. und Vespermann, J. (Hrsg.), EisZeit. Das grosse Abenteuer der Naturbeherrschung: 122–136; Hildesheim/Stuttgart.
Thieme, H. und Veil, St. 1985: Neue Untersuchungen zum eemzeitlichen Elefanten-Jagdplatz Lehringen, Ldkrs. Verden. – Die Kunde N.F. 36: 11–58.
Thissen, J. 1986: Ein weiterer Fundplatz der Westwand-Fundschicht (B 1) von Rheindahlen. – Archäologisches Korrespondenzblatt 16: 111–121.
Thissen, J. 1997: Jäger und Sammler – Paläolithikum und Mesolithikum im Gebiet des Linken Niederrhein. – Köln.
Thissen, J. und Schmitz, R. W. 1997: Rheindahlen B1 – ein Fundplatz des Micoquien im Niederrheinischen Tiefland. – In: Koschik, H. (Hrsg.), Archäologie im Rheinland 1996: 17–18.

Thissen, J. und Tomalak, D. 2000: War der anatomisch moderne Mensch Träger des Micoquien? Zum Verständnis des Taubachien, Micoquien und der Blattspitzengruppen. – Eiszeitalter und Gegenwart 50 (im Druck).

Tode, A. 1982: Der altsteinzeitliche Fundplatz Salzgitter-Lebenstedt. Teil I, Archäologischer Teil. – Fundamenta A 11 / I; Köln/Wien.

Trinkaus, E. 1983: The Shanidar Neandertals. – New York.

Trinkaus, E. 1985: Cannibalism and burial at Krapina. – Journal of Human Evolution 14/2: 203–216.

Trinkaus, E. 1989: The emergence of modern humans. Biocultural adaptations in the later Pleistocene. – Cambridge.

Trinkaus, E. und Shipman, P. 1993: Die Neandertaler. Spiegel der Menschheit. – München.

Tromnau, G. 1983: Ein Mammutknochen-Faustkeil aus Rhede, Kreis Borken/Westfalen. – Archäologisches Korrespondenzblatt 13: 287–289.

Ullrich, H. 1978: Kannibalismus und Leichenzerstückelung beim Neandertaler von Krapina. – In: Malez, M. (Hrsg.), Krapinski pracovjek i evolucija hominida: 293–318; Zagreb.

Ullrich, H. 1989: Kannibalismus im Paläolithikum. – In: Schlette, F. und Kaufmann, D. (Hrsg.), Religion und Kult in ur- und frühgeschichtlicher Zeit: 51–71; Berlin.

Ullrich, H. 1991: Totenriten, Bestattungen, Schädelkult und Kannibalismus im Paläolithikum. – Mitteilungen der Berliner Gesellschaft für Anthropologie, Ethnologie und Urgeschichte 12: 21–30.

Ullrich, H. 1999: Krapina and the question of cannibalism in the European Palaeolithic. – In: Krapina 1899-1999. International Conference „The Krapina Neandertals and Human Evolution in Central Europe“: 47–48; Zagreb / Krapina.

Vallois, H. V. 1954: Neanderthals and praesapiens. – J. Roy. Anthrop. Inst. 84: 111–130.

Vallois, H. V. 1958: La Grotte de Fontéchevade II. Anthropologie. – Arch. Inst. Paléont. Hum., Mém. 29; Paris.

Vallois, H. V. 1961: Le crâne humain magdalénien du Mas d'Azil. – L'Anthropologie 65: 21–45.

Vallois, H. V., Movius, A. L. und Balout, M. L. (Hrsg.) 1953: Catalogue des Hommes Fossiles. – Alger.

Valoch, K. 1988: Die Erforschung der Kulna-Höhle 1961–1976. – Anthropos 24; Brno.

Vandermeersch, B. 1976: Les Néandertaliens en Charente. – In: La Préhistoire Française. Civilisations paléolithiques et mésolithiques: 584–587; Paris.

Veil, St., Lass, G. und Narr, K. J. 1988: Was man mit dem Faustkeil machte. Mikroskopische Gebrauchsspurenuntersuchungen an Steinwerkzeugen in Niedersachsen. – Die Kunde N. F. 39: 255–264.

Veil, St., Breest, K., Höfle, H. C., Meyer, H. H., Plisson, H., Urban-Küttel, B., Wagner, G. A. und Zöller, L. 1994: Ein mittelpaläolithischer Fundplatz aus der Weichsel-Kaltzeit bei Lichtenberg, Lkr. Lüchow-Dannenberg. Zwi-

schenbericht über die archäologischen und geowissenschaftlichen Untersuchungen 1987–1992. – Germania 72: 1–66.
Vespermann, J. 1999: Geologie und Paläontologie des Eiszeitalters. – In: Boetzkes, M., Schweitzer, I. und Vespermann, J. (Hrsg.), EisZeit. Das grosse Abenteuer der Naturbeherrschung: 39–76; Hildesheim/Stuttgart.
Virchow, R. 1870a: Über einen Besuch der westfälischen Knochenhöhlen. – Zeitschrift für Ethnologie 2: 358–367.
Virchow, R. 1870b: Menschen- und Affenschädel. – In: Sammlung gemeinverständlicher wissenschaftlicher Vorträge, IV. Serie; Berlin.
Virchow, R. 1872: Untersuchung des Neanderthal-Schädels. – Zeitschrift für Ethnologie 4: 157–165.
Virchow, R. 1895: Pithecanthropus erectus. – Verhandlungen der Gesellschaft für Anthropologie; Berlin.
Virchow, R. 1901: Über den prähistorischen Menschen und über die Grenzen zwischen Species und Varietät. – Correspondenzblatt der Deutschen Gesellschaft für Anthropologie, Ethnologie und Urgeschichte 32/10: 83–89, 91.
Vlček, E. 1993: Fossile Menschenfunde von Weimar-Ehringsdorf. – Mit Beiträgen von Steiner, W., Mania, D., Feustel, R., Grimm, H. und Saban, R., Weimarer Monographien zur Ur- und Frühgeschichte 30; Stuttgart.
Wagner, E. 1983: Das Mittelpaläolithikum der Großen Grotte bei Blaubeuren (Alb-Donau-Kreis). – Forschungen und Berichte zur Vor-und Frühgeschichte in Baden-Württemberg 16; Stuttgart.
Walther, J. 1953: Im Banne Ernst Haeckels. Jena um die Jahrhundertwende. – Göttingen.
Ward, R. und Stringer, C. B. 1997: A molecular handle on the Neanderthals. – Nature 388: 225–226.
Watson, J. D. und Crick, F. H. C. 1953: Molecular structure of nucleic acids. A structure for deoxyribose nucleic acid. – Nature 171: 737–738.
Watson, J. D. 1969: Die Doppel-Helix. Ein persönlicher Bericht über die Entdeckung der DNS-Struktur. – Reinbek bei Hamburg.
Weinert, H. 1936: Der Urmenschenschädel von Steinheim. – Zeitschrift für Morphologie und Anthropologie 35: 463–518.
Wetzel, R. und Bosinski, G. 1969: Die Bocksteinschmiede im Lonetal (Markung Rammingen, Kreis Ulm). – Mit Beiträgen von Filzer, P., Lehmann, U., Ney, P., Schmidt, E. und Taute-Wirsing, M.- L.; Veröffentlichungen des staatlichen Amtes für Denkmalpflege Stuttgart, Reihe A, Heft 15, Teil I: Text; Stuttgart.
Wetzel, R. und Bosinski, G. 1969: Die Bocksteinschmiede im Lonetal (Markung Rammingen, Kreis Ulm). – Veröffentlichungen des staatlichen Amtes für Denkmalpflege Stuttgart, Reihe A, Heft 15, Teil II: Tafeln; Stuttgart.
White, R. 1989: Production complexity and standardization in early Aurignacian bead and pendant manufacture: evolutionary implications. – In: Mellars, P. und Stringer, C., The Human Revolution: behavioural and

biological perspectives on the origins of modern humans: 366–390; Princeton.

White, T. D. 1992: Prehistoric cannibalism at Mancos 5MTUMR-2346. – Princeton University Press.

White, T. D. und Toth, N. 1991: The question of ritual cannibalism at Grotta Guattari. – Current Anthropology 32: 118–138.

Wolpoff, M. H. 1992: Theories of modern human origins. In: Bräuer, G. und Smith, F. H. (Hrsg.), Continuity or Replacement. Controversies in *Homo sapiens* Evolution: 25–63; Rotterdam.

Wolpoff, M. H., Thorne, A. G., Smith, F. H., Frayer, D. W. und Pope, G. G. 1994: Multiregional Evolution: A World-Wide Source for Modern Human Populations. In: Nitecki, M. H. und Nitecki, D. V. (Hrsg.), Origins of Anatomically Modern Humans: 175–199; New York.

Wolpoff, M. H. und Caspari, R. 1997: Race and Human Evolution. – New York.

Zängl-Kumpf, U. 1990: Hermann Schaaffhausen (1816-1893). Die Entwicklung einer neuen physischen Anthropologie im 19. Jahrhundert. – Frankfurt am Main.

Zängl-Kumpf, U. 1992: Die anthropologische Sammlung Hermann Schaaffhausens – Inhalt und Schicksal. – Medizinhistorisches Journal 27, 1/2: 187–197.

Zängl-Kumpf, U. 1992: Hermann Schaaffhausen (1816-1893) und die frühe Geschichte des Faches Anthropologie. – Anthropologischer Anzeiger 50: 335–354.

Zotz, L. F. 1955: Das Paläolithikum in den Weinberghöhlen bei Mauern. – Quartär Bibliothek Bd. 2; Bonn.

Bildnachweise

Die Zahlen geben die jeweiligen Seitenzahlen an. Literaturangaben, die hier in Kurzform aufgeführt sind, finden sich im Literaturverzeichnis jeweils mit der ausführlichen Bibliographie.

Titelbild Rheinisches Landesmuseum Bonn (Foto: H. Lilienthal) / Ausschnitt aus der Preußischen Kartenaufnahme 1:25 000 - Uraufnahme, vervielfältigt mit Genehmigung des Landesvermessungsamtes Nordrhein-Westfalen vom 09.12.1999, Nr. 99 198

6 Gerhard Wandel, Bonn

7 Rheinisches Landesmuseum Bonn (Foto: H. Lilienthal)

10 Stadtmuseum Düsseldorf

13 Stadtmuseum Düsseldorf

14 Aus: Bongard 1835

15 Aus: Bongard 1835

21 Le Scienze, Milano

24 Le Scienze, Milano

27 Ausschnitt aus der Preußischen Kartenaufnahme 1:25 000 - Uraufnahme, vervielfältigt mit Genehmigung des Landesvermessungsamtes Nordrhein-Westfalen vom 09.12.1999, Nr. 99 198

28 Rheinisches Bildarchiv Köln

30 Gerda Lühl, Mönchengladbach

31 Neanderthal-Museum, Mettmann

32 Löbbecke-Museum, Düsseldorf

33 Manfred Schürmann, Düsseldorf

34 Horst Hütten, Mettmann

35 Aus: Bongard 1835

37 Manfred Schürmann, Düsseldorf

42 Stadtarchiv und Stadthistorische Bibliothek Bonn

43 Ursula Zängl-Kumpf, Troisdorf

52 Neanderthal Museum, Mettmann

54 Archiv Verfasser

56 Ullstein Bilderdienst

60 Aus: Lyell 1863

63 AKG Berlin

78 Aus: Schaaffhausen 1888

79 Lithographie von Muston 1887

94 Archiv Verfasser

104 Verfasser

105 Stringer und Gamble 1993, modifiziert

106 Stringer und Gamble 1993, modifiziert

112 François Kupka 1909

122 Verfasser
124 Kahlke 1981, modifiziert
127 Kahlke 1981, modifiziert
131 Henri de Lumley, Paris
132 Farizy 1990, modifiziert
134 (oben) Aus: Bosinski 1993
134 (unten) Aus: Jelinek 1976
135 Aus: Stringer und Gamble 1993 (Grupo para o estudo do Paleolítico Portugues 1983)
137 Verfasser
138 Archiv Verfasser
139 Archiv Verfasser
141 Archiv Verfasser (Zeichnung: Susanne Feine, Tübingen)
142 Archiv Verfasser (Zeichnung: Susanne Feine, Tübingen)
145 (oben) Archiv Verfasser (Zeichnung: Susanne Feine, Tübingen)
145 (unten) Zeichnungen zusammengestellt aus Bosinski 1967
146 Archiv Verfasser (Zeichnung: Susanne Feine, Tübingen)
147 Zeichnungen zusammengestellt aus Bosinski 1967 und Zotz 1955
148 Zeichnungen U. Naber, Rheinisches Landesmuseum Bonn, zusammengestellt aus Schmitz 1996a. Fundverbleib: Stadtmuseum Ratingen
151 Dietrich Mania, Jena
152 Gernot Tromnau, Duisburg
154 Aus: K.H. Jacob-Friesen 1959
164 Aus: L. Fasani (Hrsg.), Die illustrierte Weltgeschichte der Archäologie 1979, München
165 Dietrich Mania, Jena
166 Aus: Bosinski 1985
168 Aus: Leroi-Gourhan und Leroi-Gourhan 1964
172 Aus: Bouyssonie et al. 1908
173 Peyrony 1934, modifiziert
174 Aus: Peyrony 1934
186 Yoel Rak, Tel Aviv
190 Stringer und Gamble 1993, modifiziert
192 Aus: Herder Lexikon der Biologie, Bd. 8, Heidelberg 1994
195 Svante Pääbo, Leipzig
202 Heike Krainitzki, Bochum
203 Archiv Verfasser (Foto: Susanne Feine, Tübingen)
205 Archiv Verfasser (Foto: Susanne Feine, Tübingen)
208 Aus: Krings et al. 1997
209 Aus: Krings et al. 1997; Krings 1998
218 Manfred Schürmann, Düsseldorf
219 Rheinisch-Westfälische Kalkwerke, Dornap
221 Böhlau Verlag, Köln
223 Werner Limbart, Hilden

228 Löbbecke-Museum Düsseldorf
232 Ausschnitt aus der Deutschen Grundkarte 1:5 000, vervielfältigt mit Genehmigung des Landesvermessungsamtes Nordrhein-Westfalen vom 09.12.1999, Nr. 99 198
234 Vermessungs- und Katasteramt des Kreises Mettmann, Kontrollnummer 1/1999
243 (oben) Verfasser
243 (unten) Archiv Verfasser
245 Archiv Verfasser
248 Archiv Verfasser
249 Verfasser
251 Archiv Verfasser (Foto: M. Etzweiler, Meerbusch)
253 Neanderthal Museum, Mettmann
258 Archiv Verfasser
262/63 Zeichnungen: Susanne Feine, Tübingen
264/65 Zeichnungen: Susanne Feine, Tübingen
269 Archiv Verfasser
270 Archiv Verfasser
273 (oben) Rheinisches Landesmuseum Bonn (Foto: F. Willer)
273 (unten) Rheinisches Landesmuseum Bonn (Foto: F. Willer)

Farbtafeln

Farbtafel 1 Archiv Verfasser
Farbtafel 2 Ausschnitt aus der Kartenaufnahme der Rheinlande 1:25 000 durch Tranchot und v. Müffling, vervielfältigt mit Genehmigung des Landesvermessungsamtes Nordrhein-Westfalen vom 09.12. 1999, Nr. 99 198
Farbtafel 3 Städtisches Museum Haus Koekkoek, Kleve
Farbtafel 4 Jürgen Sudhoff, Hessisch-Lichtenau
Farbtafel 5 Kunstmuseum Düsseldorf
Farbtafel 6 The Gibraltar Museum
Farbtafel 7 Marcel Otte, Centre de Recherche sur les Civilisations Paléolithiques en Europe, Liège
Farbtafel 8 Geologisch-Paläontologisches Institut der Universität Heidelberg
Farbtafel 9 Eric Trinkaus, Washington
Farbtafel 10 Musée de l'Homme, Paris
Farbtafel 11 Staatliches Museum für Naturkunde Stuttgart
Farbtafel 12 Archiv Verfasser (Foto: Klaus Pollmeier, Ruhrlandmuseum Essen)
Farbtafel 13 Sabine Gaudzinski, Neuwied / Joachim Faust, Pliezhausen
Farbtafel 14 Michael Schultz, Zentrum Anatomie der Universität Göttingen
Farbtafel 15 Michael Schultz, Zentrum Anatomie der Universität Göttingen

Farbtafel 16 Peter Pieper, Institut für Rechtsmedizin der Universität Düsseldorf
Farbtafel 17 Peter Pieper, Institut für Rechtsmedizin der Universität Düsseldorf
Farbtafel 18 Rheinisches Landesmuseum Bonn (Foto: H. Lilienthal)
Farbtafel 19 Cell 90, 1997 / Rheinisches Landesmuseum Bonn (Foto: H. Lilienthal)
Farbtafel 20 Archiv Verfasser
Farbtafel 21 Rheinisches Amt für Bodendenkmalpflege, Bonn (Foto: A. Thünker)
Farbtafel 22 Neanderthal-Museum, Mettmann
Farbtafel 23 Ministerium für Arbeit, Soziales und Stadtentwicklung, Kultur und Sport des Landes Nordrhein-Westfalen
Farbtafel 24/25 Rheinisches Landesmuseum Bonn (Foto: S. Schröder)
Farbtafel 26 Rheinisches Landesmuseum Bonn (Foto: F. Willer)

Glossar

Abformung Hier: Erstellen einer Negativform eines Objekts, die später mit Gips oder Kunststoff ausgegossen wird; → Abguss.
Abguss Originalgetreue Kopie eines Objekts, früher aus Gips, heute meist aus Kunststoff gefertigt.
Abri Von einem Felsdach geschützte Stelle.
Acheuléen Eine durch Faustkeile gekennzeichnete Kulturgruppe oder funktional bedingte Ausprägung des → Alt- und → Mittelpaläolithikums.
Adenin (A) → Basen.
Aequinoctium Tagundnachtgleiche.
Altpaläolithikum Ältere Altsteinzeit, Zeit des *Homo erectus*/*Homo heidelbergensis*; in Europa etwa eine Million bis 300 000 Jahre vor heute.
Aminosäuren Eiweiß-(Protein-)bausteine.
Anatomie Lehre von Form und Körperbau der Lebewesen (hier: des Menschen).
Ante-Neandertaler Älteste Vorfahren der Neandertaler mit noch sehr schwach entwickelten Neandertalermerkmalen.
Anthropologie Wissenschaft vom Menschen und seiner Entwicklung.
Archaeopteryx „Urvogel" mit Reptil- und Vogelmerkmalen aus den Schichten des oberen Jura; etwa 150 Millionen Jahre vor heute.
Art → Spezies.
Artefakt Vom Menschen hergestellter, nicht natürlicher Gegenstand.
Aurignacien Kulturgruppe des Frühen → Jungpaläolithikums, etwa 42 000 – 30 000 Jahre vor heute.
Basen Die stickstoffhaltigen Basen Adenin (A), Thymin (T), Guanin (G) und Cytosin (C) sind die entscheidenden Bestandteile der → DNA.
Basisches Milieu Alkalisch, nicht sauer.
Bifaziale Geräte Beidflächig bearbeitete Geräte.
Biosphäre Der gesamte von Organismen bewohnte Teil der Erde.
Biotop Durch bestimmte Tiere und Pflanzen sowie spezifische Umweltbedingungen gekennzeichneter Lebensraum.

Blattspitze Blattförmige, beidflächig bearbeitete Steinspitze.
Brörup Gemäßigte Klimaphase (→ Interstadial) der letzten → Kaltzeit um 100 000 Jahre vor heute.
Châtelperronien Aus Frankreich bekannte Kulturgruppe aus der Übergangszeit vom → Mittel- zum → Jungpaläolithikum, etwa 38 000 – 34 000 Jahre vor heute.
Cleaver (Spalter) Meist aus Abschlägen hergestellte keilartige Werkzeuge mit quer zur Längsachse stehender Schneide.
Chronologie (Zeitrechnung) Beschreibt die relative zeitliche Stellung archäologischer Funde zueinander oder deren absolute zeitliche Einordnung (→ relative Chronologie).
Cytoplasma → Zellplasma.
Cytosin → Basen.
Dendriten Feine, moos- oder bäumchenförmige dunkle Mineralablagerungen aus eisen- und manganhaltigen Lösungen auf Oberflächen von Knochen, Steinen etc.
Diluvium (lateinisch für „Überschwemmung", „Wasserflut"). Die Bezeichnung geht auf W. Buckland (1823) zurück, der in den → quartären Sedimenten Ablagerungen der biblischen Sintflut sah. Der Begriff wurde später synonym für → Pleistozän verwendet, ehe sich dieser Terminus durchsetzte.
DNA/DNS (englisch *deoxyribonucleic acid*) Desoxyribonucleinsäure, das Molekül mit der primären genetischen Information.
DNA-Sequenz Die Abfolge der → Basen in der → DNA.
Dolomit Magnesiumhaltiges Kalkgestein.
Dorsalfläche Rückenseite, Oberseite.
Durchgangshöhle Höhle mit mehreren Zugängen.
Eem-Interglazial Warmzeit vor 127 000 bis 115 000 Jahren, nach einem Fluss in den Niederlanden benannt. Auf das Eem-Interglazial folgt die → Weichsel-Kaltzeit.
Eiszeitalter Abschnitte der Erdgeschichte, in denen das Klima durch den extremen Wechsel von Kaltzeiten und Warmzeiten gekennzeichnet ist.
Ekliptik Der größte Kreis, in dem die Ebene der Erdbahn um die Sonne die als unendlich groß gedachte Himmelskugel schneidet.
Enzyme Substanzen, die biochemische Reaktionen beschleunigen (Katalysatoren).
Erosion Erd- oder Gesteinsabtragung durch Wasser, Eis oder Wind.

Ethnographie/Ethnologie Völkerkunde.
Evolution Natürliche Entwicklung und zunehmende Veränderung der Organismen im Verlauf aufeinander folgender Generationen.
Exhumieren Eine bestattete Leiche wieder ausgraben.
Extrahieren Herausziehen.
Extrakt Auszug aus tierischen oder pflanzlichen Stoffen.
Faustkeil Beidflächig bearbeitetes → alt- oder → mittelpaläolithisches Gerät mit ovalem oder dreieckigem Umriss und spitzovalem Querschnitt.
Faustkeilblatt Sehr dünn gearbeiteter Faustkeil.
Femur Oberschenkelknochen.
Feuerstein/Hornstein In Knollen oder Platten vorkommendes Gestein mit glasähnlichem Bruchverhalten. Durch Ausfällung von Kieselsäure auf dem Meeresboden entstanden.
Font-Robert-Spitze Gestielte Steinspitze aus dem Mittleren → Jungpaläolithikum um 30 000 Jahre vor heute.
Fossilien Überreste von Tieren und Pflanzen der erdgeschichtlichen Vergangenheit.
Fuß, preußischer 0,31385 Meter.
Gattung In der Systematik den Arten → (Spezies) übergeordnete Einheit. Beim Menschen *Homo*.
Genealogie: Der verwandtschaftliche (genetische) Zusammenhang einer Gruppe von Lebewesen.
Generisch Die → Gattung betreffend.
Genetik Vererbungslehre.
Genfluss Austausch von Genen zwischen Bevölkerungen.
Genom Gesamtheit der in einer Zelle vorhandenen Erbanlagen.
Genpool Gesamtheit der Gene in einer Bevölkerung zu einer bestimmten Zeit.
Genus → Gattung.
Geologie Wissenschaft vom Aufbau, von der Entstehung und Entwicklung der Erde.
Geschiebe Vom Gletschereis transportiertes Gesteinsstück.
Glazial Eiszeit. Hier: Synonym für → Kaltzeit.
Gravettespitzen Aus Klingen oder → Lamellen hergestellte schmale Steingeräte des → Gravettien mit einer scharfen Längskante und einem gegenüberliegenden Rücken, der mit der Schneidekante in einer Spitze zusammenläuft. Wahrscheinlich

dienten die Gravettespitzen als Einsätze in Jagdwaffenspitzen aus organischen Materialien.

Gravettien Kulturgruppe aus dem Mittleren → Jungpaläolithikum vor etwa 30 000 bis 22 000 Jahren.

Grundformen Hierunter fallen die zur weiteren Verwendung vorgesehenen Abschläge, Klingen und → Lamellen.

Guanin → Basen.

Günz-Eiszeit Älteste pleistozän/alpine Eiszeit nach Penck und Brückner 1909; benannt nach einem rechten Nebenfluss der Donau.

Habitat Lebensraum einer Tier- oder Pflanzenart oder des urgeschichtlichen Menschen.

Hämatit Zerkleinert und mit Wasser vermischt ergibt das Eisenmineral (Fe_2O_3) eine leuchtend rote Farbe.

Höhlenbär Ausgestorbene große Bärenart.

Holozän Jüngste Abteilung des → Quartärs; geologische Gegenwart. Mit hoher Wahrscheinlichkeit ist das seit 11 500 Jahren andauernde Holozän lediglich ein → Interglazial.

Hominiden Familie der fossilen und modernen Menschen.

Hominoiden Überfamilie, die neben den fossilen und modernen Menschen auch die großen Menschenaffen sowie Gibbons umfasst (Menschenartige).

Hornstein/Feuerstein In Knollen oder Platten vorkommendes Gestein mit glasähnlichem Bruchverhalten. Durch Ausfällung von Kieselsäure auf dem Meeresboden entstanden.

Humerus Oberarmknochen.

Hybride Mischling; aus Kreuzungen hervorgegangenes Individuum.

Hypertrophiert Hier: durch Beanspruchung sehr stark entwickelt; überentwickelt.

Inch 2,54 Zentimeter. Längenbezeichnung in Großbritannien und den USA, entsprechend dem ehemaligen deutschen Zoll.

Induktion Stromerzeugung z. B. mittels Bewegung eines Magnetstabes in einer Spule.

In medias res Mitten in die Dinge hinein; zur Sache kommen.

In situ An der ursprünglichen Stelle; nicht verlagert.

Interglazial Warmzeit zwischen zwei Eiszeiten.

Interstadial Wärmere Phase innerhalb einer Eiszeit.

Isotop Atom, das sich von einem anderen des gleichen chemischen Elements nur durch die Anzahl der Neutronen im Kern unterscheidet; die chemischen Eigenschaften bleiben unverändert. Es gibt stabile und radioaktive Isotope; letztere zerfallen mit isotopenspezifischen Halbwertszeiten.

Jungpaläolithikum Jüngere Altsteinzeit, etwa 40 000 bis 14 000 Jahre vor heute.

Jungpleistozän Zeitraum vom Beginn des → Eem-Intergazials vor 127 000 Jahren bis zum Ende der letzten Eiszeit vor 11 500 Jahren.

Kalksinter An Land aus wässriger Lösung ausgefällter Kalk.

Kaltzeit Hier: Synonym für → Glazial, Eiszeit.

Kannibalismus Das Verspeisen von Angehörigen der eigenen Art.

Karkasse Fester Unterbau; hier: einer Behausung.

Karstformation Aus Kalkgesteinen durch chemische Lösung entstandene Felsformation.

Keilmesser Beidflächig retuschiertes Gerät mit einer scharfen Kante, gegenüberliegendem Rücken und keilförmigem Querschnitt. Keilmesser sind charakteristisch für das → Micoquien.

Kern-DNA Das im Zellkern enthaltene genetische Material.

Kernkantenklingen Von speziell präparierten Kernkanten gewonnene Klingen.

Kieselschiefer Gestein aus Kieselskeletten mikroskopisch kleiner Meereslebewesen mit glasähnlichem Bruchverhalten.

Kontamination Verunreinigung.

Lamelle Klinge mit einer Breite unter einem Zentimeter.

Laufhorizont Ehemalige Bodenoberfläche einer Landschaft oder eines Siedlungsplatzes.

Leitform Geräteform, die typisch ist für eine bestimmte Kulturgruppe.

Leitfossil Versteinerter Organismus, der typisch ist für einen bestimmten Zeitabschnitt.

Levallois-Kern Speziell präparierter Kern; typisch für die Zeit der Neandertaler.

Löss Gelbes bis gelbgraues, vom Wind transportiertes Staubsediment; Korngrösse 0,05 bis 0,01 Millimeter stark vorherrschend, hoher Kalkgehalt.

Magdalénien Kulturgruppe des Späten → Jungpaläolithikums; etwa 18 000 – 14 000 Jahre vor heute.

Magister Artium Dem Diplom entsprechender, erster Hochschulabschluss.

Mammut Ausgestorbener eiszeitlicher Elefant.
Massenkalk Ungeschichteter, massiver Kalkstein.
Mendelsche Regeln Von Mendel durch Naturbeobachtung abgeleitete Gesetze für die Vererbung einfacher Merkmale.
Mesolithikum (Mittelsteinzeit) Zeit der nacheiszeitlichen Jäger und Sammler; in Mitteleuropa bis zum Eintreffen der jungsteinzeitlichen Ackerbauern vor etwa 7 500 Jahren.
Micoquien Kulturgruppe oder funktional bedingte Ausprägung des → Mittelpaläolithikums.
Mindel-Eiszeit Zweitälteste pleistozän/alpine Eiszeit nach Penck und Brückner 1909; benannt nach einem rechten Nebenfluss der Donau.
Mitochondrien Zellorgane (Organellen), in denen durch Atmung die Energiegewinnung der Zelle vollzogen wird.
Mittelpaläolithikum Mittlere Altsteinzeit, zwischen etwa 300 000 und 35 000 Jahren vor heute.
Mittelpleistozän Abschnitt des → Pleistozäns zwischen rund 700 000 und 127 000 Jahren vor heute.
Morphologie Lehre von den Gestalten und Formen eines Gegenstandes. In der Biologie die Wissenschaft vom Bau und der Gestalt des Körpers der Lebewesen und seiner Organe.
Morphometrie Teilgebiet der Morphologie, das sich mit Maßverhältnissen befasst.
Moustérien Kulturgruppe oder funktional bedingte Ausprägung des → Mittelpaläolithikums. Auf der Iberischen Halbinsel stellen Geräte des Moustérien mit einem Alter von rund 30 000 Jahren die letzten Spuren der Neandertaler dar.
Moustérien de tradition acheuléenne Während der letzten Kaltzeit hauptsächlich in Südwestfrankreich verbreitete Kulturgruppe oder funktional bedingte Ausprägung des → Mittelpaläolithikums, unter anderem mit flachen, umlaufend scharfen → Faustkeilen.
mtDNA Mitochondriale → DNA, DNA in den → Mitochondrien.
Odderade Gemäßigte Phase (→ Interstadial) der letzten Eiszeit um 80 000 Jahre vor heute.
Paläander (griechisch für „alter Mensch") Den Neandertalerfund bezeichnende Wortschöpfung des Bonner Anatomen F. J. C. Mayer.
Paläoanthropologie Wissenschaft der fossilen → Hominoiden.

Paläogenetik → Genetik der ausgestorbenen und → fossilen Organismen.
Paläolithikum Altsteinzeit; die Zeit der → pleistozänen Jäger und Sammler; in Europa etwa eine Million bis 11 500 Jahre vor heute.
Paläontologie Wissenschaft, die sich mit der Untersuchung der vorzeitlichen Tier- und Pflanzenwelt beschäftigt.
Pathologie Krankheitslehre und Krankheitsforschung.
Patina Chemische oder physikalische Oberflächenverwitterung, hier von Steingeräten.
Phonograph Gerät zur Aufzeichnung von Sprache und Musik.
Physiognomie Die Gesamtheit der Ausprägung der Körpergestalt und der Gesichtszüge.
Pithecanthropus erectus Historische Bezeichnung für den *Homo erectus* von Java.
Pleistozän Abschnitt des → Eiszeitalters vom Ende des → Tertiärs bis zum Beginn des → Holozäns (etwa 2,4 Millionen bis 11 500 Jahre vor heute).
Pliozän Letzter Abschnitt des → Tertiärs. Auf das Pliozän folgt das → Quartär.
Population Bevölkerung beziehungsweise Gesamtheit der Individuen einer Art in einem bestimmten Raum.
Postcraniales Skelett Das Skelett mit Ausnahme des Schädels.
Präneandertaler Auf die → Ante-Neandertaler folgende, unmittelbare Vorfahren der Späten Neandertaler mit unzweifelhaften Neandertalermerkmalen.
Primaten Herrentiere. In dieser Ordnung werden alle → Arten zusammengefasst, die folgende Merkmale gemeinsam haben: Augenhöhlen von einem geschlossenen Knochenring umgeben, Schlüsselbein vorhanden, Daumen und Innenzehen eng anstellbar. Die Ordnung umschliesst Affen, Halbaffen und Menschen.
Profil Ansicht einer Wand eines Schnittes. Die übereinander liegenden → Sedimentschichten sind in einem Profil als farblich oder strukturell voneinander abweichende Lagen zu erkennen.
Prometheus Gestalt der griechischen Mythologie; brachte den Menschen das Feuer auf die Erde.
Quartär Umfasst das → Pleistozän und das → Holozän. Das Quartär ist das erdgeschichtlich jüngste, immer noch andauernde → Eiszeitalter.

Quarzit Aus Quarzkörnern aufgebautes Gestein. Homogene Quarzite eignen sich gut zur Herstellung von Steingeräten.
Radiolarien Strahlentierchen; planktonisch im Meer lebende Einzeller mit Kieselsäureskelett.
Relative Chronologie Altersbestimmung, die das Objekt in Bezug zu älteren und jüngeren Objekten stellt, ohne ein absolutes Alter in Zeiteinheiten, etwa Jahren, anzugeben.
Ressourcen Nutzbare Rohstoffe (Gesteine, Hölzer, pflanzliche Nahrung und Fleisch, Wasser).
Retromolare Lücke Lücke zwischen dem dritten Backenzahn und dem aufsteigenden Unterkieferast.
Retuscheur Flaches oder stabförmiges Stück aus Stein oder organischen Materialien zur Bearbeitung von Steingerätekanten.
Rezent Modern; gegenwärtig lebend.
Riß-Eiszeit Vorletzte pleistozän/alpine Eiszeit nach Penck und Brückner 1909; benannt nach einem rechten Nebenfluss der Donau.
Rückenmesser Aus Klingen oder → Lamellen hergestellte schmale Steingeräte mit einer scharfen Längskante und einem gegenüberliegenden Rücken. Rückenmesser wurden hintereinandergereiht in Spitzen von Jagdwaffen aus organischen Materialien eingesetzt, so dass sie sich zu längeren Schneidekanten ergänzten.
Saale-Kaltzeit Eiszeitkomplex der nordeuropäischen Gliederung zwischen 300 000 und 127 000 Jahren vor heute. Benannt nach dem gleichnamigen Fluss in Sachsen/Thüringen.
Schädelkalotte Schädeldach ohne Basis; bei vielen urgeschichtlichen Funden ist infolge ihrer besonderen Struktur und Widerstandsfähigkeit nur noch die Kalotte erhalten.
Scientific community Wissenschaftliche Gemeinschaft.
Sediment Abgelagertes oder ausgeschiedenes Lockergestein, zum Beispiel Sand, Kies, → Löss.
Sequestrieren Veraltet für: absondern.
Sinanthropus pekinensis Historische Bezeichnung für den *Homo erectus* von Choukoutien.
Skythen Stammesbezeichnung für Bewohner der eurasischen Steppe im 1. Jahrhundert vor Christus.
Solutréen Kulturgruppe des Mittleren → Jungpaläolithikums um 20 000 vor heute; typisch hierfür sind perfekt geformte Blattspitzen.
Sondage Suchgrabung.

Speiche und Elle Knochen des Unterarmes.
Spezies Art. Eine Gruppe von → Populationen gleicher oder ähnlicher Lebewesen, die sich miteinander fortpflanzen können. In der biologischen Systematik ist die Art die niedrigste Einheit.
Stratigraphie a) Schichtkunde. Teilgebiet der → Geologie, das die Schichten nach ihrer zeitlichen Entstehung ordnet. b) Schichtenabfolge. In der Archäologie des → Eiszeitalters bildet die stratigraphische Position von Siedlungsschichten oft die sicherste Grundlage für deren zeitliche Einordnung. Bei ungestörten Stratigraphien werden die Schichten von oben nach unten zunehmend älter.
Tektonische Hebung Hebung von Geländeteilen, verursacht durch Vorgänge in der Erdkruste.
Tertiär Älterer Abschnitt der Erdneuzeit, etwa 65 bis 2,4 Millionen Jahre vor heute. Auf das Tertiär folgt der jüngere Abschnitt der Erdneuzeit, das → Quartär.
Thymin → Basen.
Tibia Schienbein.
Topographie a) Erfassung und Wiedergabe des Geländes mit seinen Formen und den auf ihm befindlichen Gewässern, Gebäuden, Wegen etc. b) Gesamtheit aller Erscheinungen eines Geländes.
Typusexemplar Hier: menschliches → Fossil, an dem die Benennung der Menschenform der Neandertaler vollzogen wurde.
Typuslokalität Hier: Fundort des → Fossils, an dem die Benennung der Menschenform der Neandertaler vollzogen wurde.
Überaugenwulst Durchgehender, vorgewölbter Knochenbogen über den Augenhöhlen bei Affen und frühen Menschen.
Unterschlächtig Das ein Wasserrad antreibende Fließgewässer läuft unter dem Rad durch.
Urgeschichte Wissenschaft zur Erforschung der Menschheitsgeschichte von ihren Ursprüngen bis zum Einsetzen schriftlicher Quellen.
Varietät Abweichende Form, Variante.
Ventralfläche Unterseite, dem Kern zugewandte Fläche eines Abschlags; Trennfläche des Abschlags vom Kern.
Weichsel-Kaltzeit Jüngste Eiszeit der nordeuropäischen Gliederung. Entspricht der → Würm-Eiszeit der alpinen Gliederung. Benannt nach dem gleichnamigen Fluss in Polen.

Würm-Eiszeit Jüngste pleistozän/alpine Eiszeit nach Penck und Brückner 1909, benannt nach einem Fluss im bayrischen Voralpenland.
Zellplasma Lebende Substanz der Zelle, in der Stoffwechsel und Energiegewinnung stattfinden.
Zoologie Wissenschaft von den Tieren, Teilgebiet der Biologie.

Index

Q

R

S